"十三五"职业教育系列教材

（第四版）

土力学与地基基础

徐梓炘 编 著
陈东佐 主 审

中国电力出版社
CHINA ELECTRIC POWER PRESS

内 容 提 要

本书为"十三五"职业教育系列教材。本次修订是根据 GB 51004—2015《建筑地基基础工程施工规范》、GB 50202—2018《建筑地基基础工程施工质量验收标准》等最新规范编写而成。内容简明扼要、重点突出、实用性强，例题密切结合工程、通俗易懂、便于自学。主要内容包括土的物理性质及工程分类、土中应力与地基变形、土的抗剪强度与地基承载力、土压力与土坡稳定、天然地基上的浅基础、桩基础及其他深基础、地基处理、区域性地基等内容。每章后附有思考题或习题，书末附有土工试验指导书和实训指导书。

本书可作为高职高专院校建筑工程技术、工程管理等土建类专业教材，也可作为函授或自学考试辅导用书，还可作为广大工程技术人员的自学用书。

图书在版编目（CIP）数据

土力学与地基基础/徐梓炘编著. —4 版. —北京：中国电力出版社，2019.11（2025.1 重印）
"十三五"职业教育规划教材
ISBN 978 - 7 - 5198 - 3688 - 7

Ⅰ. ①土… Ⅱ. ①徐… Ⅲ. ①土力学－职业教育－教材②地基－基础（工程）－职业教育－教材
Ⅳ. ①TU4

中国版本图书馆 CIP 数据核字（2019）第 205000 号

出版发行：中国电力出版社
地　　址：北京市东城区北京站西街 19 号（邮政编码 100005）
网　　址：http://www.cepp.sgcc.com.cn
责任编辑：孙　静（010 - 63412542）
责任校对：黄　蓓　常燕昆
装帧设计：郝晓燕
责任印制：吴　迪

印　　刷：北京天泽润科贸有限公司
版　　次：2004 年 1 月第一版　2019 年 11 月第四版
印　　次：2025 年 1 月北京第十八次印刷
开　　本：787 毫米×1092 毫米　16 开本
印　　张：13.25
字　　数：320 千字
定　　价：39.00 元

前　言

　　本书为"十三五"职业教育系列教材。自从第三版出版以来，地基基础工程的施工工艺得到进一步的提高和规范，颁布了 GB 51004—2015《建筑地基基础工程施工规范》，地基基础工程的验收标准也随之修订，颁布了 GB 50202—2018《建筑地基基础工程施工质量验收标准》。为适应培养生产第一线应用型技术人才，特别是施工技术人才的需要，对本书及时修订。

　　本书保持第三版教材的特色，课程体系的构筑以基础理论够用、会用为原则，以工程应用为主线，以培养技能为重点。本书编写时淡化理论推导，注重理论联系实际，与工程实际密切结合，实例突出、图文并茂，以适应高职高专院校培养生产第一线的应用型技术人才的需要，也可供施工现场的技术人员参考。

　　本书由土力学基础理论与基础工程应用两部分组成，主要内容包括土的物理性质及工程分类、土中应力与地基变形、土的抗剪强度与地基承载力、土压力与土坡稳定、天然地基上的浅基础、桩基础及其他深基础、地基处理、区域性地基等内容。另外对软弱土地基处理与湿陷性黄土地基、膨胀土地基、山区地基及地震区地基等区域性地基也作了必要的介绍，授课时可结合各地区特点，因地制宜地取舍。与施工技术有关的内容，也可放到实训中讲解。

　　限于编者水平，不妥之处在所难免，恳请读者批评指正。

编　者

2019 年 9 月

第 一 版 前 言

本书为高职高专"十五"规划教材，是为培养适应生产第一线需要的高等职业技术应用型人才而编写的。在编写中力图体现基础理论以必需、够用、能用为原则，以应用为主线，以培养技能为重点来构筑课程体系，全书力求实例突出，图文并茂。

本书编写的主要依据有 GB 50007—2002《建筑地基基础设计规范》、GB 50202—2002《建筑地基基础工程施工质量验收规范》、GB 50010—2002《混凝土结构设计规范》、GB/T 50123—1999《土工试验标准》、GB 50021—2001《岩土工程勘察规范》、JGJ 79—2002《建筑地基处理技术规范》、GB 50330—2002《建筑边坡工程技术规范》等新版规范。

本书包括土力学基础理论与基础工程应用两部分，主要内容有土的物理性质及工程分类、土中应力与地基变形、土的抗剪强度与地基承载力、土压力与土坡稳定、基坑开挖与支护、基槽检验与局部处理、天然地基上的浅基础、桩基础。另外对软弱土地基处理与湿陷性黄土、膨胀土地基、山区地基及地震区地基等区域性地基也做了必要的介绍，授课时可结合本地区特点，因地制宜地取舍。本教材增加了实训内容，也可将部分内容放到实训中讲解。土工试验指导书摒弃了详细列出试验步骤，学生根据步骤做试验的传统做法，引导学生自学和思考，培养学生的实践动手能力。本教材建议总学时为 64～70 学时。

参加本书编写的有宁波工程学院（原宁波高等专科学校）徐梓炘（第一章、第三章、第七章、第八章及土工试验指导书、实训指导书）、长春工程学院张曙光（第二章、第五章、第九章第二～四节）、山西建筑职业技术学院杨太生（第四章、第六章、第九章第一节），全书由徐梓炘统稿，太原大学陈东佐审稿。陈老师审稿认真仔细，提出了许多中肯的修改意见，在此表示衷心感谢。

限于编者水平，不妥之处在所难免，恳请读者批评指正。

编 者

2003 年 8 月

第二版前言

　　本书为普通高等教育"十二五"规划教材。在第一版基础之上，根据节能与结构耐久性要求，以及新颁布的 GB/T 50145—2007《土的工程分类标准》和 JGJ 94—2008《建筑桩基技术规范》等，对全书进行修订。全书基础理论以必需、够用、能用为原则，以工程应用为主线，以培养技能为重点来构筑课程体系。本书力求实例突出，图文并茂，与工程实际密切结合，以适应高职高专院校培养生产第一线的应用型技术人才的需要。

　　本书包括土力学基础理论与基础工程应用两部分，主要内容有土的物理性质及工程分类、土中应力与地基变形、土的抗剪强度与地基承载力、土压力与土坡稳定、基坑开挖与支护、基槽检验与局部处理、天然地基上的浅基础、桩基础。另外对软弱土地基处理与湿陷性黄土、膨胀土地基、山区地基及地震区地基等区域性地基也做了必要的介绍，授课时可结合本地区特点，因地制宜地取舍。本教材增加了实训内容，也可将部分内容放到实训中讲解。土工试验是培养学生实践动手能力及认识土的物理性质的重要手段，土工试验指导书部分修订时增加了较详细的试验方法，方便学生自学与思考。本书建议总学时为64~70学时。

　　参加本书编写的有宁波工程学院徐梓炘（第一章、第三章、第七章、第八章及土工试验指导书、实训指导书）、长春工程学院张曙光（第二章、第五章、第九章第二、三、四节）、山西建筑职业技术学院杨太生（第四章、第六章、第九章第一节）。全书由徐梓炘统稿并主编，太原大学陈东佐审稿。陈老师审稿认真仔细，提出了许多中肯的修改意见，在此表示衷心感谢。

　　限于编者水平，不妥之处在所难免，恳请读者批评指正。

编　者
2011 年 1 月

第三版前言

　　本书为普通高等教育"十二五"规划教材，是在吸取第二版教材优点的基础上，根据GB 50007—2011《建筑地基基础设计规范》等新版规范编写而成。本书继续保持第二版教材的特色，课程体系的构筑以基础理论够用、能用为原则，以工程应用为主线，以培养技能为重点。本书编写时淡化理论推导，注重理论联系实际，与工程实际密切结合，实例突出、图文并茂，以适应高职高专院校培养生产第一线的应用型技术人才的需要。

　　本书包括土力学基础理论与基础工程应用两部分，主要内容有土的物理性质及工程分类、土中应力与地基变形、土的抗剪强度与地基承载力、土压力与土坡稳定、基坑开挖与支护、基槽检验与局部处理、天然地基上的浅基础、桩基础。另外对软弱土地基处理与湿陷性黄土地基、膨胀土地基、山区地基及地震区地基等区域性地基也作了必要的介绍，授课时可结合本地区特点，因地制宜地取舍。与施工技术有关的内容，也可放到实训中讲解。本教材建议总学时为64～70学时。

　　GB 50007—2011《建筑地基基础设计规范》将作用在基础上的荷载改称为"作用"。其实，能使结构产生效应（如应力、应变、裂缝等）的作用包括直接作用和间接作用两部分：直接作用指传递至结构上的力集（包括集中力和分布力），习惯上称为荷载；间接作用指那些不是直接以力集形式出现的作用，如地震、温度变化、地基变形等引起的作用。GB 50009—2012《建筑结构荷载规范》继续将直接作用定义为荷载，而将间接作用称为作用，如地震作用、温度作用等，但规定对于可变荷载的规定同样适用于温度作用，凡涉及温度作用时不再区分作用与荷载，统一称为荷载。《建筑地基基础设计规范》所称的"作用"显然与《建筑结构荷载规范》中的荷载同义，即直接作用加温度作用，并不包含其他间接作用。为方便读者对照查阅《建筑地基基础设计规范》，本书与之保持一致，在涉及荷载效应组合时，也将直接作用（荷载）与温度作用统称为作用。

　　限于编者水平，不妥之处在所难免，恳请读者批评指正。

编　者
2013 年 1 月

目　　录

第一章　概　　述

第一节　土力学、地基与基础的概念

建筑物建造在地层上，将会引起地层中的应力状态发生改变。我们把因承受建筑物荷载而应力状态发生改变的土层或岩层称为地基，把建筑物荷载传递给地基的那部分结构称为基础。因此，地基与基础是两个不同的概念，地基属于地层，是支承建筑物的那一部分地层；基础则属于结构物，是建筑物的一部分。由于建筑物的建造使地基中原有的应力状态发生变化，因此土层发生变形。为了控制建筑物的沉降和保持其稳定性，就必须运用力学方法来研究荷载作用下地基土的变形和强度问题。研究土的特性及土体在各种荷载作用下的性状的一门力学分支称为土力学。土力学主要内容包括土中水的作用、土的渗透性、压缩性、固结、抗剪强度、土压力、地基承载力、土坡稳定等土体的力学问题。

我们把地基中直接与基础接触的土层称为持力层；持力层下受建筑物荷载影响范围内的土层称为下卧层，其相互关系如图 1-1 所示。

基础的结构形式很多，按埋置深度和施工方法的不同，可分为浅基础和深基础两大类。通常把埋置深度不大（一般不超过 5m），只需经过挖槽、排水等普通施工程序，采用一般施工方法和施工机械就可施工的基础称为浅基础，如条形基础、独立基础、筏形基础等。而把基础埋置深度超过一定值，需借助特殊施工方法施工的基础称为深

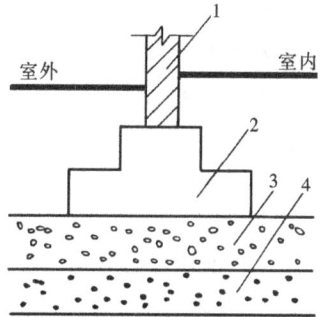

图 1-1　地基基础示意图
1—上部结构；2—基础；
3—持力层；4—下卧层

基础，如桩基础、地下连续墙、沉井基础等。凡是土质不良，需要经过人工加固处理才能达到使用要求的地基称为人工地基；不加处理就可以满足使用要求的地基称为天然地基。

基础是建筑物的一个组成部分，基础的强度直接关系到建筑物的安全与使用。而地基的强度、变形和稳定更直接影响到基础及建筑物的安全性、耐久性和正常使用。建筑物的上部结构、基础、地基三部分构成了一个既相互制约又共同工作的整体。目前，要把三部分完全统一起来进行设计计算还有一定困难。现阶段采用的常规设计方法是将建筑物的上部结构、基础、地基三部分分开，按照静力平衡原则，采用不同的假定进行分析计算，同时考虑建筑物的上部结构、基础、地基相互共同作用。

满足同一建筑物设计要求的地基基础方案往往不止一个，应通过技术经济比较、选取安全可靠、经济合理、技术先进、施工安全简便又能保护环境的方案。

第二节　本课程在建筑工程中的地位

地基和基础是建筑物的根本，又位于地面以下，属地下隐蔽工程。它的勘察、设计及施

工质量的好坏，直接影响建筑物的安全，一旦发生质量事故，补救和处理都很困难，甚至不可挽救。此外，花费在地基和基础上的工程造价与工期在建筑物总造价和总工期中所占的比例，视其复杂程度和设计、施工的合理与否，可以在百分之几到百分之几十之间变动，造价高的约占总造价的 1/3，相应工期约占总工期的 1/4。在中外建筑史上，地基基础事故的例子不胜枚举，典型的例子如下：

1. 建筑物倾斜

苏州虎丘塔为全国重点文物保护单位，该塔建于公元 961 年，7 层，高 47.5m，塔平面呈八角形，由外壁、回廊和塔心三部分组成，主体结构为砖木结构，浅埋式独立砖墩基础，坐落在人工夯实的土夹石覆盖层上，覆盖层西南薄东北厚，其下为粉质黏土，呈可塑至软塑状态，也是西南薄东北厚，底部即为风化岩层和基岩。塔底层直径 13.66m 范围内，地基土层厚度西南为 2.8m，东北为 5.8m，厚度相差 3m。土层压实后引起不均匀沉降，因不均匀沉降造成塔身向东北倾斜。1956～1957 年间对上部结构进行修缮，使塔重增加了 2000kN，加速了塔体的倾斜，1957 年塔顶偏离中心线 1.70m，1980 年发展到 2.31m，倾角 2.78°，高于规范允许值 8 倍多。经过对地基的精心加固，先在塔体四周施工钻孔灌注桩，形成一圈圆形地下连续墙，再在塔基与连续墙之间的土基中钻孔注浆加固地基，并在塔基内用树根桩加固，才使得古塔得以保存。

2. 建筑物地基下沉

上海锦江饭店北楼（原名华懋公寓），建于 1929 年，共 14 层、高 57m，是当时上海最高的一幢建筑。基础坐落在软土地基上，采用桩基础，由于工程承包商偷工减料，未按设计桩数施工，造成了大幅度沉降，建筑物的绝对沉降达 2.6m，致使原底层陷入地下，成了半地下室，严重影响使用。

3. 建筑物地基滑动

加拿大特朗斯康谷仓，平面呈矩形，南北向长 59.44m，东西向宽 23.47m，高 31.00m，容积 36 368m³。谷仓为圆筒仓，每排 13 个，5 排共计 65 个。谷仓基础为钢筋混凝土筏形基础，厚度 61cm，埋深 3.66m。谷仓于 1941 年动工，1943 年秋完工。谷仓自重 20 000t，相当于装满谷物后满载总重量的 42.5%。1943 年 9 月装谷物，10 月 17 日当谷仓已装了 32 822m³ 谷物时，发现 1h 内竖向沉降达 30.5cm。结构物向西倾斜，并在 24h 内谷仓倾倒，仓身倾斜 26°53′，谷仓西端下沉 7.32m，东端上抬 1.52m，上部钢筋混凝土筒仓坚如磐石。

设计者事先未对谷仓地基进行调查研究，而是据邻近结构物基槽开挖试验结果，计算地基承载力为 352kPa，应用到此谷仓。1952 年经勘察试验与计算，谷仓地基实际承载力为 193.8～276.6kPa，远小于谷仓破坏时发生的压力 329.4kPa，因此，谷仓地基因超载发生强度破坏而滑动。

4. 建筑物墙体开裂

天津市人民会堂办公楼东西向长约 27.0m，南北向宽约 5.0m，高约 5.6m，为两层楼房。工程建成后使用正常。1984 年 7 月在办公楼西侧新建天津市科学会堂学术楼。此学术楼东西向长约 34.0m，南北宽约 18.0m，高约 22.0m。两楼外墙净距仅 30cm。当年年底，人民会堂办公楼西侧北墙发现裂缝，此后，裂缝不断加长、展宽。最大的一条裂缝位于办公楼西北角，上下墙体 1986 年 7 月已断开错位 150mm，在地面以上高 2.3m 处，开裂宽度超过 100mm。这条裂缝朝东向下斜向延伸至地面，长度超过 6m。这是相邻荷载影响导致事故的典型例子，新建学术楼的附加应力扩散至人民会堂办公楼西侧软弱地基，引起严重沉降，造成墙体开裂。

5. 建筑物地基溶蚀

徐州市区东部新生街居民密集区，于 1992 年 4 月 12 日发生一次大塌陷。最大的塌陷长 25m、宽 19m，最小的塌陷直径 3m，共 7 处塌陷，深度普遍为 4m 左右。整个塌陷范围长达 210m，宽达 140m。位于塌陷内的房屋 78 间全部陷落倒塌。塌陷周围的房屋墙体开裂达数百间。塌陷区地基为黄河泛滥沉积的粉砂与粉土，厚达 22m。其底部为古生代奥陶系灰岩，中间缺失老黏土隔水层，灰岩中存在大量深洞与裂隙。徐州市过量开采地下水，水位下降对灰岩的覆盖层粉土与粉砂形成潜蚀与空洞，并不断扩大。在下大雨后雨水渗入地下，导致大型空洞上方土体失去支承而塌陷。

6. 土坡滑动

香港宝城大厦建在香港山坡上，1972 年 5～6 月出现连续大暴雨，特别是 6 月份雨量竟高达 1658.6mm，引起山坡因残积土软化而滑动。7 月 18 日早晨 7 点钟，山坡下滑，冲毁高层建筑宝城大厦，居住在该大厦的 120 位银行界人士当场死亡，这一事故引起全世界的震惊，从而对岩土工程倍加重视。

从以上工程实例可见，基础工程属百年大计，必须慎重对待。只有详细掌握勘察资料，深入了解地基情况，精心设计、精心施工，抓好每一个环节，才能使基础工程做到既经济合理又保证质量。

第三节　本课程特点及学习要求

本课程共有九章，第一章"绪论"和第二章"土的物理性质及工程分类"是学习本课程的基础知识，第三章和第四章为土力学的基本原理部分，也是本课程的重要内容，要求了解土中应力分布及地基沉降的计算方法，学会用规范的方法计算地基沉降，掌握土的抗剪强度定律及抗剪强度指标的测试方法，了解土的极限平衡的原理和条件，并学会根据规范要求确定地基承载力的特征值。第五章介绍土压力与土坡稳定，要求了解土压力的概念及产生条件，学会一般情况下的土压力计算及重力式挡土墙的设计计算，懂得土坡稳定分析的基本概念及基坑开挖与支护的基础知识。第六～九章为地基基础部分，包括浅基础、桩基础、地基处理和区域性地基有关知识，要求能够运用土力学理论及规范要求解决实际工程中经常遇到的一般性的地基基础问题。

通过学习本门课程，要达到以下基本要求：

(1) 掌握土的基本物理力学性质，了解常规的室内与现场土工试验方法；

(2) 掌握天然地基上一般浅基础的简单设计方法或验算方法；

(3) 掌握常用桩基础的简单设计方法或验算方法，熟悉常用桩基础的施工工艺；

(4) 能正确使用 GB 50007—2011《建筑地基基础设计规范》及相关规范，解决地基基础设计中遇到的一般问题。

本课程是一门实践性与理论性均较强的课程。由于各种地基土形成的自然条件不同，其性质也是千差万别；我国地域辽阔，不同地区的土有不同的特性，即使同一地区的土，其特性也可能存在较大的差异。因此，在学习本课程时，要运用基本的理论知识加强实践锻炼，注重实训，紧紧抓住强度和变形这一核心问题来分析和处理实际工程中的地基基础问题，提高分析和解决问题的能力。

思 考 题

1. 土力学的研究对象和研究内容是什么？什么是地基？什么是基础？
2. 何谓天然地基？何谓人工地基？
3. 深基础与浅基础有何区别？
4. 什么是持力层？什么是下卧层？

第二章　土的物理性质及工程分类

　　土是岩石风化的产物。土的物理性质及工程分类是进行土力学计算、地基基础设计和地基处理的必备知识。本章主要介绍土的成因、土的组成、土的三相比例指标、无黏性土的密实度、黏性土的物理状态以及土的工程分类。

第一节　土的成因与组成

一、土的成因

　　土是由地壳岩石经风化、剥蚀、搬运、沉积，形成由固体矿物、液态水和气体组成的一种集合体。不同的风化作用形成不同性质的土，风化作用有以下三种：

　　1. 物理风化

　　岩石受风霜雨雪的侵蚀，温度、湿度的变化，产生不均匀膨胀与收缩，使岩石出现裂隙，崩解为碎块。这种风化作用只改变颗粒的大小与形状，而不改变原来的矿物成分，称为物理风化。

　　由物理风化生成的土为粗颗粒土，如块石、碎石、砾石、砂土等，这种土呈松散状态，总称为无黏性土。

　　2. 化学风化

　　当岩石的碎屑与水、氧气和二氧化碳等物质相接触，将发生缓慢的化学变化，并改变了原来组成矿物的成分，产生一种次生矿物。这类风化称为化学风化。经化学风化生成的土为细粒土，具有黏聚力，如粉土、黏性土。

　　3. 生物风化

　　由动物、植物和人类活动所引起岩体的破坏称为生物风化。如长在岩石缝隙中的树，因树根生长使岩石缝隙扩展开裂。人类开采矿山、打隧道、劈山修路等活动形成的土，其矿物成分没有变化。

二、土的三相组成

　　土的三相组成是指土由固体颗粒、液态水和气体三部分组成。土中的固体颗粒构成土的骨架，骨架之间存在大量孔隙，孔隙中填充着液态水和空气。

　　同一地点土体的三相比例组成随环境变化而变化。例如，天气的晴雨、季节变化、温度高低、地下水的升降及建筑物的荷载作用等，都会引起土的三相之间的比例产生变化。

　　土的三相比例不同，土的状态和工程性质也各异。当土中孔隙全部由气体填充时为干土，此时黏土呈坚硬状态，砂土呈松散状态；当土中孔隙由液态水和气体填充时为湿土，此时黏土多为可塑状态；当土中孔隙全部由液态水填充时为饱和土，此时粉细砂或粉土遇强烈地震可能发生液化。

　　（一）土的固体颗粒

　　土的固体颗粒（土颗粒或土粒）是土的三相组成中的主体，是决定土的工程性质的主要成分。

1. 土颗粒的矿物成分

（1）原生矿物。岩石经物理风化而成，其成分与母岩相同，包括单矿物颗粒和多矿物颗粒。单矿物颗粒是指颗粒为单一的矿物，如石英、长石、云母、角闪石、辉石等；多矿物颗粒是指颗粒中包含多种矿物，如巨粒土的漂石、卵石和粗粒土的砾石。

（2）次生矿物。母岩的岩屑经过化学风化，改变原来的成分，成为一种颗粒很细的新矿物，主要是黏土矿物。黏土矿物的粒径小于 0.005mm，肉眼看不清，用电子显微镜观察为鳞片状。

（3）腐殖质。如果土中腐殖质含量多，土的压缩性就会增大。有机质含量超过 5% 的土应注明为有机土。

2. 土颗粒的大小与形状

自然界中土颗粒的大小相差悬殊，GB/T 50145—2007《土的工程分类标准》将土的粒径按性质相近原则划分为巨粒组、粗粒组和细粒组。巨粒组含漂石（块石）、卵石（碎石），粗粒组含砾粒（分粗砾、中砾、细砾）和砂粒（分粗砂、中砂、细砂），细粒组含粉粒、黏粒。表 2-1 给出了土颗粒粒组的划分情况。

表 2-1　　　　　　　　　　　　　　　土 颗 粒 粒 组 划 分

粒　　组	颗 粒 名 称		粒径 d 的范围（mm）
巨粒	漂石（块石）		$d>200$
	卵石（碎石）		$60<d\leqslant200$
粗粒	砾粒	粗砾	$20<d\leqslant60$
		中砾	$5<d\leqslant20$
		细砾	$2<d\leqslant5$
	砂粒	粗砂	$0.5<d\leqslant2$
		中砂	$0.25<d\leqslant0.5$
		细砂	$0.075<d\leqslant0.25$
细粒	粉粒		$0.005<d\leqslant0.075$
	黏粒		$d\leqslant0.005$

颗粒大小不同的土，它们的工程性质也各不相同。同一粒组土的工程性质相似，通常粗粒土的压缩性低、强度高、渗透性大。至于颗粒的形状，带棱角表面粗糙的不易滑动，其强度比表面圆滑的高。

3. 土颗粒的级配

自然界的天然土，很少是一个粒组的土，往往是多个粒组混合而成，土的颗粒有粗有细。工程中常用各粒组的相对含量占总质量的百分数来表示，称为土的颗粒级配。这是决定无黏性土工程性质的主要因素，以此作为土的分类定名的标准。

工程中实用的粒径级配分析方法有筛析法和密度计法两种。

（1）筛析法。适用于土颗粒直径大于 0.075mm 的土。筛析法的主要设备为一套标准分析筛，筛子孔径分别为 60、40、20、10、5、2.0、1.0、0.5、0.25、0.075mm。取样数量：

粒径　$d<2$mm，可取 100～300g

　　　$d<10$mm，可取 300～1000g

$d<20\text{mm}$，可取 $1000\sim2000\text{g}$

$d<40\text{mm}$，可取 $2000\sim4000\text{g}$

$d>40\text{mm}$，可取 4000g 以上

将干土样倒入标准筛中，盖严上盖，置于筛析机上震筛 $10\sim15\text{min}$。由上而下顺序称出各级筛上及盘内试样的质量。少量试验可用人工筛。

（2）密度计法。适用于土颗粒直径小于 0.075mm 的土。密度计法的主要仪器为土壤密度计和容积为 1000mL 量筒。根据土粒直径大小不同，在水中沉降的速度也不同的特性，将密度计放入悬液中，测出 0.5、1、2、5、15、30、60、120min 和 1440min 的密度计读数，计算而得。

根据颗粒分析试验结果，绘制土的粒径级配曲线，如图 2-1 所示，纵坐标表示小于某粒径的土占总质量的百分数；横坐标表示土的粒径，用对数尺度。

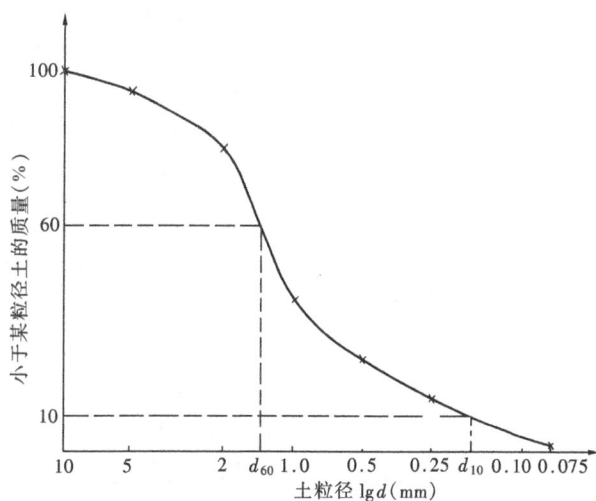

图 2-1　土的粒径级配曲线

例如，某工程土样总质量为 1000g，经筛析后，知道全部试样通过筛孔为 10mm 的筛，因此在横坐标为 10mm 处，其纵坐标为 100，为一个试验点。在筛孔为 5mm 的筛子上的颗粒质量为 50g，因而 $d<5\text{mm}$ 的颗粒质量为 950g 占总质量的 95%，由横坐标为 5mm 与纵坐标 95% 之交点为第 2 个试验点。在筛孔为 2mm 的筛子上的颗粒质量为 150g，则 $d<2\text{mm}$ 的颗粒质量为 $1000\text{g}-50\text{g}-150\text{g}=800\text{g}$ 占总质量的 80%，因此由横坐标为 2mm 与纵坐标 80% 之交点为第 3 个试验点。依次类推，即得土的粒径级配曲线。

在粒径级配曲线上，纵坐标为 10% 所对应的粒径 d_{10} 称为有效粒径；纵坐标为 60% 所对应的粒径 d_{60} 称为限定粒径；d_{60} 与 d_{10} 的比值称为不均匀系数 C_u，即

$$C_u=\frac{d_{60}}{d_{10}} \tag{2-1}$$

不均匀系数 C_u 是表示土颗粒组成的重要特征。当 C_u 很小时曲线很陡，表示土颗粒均匀；当 C_u 很大时曲线平缓，表示土的级配良好。

曲率系数 C_c 为表示土颗粒组成的又一特征，它反映土颗粒级配的连续程度，可按下式计算

$$C_c=\frac{d_{30}^2}{d_{10}d_{60}} \tag{2-2}$$

式中 d_{30}——粒径级配曲线上纵坐标为 30％所对应的粒径。

砾石和砂土级配满足 $C_u \geqslant 5$ 且 $C_c = 1 \sim 3$ 为级配良好，否则为级配不良。

（二）土中水

土的孔隙中有水，水的不同存在形式对土的性质影响很大，如图 2-2 所示。

1. 结合水

（1）强结合水（吸着水）。由黏土表面的电分子力牢固地吸引的水分子紧靠土粒表面，其厚度只有几个水分子厚，且小于 $0.003\mu m$。这种强结合水的性质与普通水不同，其性质接近固体，不传递静水压力，105℃以上才蒸发，密度 $\rho_w = 1.2 \sim 2.4 g/cm^3$，并具有很大的黏滞性、弹性和抗剪强度。黏土中只含强结合水时呈固体状态。

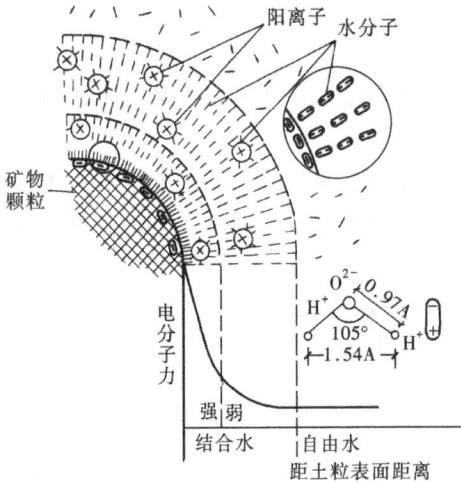

图 2-2 黏土矿物与水分子的相互作用

（2）弱结合水（薄膜水）。这种水在强结合水外侧，也是由黏土表面的电分子力吸引的水分子，其厚度小于 $0.5\mu m$。密度 $\rho_w = 1.0 \sim 1.7 g/cm^3$，弱结合水也不传递静水压力，呈黏滞体状态，此部分水对黏性土的性质影响最大。

2. 自由水

此种水离土粒较远，在土粒表面的电场作用以外，自由水包括重力水和毛细水两种。

（1）重力水。这种水位于地下水位以下，受重力作用由高处向低处流动，有浮力作用。

（2）毛细水。这种水位于地下水位以上，受毛细作用而上升，粉土中毛细现象严重，毛细水上升高，在寒冷地区要注意冻胀。地下室受毛细水的影响要采取防潮措施。

3. 气态水

气态水即水气，对土的性质影响不大。

4. 固态水

当气温降至 0℃以下时，液态的自由水结冰成为固态水，并且发生膨胀，使地基发生冻胀，寒冷地区基础的埋深应考虑冻胀问题。

（三）土中气

在土的固体矿物之间的孔隙中，没有被水充填的部分都充满气体。土中的气体分为自由气体和封闭气体两种。

（1）自由气体。自由气体是与大气相连通的气体，通常在土层受力压缩时逸出，对建筑工程无影响。

（2）封闭气泡。封闭气泡与大气隔绝，存在于黏性土中，当土层受力时，封闭气泡缩小；如果土中封闭气泡很多时，将使土的压缩性增高，土的渗透性降低。

三、土的特性

土与其他连续介质的建筑材料相比，具有下列三个显著的工程特性：

1. 压缩性高

反映材料压缩性高低的弹性模量 E（对于土称为变形模量），随着材料性质不同而有极大的差别，例如：

钢筋	$E=2.00\times10^5\text{MPa}$
C20 混凝土	$E=2.55\times10^4\text{MPa}$
卵石	$E=40\sim50\text{MPa}$
饱和细砂	$E=8\sim16\text{MPa}$

由此可见，当应力数值相同，材料厚度一样时，卵石的压缩性约是钢筋压缩性的 4000 倍；饱和细砂的压缩性约比 C20 混凝土的压缩性高 1600 倍。软塑或流塑状态的黏性土往往比饱和细砂的压缩性还要高。

2. 强度低

土的强度特指抗剪强度。无黏性土的强度来源于土粒表面粗糙不平产生的摩擦力；黏性土的强度除摩擦力外，还有黏聚力。无论摩擦力还是黏聚力，都远远小于土粒材料本身的强度，因此，土的强度比其他建筑材料（如钢材、混凝土）的强度都低得多。

3. 透水性大

土体中固体颗粒之间具有无数孔隙，这些孔隙是透水的。尤其是粗颗粒的卵石或砂土，其透水性极大。

土压缩性高、强度低、透水性大的工程特性与建筑工程设计和施工关系密切，需要高度重视。

第二节　土的结构与土层构造

一、土的结构

土的结构是指由土粒单元的大小、形状、相互排列及其连接关系等因素形成的综合特征。一般分为单粒结构、蜂窝结构和絮状结构三种基本类型。

1. 单粒结构

单粒结构是由粗大土粒在水或空气中下沉而形成的。全部由砂粒及更粗土粒组成的土都具有单粒结构。因其颗粒较大，土粒间的分子吸引力相对很小，所以颗粒间几乎没有连接，至于未充满孔隙的水分只可能使其具有微弱的毛细水连接。单粒结构可以是疏松的，也可以是紧密的，如图 2-3 所示。

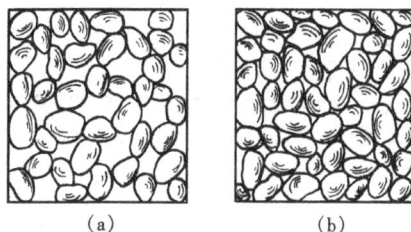

图 2-3　土的单粒结构
(a) 疏松的；(b) 紧密的

呈紧密状单粒结构的土，由于其土粒排列紧密，在动静荷载作用下都不会产生较大的沉降，所以强度较大，压缩性较小，是良好的天然地基。

具有松散单粒结构的土，其骨架是不稳定的，当受到震动及其他外力作用时，土粒易于发生移动，土中孔隙剧烈减少，引起土的很大变形。因此，这种土层如未经处理一般不宜作为建筑物的地基。

2. 蜂窝结构

蜂窝结构是主要由粉粒（粒径 $0.075\sim0.005\text{mm}$）组成的土的结构形式。根据研究，粒径在 $0.075\sim0.005\text{mm}$ 左右的土粒在水中沉积时，基本上是以单个土粒下沉，当碰到已沉积的土粒时，由于它们之间的相互引力大于其重力，因此土粒就停留在最初的接触点上不再下沉，形成具有很大孔隙的蜂窝结构。如图2-4所示。

3. 絮状结构

絮状结构是由黏粒（粒径<0.005mm）集合组成的土的结构形式。黏粒能够在水中长期悬浮，不因自重而下沉。当这些悬浮在水中的黏粒被带到电介质浓度较大的环境中（如海水），黏粒凝聚成絮状的集粒（黏粒集合体）而下沉，并相继和已沉积的絮状集粒接触，而形成类似蜂窝而孔隙更大的絮状结构。如图2-5所示。

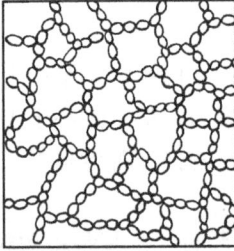

图2-4　土的蜂窝结构　　　　　　　图2-5　土的絮状结构

具有蜂窝结构和絮状结构的黏性土，土中孔隙较多，具有较大的压缩性，结构破坏后强度降低很多，是工程性质极差的土。

具有蜂窝结构和絮状结构的黏性土，其土粒之间的连接强度（结构强度），由于长期的压密作用和胶结作用而能得到加强。

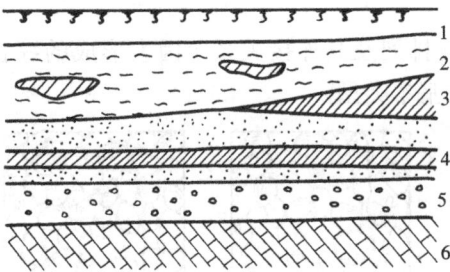

图2-6　土的层理构造

1—表土层；2—淤泥夹黏土透镜体；3—黏土尖灭层；
4—砂土夹黏土层；5—砾石层；6—石灰岩层

二、土层构造

在同一土体中的物质成分和颗粒大小等都相近的各部分之间的相互关系的特征称为土的构造。土的构造最主要的特征就是成层性，即层理构造。它是在土的形成过程中，由于不同阶段沉积的物质成分、颗粒大小或颜色不同，而沿竖向呈现的成层特征，常见的有水平层理构造和交错层理构造。如图2-6所示。土的构造的另一特征是土的裂隙性，如黄土的柱状裂隙。裂隙的存在大大降低土体的强度和稳定性，增大透水性，对工程不利。

第三节　土的物理性质指标

一、土的三相图

如前所述，土是由固体颗粒（固相）、水（液相）和空气（气相）三部分组成的。表示土中三相之间关系的指标，称为土的物理性质指标。土中三相之间相互比例不同，土的工程性质也不同。

为了阐述和标记方便，把自然界中的土的三相混合分布的情况分别集中起来，固相集中

于下部，液相居中部，气相集中于上部，并按适当
的比例画一个土的三相图，图的左边标出各相的质
量，右边标出各相的体积，如图 2-7 所示。

二、土的三项基本物理性质指标

土的密度（质量密度）ρ 或土的重力密度（简
称重度又称容重）γ、土粒比重（土粒相对密度）d_s
以及土的含水率 w（《建筑地基基础设计规范》称含
水量，本书按《土工试验方法标准》称为含水率）
是土的三项基本物理性质指标，其值均可由实验室
直接测定。

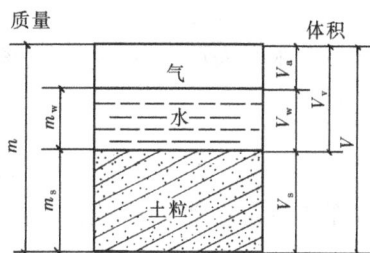

图 2-7　土的三相图

V—土的总体积；V_v—土的孔隙体积；
V_s—土粒的体积；V_w—水的体积；
V_a—气体的体积；m—土的总质量；
m_s—土粒的质量；m_w—水的质量

1. 土的密度 ρ 和重度 γ

土的密度 ρ 为单位体积土的质量，即

$$\rho = \frac{土的总质量}{土的总体积} = \frac{m}{V} \quad (\text{g/cm}^3) \tag{2-3}$$

土的重度 γ 为单位体积土的重量，即 $\gamma = \rho g = 9.81\rho \approx 10\rho$（$\text{kN/m}^3$）。在实验室试验中
应取 $g = 9.81\text{m/s}^2$ 计算，在工程设计计算时可取 $g = 10\text{m/s}^2$。

天然状态下土的密度（重度）变化范围较大

一般黏性土	$\rho = 1.8 \sim 2.0\text{g/cm}^3$，$\gamma = 18 \sim 20\text{kN/m}^3$
砂土	$\rho = 1.6 \sim 2.0\text{g/cm}^3$，$\gamma = 16 \sim 20\text{kN/m}^3$
腐殖土	$\rho = 1.5 \sim 1.7\text{g/cm}^3$，$\gamma = 15 \sim 17\text{kN/m}^3$

密度测定方法有环刀法、灌砂法等。

（1）环刀法。适用于黏性土、粉土等细粒土。用一个一定容积的不锈钢圆环刀（刀刃向
下）放在削平的原状土样面上，徐徐削去环刀外围的土，边削边压，保持天然状态的土样压
满环刀内，上下修平，称得环刀内土样质量而求得土样密度。

（2）灌砂法。适用于卵石、砾石与原状砂等粗粒土。现场开挖试坑，将挖出的试样装入
容器，称其质量，将经密度标定的标准砂通过灌砂筒注满试坑，把注入试坑的标准砂质量换
算成试坑体积，求得土的密度。

2. 土粒比重（土粒相对密度）d_s

土粒比重是土中固体颗粒的质量与同体积 4℃纯水质量的比值，是一个无量纲量，即

$$d_s = \frac{固体颗粒的密度}{纯水\ 4℃时的密度} = \frac{m_s}{V_s \rho_w\ (4℃)} \tag{2-4}$$

土粒比重 d_s 的数值大小，取决于土的矿物成分。其变化范围不大：砂土 $d_s = 2.65 \sim$
2.69；粉土 $d_s = 2.70 \sim 2.71$；黏土 $d_s = 2.72 \sim 2.76$。

常用比重瓶法测定土粒比重。通常用容积 100mL 玻璃比重瓶，将烘干试样 15g 装入比
重瓶，用 0.001g 精度的天平称瓶加干土质量。注入半瓶纯水后煮沸 1h 左右以排除土中气
体，冷却后将纯水注满比重瓶，再称总质量及测瓶内水温计算而得。此法适用粒径小于
5mm 的土，对粒径大于等于 5mm 的土，可用浮称法和虹吸筒法，详见《土工试验方法标
准》。因各种土的比重值相差不大，仅小数后第 2 位不同，若当地已进行大量比重试验，则
往往采用经验值，但到新地区则必须进行试验实测。

3. 土的含水率 w

土的含水率表示土中含水的比率，为土体中水的质量与固体颗粒质量的比值，用百分数表示，即

$$w=\frac{\text{水的质量}}{\text{固体颗粒质量}}=\frac{m_w}{m_s}\times100\% \tag{2-5}$$

土的天然含水率变化范围很大，干砂的含水率接近于零，蒙脱土的最大含水率可达百分之几百。当 $w=0$ 时，砂土呈松散状态，黏土呈坚硬状态。黏性土的含水率很大时，其压缩性大，强度低。

含水率的测定方法有：

（1）烘箱法。适用于黏性土粉土与砂土常规试验。取代表性试样 15～30g，砂性土与有机质土为 50g，装入称量盒内称其质量后，放入烘箱内，在 105～110℃（有机质土为 65～70℃）的恒温下烘干（黏性土 8h 以上、砂土 6h 以上），取出烘干土样冷却后再称质量，计算而得。

（2）红外线法。适用于少量砂土试样的快速测定。方法类似于烘箱法，不同之处在于用红外线灯箱代替烘箱。一个红外线灯泡下只能放 3～4 个试样，烘干时间约为 30min 即可。

（3）酒精燃烧法。适用于少量细粒土试样（有机质土除外）的快速测定。将称完质量的试样盒放在耐热桌面上，倒入工业酒精至试样表面齐平，点燃酒精燃烧，熄灭后仔细搅拌试样，重复倒入酒精燃烧 3 次，冷却后称质量，计算而得。

（4）铁锅炒干法。适用于卵石或砂夹卵石。取代表性试样 3～5kg，称完质量后倒入铁锅，加热炒干，至不冒水气为止，冷却后再称量质量，计算而得。

三、土的其他物理性质指标

1. 土的孔隙比 e

土的孔隙比为土中孔隙体积与固体颗粒体积的比值，即

$$e=\frac{\text{孔隙体积}}{\text{固体颗粒体积}}=\frac{V_v}{V_s} \tag{2-6}$$

一般来说，$e<0.6$ 为低压缩性土，是良好地基；$e>1.0$ 为高压缩性土，是软弱地基。

2. 土的孔隙率 n

土的孔隙率表示土中孔隙占总体积的百分比，即

$$n=\frac{\text{孔隙体积}}{\text{土体总体积}}=\frac{V_v}{V}\times100\% \tag{2-7}$$

孔隙率与孔隙比都是反映土体密实程度的物理指标，工程上用孔隙比较多。

3. 土的饱和度 S_r

土的饱和度反映孔隙中充水程度，是土中水的体积与孔隙总体积之比，以百分率计，即

$$S_r=\frac{\text{水的体积}}{\text{孔隙体积}}=\frac{V_w}{V_v}\times100\% \tag{2-8}$$

黏性土中由于存在封闭孔隙，难以达到 $S_r=100\%$。砂土根据饱和度作为湿度划分的标准，分为稍湿的、很湿的与饱和的三种湿度状态，见表 2-2。

表 2-2　　　　　　　　　　　砂类土湿度状态划分

砂土湿度状态	稍湿	很湿	饱和
饱和度（%）	$S_r\leqslant50$	$50<S_r\leqslant80$	$S_r>80$

4. 土的干密度 ρ_d 和土的干重度 γ_d

土的干密度为单位体积土中固体颗粒部分的质量

$$\rho_d = \frac{\text{固体颗粒质量}}{\text{土的总体积}} = \frac{m_s}{V} \ (\text{g/cm}^3) \tag{2-9}$$

土的干重度为单位体积土中固体颗粒部分的重量，即 $\gamma_d = \rho_d g = 9.81\rho_d \approx 10\rho_d \ (\text{kN/m}^3)$。

5. 土的饱和密度 ρ_{sat} 和土的饱和重度 γ_{sat}

土的饱和密度为孔隙中全部充满水时单位体积的质量

$$\rho_{sat} = \frac{\text{孔隙全部充满水的总质量}}{\text{总体积}} = \frac{m_s + m_w + V_a\rho_w}{V} \ (\text{g/cm}^3) \tag{2-10}$$

土的饱和重度为孔隙中全部充满水时单位体积的重量，即 $\gamma_{sat} = \rho_{sat} g = 9.81\rho_{sat} \approx 10\rho_{sat}$ (kN/m^3)。

土的饱和密度和饱和重度的常见范围分别是：$\rho_{sat} = 1.8 \sim 2.3\text{g/cm}^3$，$\gamma_{sat} = 18 \sim 23\text{kN/m}^3$。

6. 土的有效密度（浮密度）ρ' 和土的有效重度（浮重度）γ'

土的有效密度，是指地下水位以下，土体受水的浮力作用时，单位体积的质量

$$\rho' = \rho_{sat} - \rho_w \ (\text{g/cm}^3) \tag{2-11}$$

土的有效重度为地下水位以下，单位体积的重量，即 $\gamma' = \rho'g = 9.81\rho' \approx 10\rho' \ (\text{kN/m}^3)$。

土的四种密度（重度）之间比较，有

$$\rho_{sat} \geqslant \rho \geqslant \rho_d > \rho', \ \gamma_{sat} \geqslant \gamma \geqslant \gamma_d > \gamma'$$

7. 物理性质指标的换算

上述 9 个物理性质指标并不是互相独立各不相关的，其中 ρ、d_s 和 w 由实验室测定后，可以推导得出其余 6 个物理性质指标，各物理指标之间的换算公式见表 2-3。

表 2-3　　　　　　　　　　土的三相比例指标之间的换算公式

名　称	符　号	表　达　式	单　位	常用换算公式
密度 重度	ρ γ	$\rho = m/V$ $\gamma = \rho g$	g/cm³ kN/m³	$\rho = \rho_d(1+w)$ $\gamma = \gamma_d(1+w)$
土粒比重	d_s	$d_s = \dfrac{m_s}{V_s}$		$d_s = \dfrac{eS_r}{w}$
含水率	w	$w = \dfrac{m_w}{m_s} \times 100$	%	$w = \left(\dfrac{\gamma}{\gamma_d} - 1\right) \times 100$
孔隙比	e	$e = V_v/V_s$		$e = \dfrac{n}{1-n}$
孔隙率	n	$n = \dfrac{V_v}{V} \times 100$	%	$n = \dfrac{e}{1+e} \times 100$
饱和度	S_r	$S_r = \dfrac{V_w}{V_v} \times 100$	%	$S_r = \dfrac{wd_s}{e}$
干密度 干重度	ρ_d γ_d	$\rho_d = m_s/V$ $\gamma_d = \rho_d g$	g/cm³ kN/m³	$\rho_d = \dfrac{\rho}{1+w}$ $\gamma_d = \dfrac{\gamma}{1+w}$
饱和密度 饱和重度	ρ_{sat} γ_{sat}	$\rho_{sat} = \dfrac{m_s + m_w + \rho_w V_a}{V}$ $\gamma_{sat} = \rho_{sat} g$	g/cm³ kN/m³	$\rho_{sat} = \dfrac{d_s + e}{1+e}\rho_w$
有效密度 有效重度	ρ' γ'	$\rho' = \rho_{sat} - \rho_w$ $\gamma' = \gamma_{sat} - \gamma_w$	g/cm³ kN/m³	$\rho' = \dfrac{d_s - 1}{1+e}\rho_w$

【例 2-1】　某一原状土样，经试验测得的基本指标如下：密度 $\rho=1.67\text{g}/\text{cm}^3$，含水率 $w=12.9\%$，土粒比重 $d_s=2.67$。试求土的孔隙比 e、孔隙率 n、饱和度 s_r、干密度 ρ_d、饱和密度 ρ_{sad} 以及有效密度 ρ'。

解　设　　　　　　　　　$V=1\text{cm}^3$，$m=m_s+m_w=1.67$（g）

由式（2-5）得　　　　　　　　$m_w=0.129m_s$

联立二式解得　　　　　$m_s=1.479$（g），$m_w=0.191$（g）

由式（2-4）得

$$V_s=\frac{m_s}{d_s\rho_w}=\frac{1.479}{2.67\times1}=0.554\text{（cm}^3）$$

$$V_w=\frac{m_w}{\rho_w}=\frac{0.191}{1}=0.191\text{（cm}^3）$$

$$V_a=V-V_s-V_w=1-0.554-0.191=0.255\text{（cm}^3）$$

$$V_v=V_w+V_a=0.191+0.255=0.446\text{（cm}^3）$$

由式（2-6）得　　　　$e=V_v/V_s=0.446/0.554=0.805$

由式（2-7）得　　　　$n=\dfrac{V_w}{V}\times100\%=\dfrac{0.446}{1}\times100\%=44.6\%$

由式（2-8）得　　　　$S_r=\dfrac{V_w}{V_v}\times100\%=\dfrac{0.191}{0.446}\times100\%=42.8\%$

由式（2-9）得　　　　$\rho_d=m_s/V=1.479/1=1.48$（g/cm^3）

由式（2-10）得　　$\rho_{sat}=\dfrac{m_s+m_w+V_a\rho_w}{V}=\dfrac{1.479+0.191+0.255\times1}{1}=1.93$（g/cm^3）

由式（2-11）得　　$\rho'=\rho_{sat}-\rho_w=1.93-1=0.93$（g/cm^3）

第四节　土的物理状态指标

一、无黏性土的密实度

无黏性土一般指砂土和碎石土，它们最主要的物理状态指标是密实度。天然状态下无黏性土的密实度与其工程性质有密切关系。当为松散状态时，其压缩性和透水性较高，强度较低。当为密实状态时，其压缩性较小，强度较高，为良好的天然地基。

（一）砂土的密实度

确定砂土密实度的方法有多种，工程中以孔隙比 e、相对密实度 D_r、标准贯入锤击数 N 为标准来划分砂土的密实度。

1. 以孔隙比 e 为标准

以孔隙比 e 作为砂土密实度的划分标准，见表 2-4。

表 2-4　　　　　　　　　　　　　　砂 土 的 密 实 度

土的名称 ＼ 密实度	密　实	中　密	稍　密	松　散
砾砂、粗砂、中砂	$e<0.60$	$0.60\leqslant e\leqslant0.75$	$0.75<e\leqslant0.85$	$e>0.85$
细砂、粉砂	$e<0.70$	$0.70\leqslant e\leqslant0.85$	$0.85<e\leqslant0.95$	$e>0.95$

用孔隙比 e 来判断砂土的密实度是最简便的方法。但它没有考虑土的粒径级配的因素。同样密实度的砂土在粒径均匀时孔隙比较大，而粒径级配良好时孔隙比较小。

2. 用相对密实度 D_r 为标准

相对密实度 D_r 是用天然孔隙比 e 与同一种砂土的最疏松状态孔隙比 e_{max} 和最密实状态孔隙比 e_{min} 进行对比，根据 e 靠近 e_{max} 或靠近 e_{min}，来判断它的密实度。相对密度 D_r 按下式计算

$$D_r = \frac{e_{max} - e}{e_{max} - e_{min}} \qquad (2-12)$$

根据相对密实度 D_r 值可将砂土的密实度状态划分为

密实 $1 \geqslant D_r > 0.67$

中密 $0.67 \geqslant D_r > 0.33$

松散 $0.33 \geqslant D_r > 0$

相对密实度从理论上讲是一种完善的密实度指标，但由于测量 e_{max} 和 e_{min} 时的操作误差太大，实际应用相当困难。因此天然砂土的密实度一般通过现场原位试验测定。

3. 用标准贯入锤击数 N 为标准

标准贯入试验是用规定的锤质量（63.5kg）和落距（76cm）把标准贯入器（带有刃口的对开管，外径 50mm，内径 35mm）打入土中，记录贯入一定深度（30cm）所需的锤击数 N 的原位测试方法。根据所测得的锤击数 N，将砂土分为松散、稍密、中密及密实 4 种密实度，其划分标准见表 2-5。

表 2-5   砂 土 密 实 度 的 划 分

砂土密实度	松散	稍密	中密	密实
锤击数 N	$N \leqslant 10$	$10 < N \leqslant 15$	$15 < N \leqslant 30$	$N > 30$

（二）碎石土的密实度

对于平均粒径不大于 50mm 且最大粒径不大于 100mm 的碎石土，可采用重型圆锥动力触探来测定其密实度。重型圆锥动力触探的探头为圆锥头，锥角 60°，锥底直径 7.4cm，用质量 63.5kg 的落锤以 76cm 的落距把探头打入碎石土中，记录探头贯入碎石土 10cm 的锤击数 $N_{63.5}$。根据测得的锤击数 $N_{63.5}$ 将碎石土划分为松散、稍密、中密和密实四种密实度，其划分标准见表 2-6。

表 2-6   碎 石 土 密 实 度 的 划 分

碎石土密实度	松散	稍密	中密	密实
锤击数 $N_{63.5}$	$N_{63.5} \leqslant 5$	$5 < N_{63.5} \leqslant 10$	$10 < N_{63.5} \leqslant 20$	$N_{63.5} > 20$

对于平均粒径大于 50mm 或最大粒径大于 100mm 的碎石土，应按野外鉴别方法来综合判定其密实度，见表 2-7。

表 2-7　　　　　　　　　　　　　　碎石土密实度野外鉴别方法

密实度	骨架颗粒含量和排列	可 挖 性	可 钻 性
密实	骨架颗粒含量大于总重的70%，呈交错排列，连续接触	锹镐挖掘困难，用撬棍才能松动，井壁一般较稳定	钻进极困难，冲击钻探时，钻杆、吊锤跳动剧烈，孔壁较稳定
中密	骨架颗粒含量等于总重的60%～70%，呈交错排列，大部分接触	锹镐可挖掘，井壁有掉块现象，从井壁取出大颗粒处，能保持凹面形状	钻进较困难，冲击钻探时，钻杆、吊锤跳动不剧烈；孔壁有坍塌现象
稍密	骨架颗粒含量等于总重的55%～60%，排列混乱，大部分不接触	铁锹可以挖掘，井壁易坍塌，从井壁取出大颗粒处，砂土立即坍落	钻进较容易，冲击钻探时，钻杆稍有跳动，孔壁易坍塌
松散	骨架颗粒含量小于总重的55%，排列十分混乱，绝大部分不接触	铁锹易挖掘，井壁极易坍塌	钻进很容易，冲击钻探时，钻杆无跳动，孔壁极易坍塌

二、黏性土的物理状态

黏性土的土粒很细，土粒表面与水相互作用的能力较强，土粒间存在黏聚力。当土中含水率较低时，土呈固体状态，强度较大，随着含水率的增高，土将从固体、半固体状态经可塑状态转为流动状态；相应的，土的强度显著降低。土的这一物理状态即软硬程度特性称为稠度，稠度是指黏性土在某一含水率时对外力引起的变形或破坏的抵抗能力，用坚硬、可塑和流动等状态来描述。

所谓可塑状态，就是当黏性土在某含水率范围内，可用外力塑成任何形状而不发生裂纹，并当外力移去后仍能保持既得的形状，土的这种性能称为可塑性。黏性土由一种状态转到另一种状态的分界含水率，称为界限含水率，如图 2-8 所示。它对黏性土的分类和工程性质的评价有重要意义。

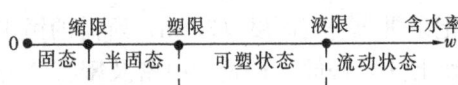

图 2-8　黏性土的物理状态与界限含水率关系

1. 液限 w_L（%）

黏性土由可塑状态转到流动状态的界限含水率称为液限 w_L。液限的测定方法有：

（1）锥式液限仪。我国目前采用锥式液限仪（如图 2-9 所示）来测定黏性土的液限。将调成均匀的浓糊状试样装满盛土杯内（盛土杯置于底座上），刮平杯口表面，将 76g 圆锥体轻放在试样表面中心，使其在自重作用下徐徐沉入试样，若圆锥体经 5s 恰好沉入 17mm 深度，这时杯内土样的含水率就是液限 w_L 值。为了避免放锥时的人为晃动影响，可采用电磁放锥的方法，以提高测试精度。

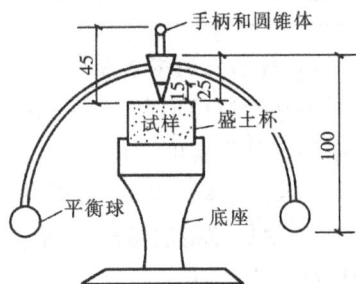

图 2-9　锥式液限仪

（2）碟式液限仪。美国、日本等国目前采用碟式液限仪（如图 2-10 所示）来测定黏性土的液限。将调成均匀的浓糊状试样装在碟内，刮平表面，用开槽器在土中切成槽，槽底宽度为 2mm，然后将碟子抬高 10mm，使碟下落，连续下落 25 次后，如土槽合拢长度为 13mm，试样的含水率就是液限 w_L 值。

2. 塑限 w_p（%）

黏性土由半固态转到可塑状态的界限含水率称为塑限 w_p。塑限的测定方法有：

（1）搓条法。用双手将接近塑限含水率的土样 8～10g 搓成小圆球，放在毛玻璃板上再用手掌慢慢搓滚成小土条，若土条搓到直径为 3mm 时恰好开始断裂，这时断裂土条的含水率就是塑限 w_p。

（2）液塑限联合测定法。该方法可以减少反复测试液、塑限的时间。制备三份不同稠度的试样，试样的含水率分别为接近液限、塑限和两者的中间状态。用 76g 质量的锥式液限仪，分别测定 5s 内三个试样的圆锥下沉深度和相应的含水率，然后以含水率为横坐标，圆锥下落深度为纵坐标，绘于双对数坐标纸上，将测得的三点连成直线。由含水率与圆锥下沉深度关系曲线，查出下沉 17mm 对应的含水率即为

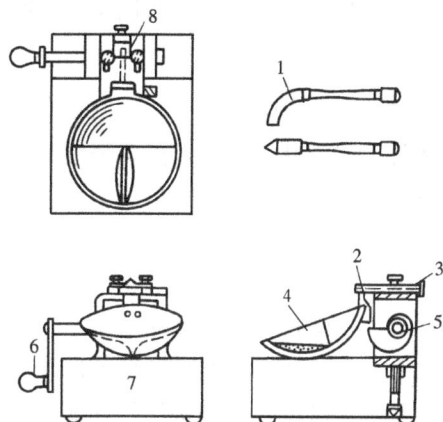

图 2-10 碟式液限仪
1—开槽器；2—销子；3—支架；4—土碟；
5—蜗轮；6—摇柄；7—底座；8—调整板

w_L；查出下沉 2mm 对应的含水率即为 w_p；取值以百分数表示，准确至 0.1%。

3. 缩限 w_s（%）

黏性土从半固态不断蒸发水分，则土的体积不断缩小，直到体积不再缩小时土的界限含水率称为缩限 w_s。缩限用收缩皿法测定。

4. 塑性指数 I_p

细粒土的液限与塑限的差值定义为塑性指数 I_p，习惯上不带%，即

$$I_p = w_L - w_p \qquad (2-13)$$

塑性指数反映细粒土体处于可塑状态下，含水率变化的最大区间。一种土的 I_p 越大，表明该土所能吸附的弱结合水多，即该土黏粒含量高或矿物成分吸水能力强。工程上用塑性指数 I_p 作为区分黏性土与粉土的标准。

5. 液性指数 I_L

黏性土的天然含水率与塑限的差值和液限与塑限的差值之比，称为液性指数 I_L

$$I_L = \frac{w - w_p}{w_L - w_p} \qquad (2-14)$$

液性指数又称相对稠度，是将土的天然含水率 w 与 w_L 及 w_p 相比较，以表明 w 是靠近 w_L 还是靠近 w_p，从而反映土的软硬不同。工程上根据液性指数 I_L 大小不同，可将黏性土分为 5 种软硬不同的状态，见表 2-8。

表 2-8 黏性土软硬状态的划分

状 态	坚硬	硬塑	可塑	软塑	流塑
液性指数	$I_L \leqslant 0$	$0 < I_L \leqslant 0.25$	$0.25 < I_L \leqslant 0.75$	$0.75 < I_L \leqslant 1.0$	$I_L > 1.0$

6. 天然稠度 w_c

黏性土的液限和天然含水率的差值与液限和塑限的差值之比，称为天然稠度 w_c

$$w_c = \frac{w_L - w}{w_L - w_p} \qquad (2-15)$$

在公路工程中，常用天然稠度 w_c 来区分黏性土的状态，它与液性指数的关系是

$$I_L + w_c = 1$$

7. 灵敏度 S_t 与触变性

黏性土的原状土无侧限抗压强度与原土结构完全破坏后的重塑土的无侧限抗压强度的比值，称为灵敏度 S_t，即

$$S_t = \frac{q_u}{q_u'} \tag{2-16}$$

式中　q_u——原状土无侧限抗压强度，kPa；

q_u'——重塑土的无侧限抗压强度，kPa。

灵敏度反映黏性土结构性的强弱。根据灵敏度的大小可分为以下三类土：

高灵敏土　　　　　　　　　$S_t > 4$

中灵敏土　　　　　　　　　$2 < S_t \leqslant 4$

低灵敏土　　　　　　　　　$S_t \leqslant 2$

土的灵敏度越高，其结构性越强，受扰动后土的强度降低越明显。因此在基础工程施工中必须注意保护基槽，尽量减少对基底土层结构的扰动。

当黏性土结构受扰动时，土的强度降低，但当扰动停止后，土的强度又会随时间逐渐增大，这是由于土粒、离子和水分子体系随时间趋于新的平衡状态的缘故。黏性土的这种结构破坏，强度降低，但随时间发展土体强度恢复的性质称为触变性。例如，在黏性土中打预制桩时，桩侧土的结构受到破坏而强度降低，使桩容易入土。停止打桩后，土的强度逐渐恢复，桩的承载力逐渐增加，这是受土的触变性影响的结果。

第五节　地基土的工程分类

自然界中岩土种类繁多、性质各异，为了便于认识和评价岩土的工程特性，必须对岩土进行工程分类。根据工程用途的不同，不同的工程部门会有自己的分类方法。《建筑地基基础设计规范》将作为地基的岩土分为岩石、碎石土、砂土、粉土、黏性土和人工填土六类。

一、岩石

颗粒间牢固连接、呈整体或具有节理裂隙的岩体称为岩石。建筑地基岩石尚应划分其坚硬程度和完整程度：

（1）坚硬程度。岩石的坚硬程度应根据岩块的饱和单轴抗压强度 f_{rk} 按表 2-9 分为坚硬岩、较硬岩、较软岩、软岩和极软岩五类。

表 2-9　　　　　　　　　　　　岩石坚硬程度的划分

坚硬程度类别	坚硬岩	较硬岩	较软岩	软岩	极软岩
饱和单轴抗压强度标准值 f_{rk}（MPa）	$f_{rk} > 60$	$60 \geqslant f_{rk} > 30$	$30 \geqslant f_{rk} > 15$	$15 \geqslant f_{rk} > 5$	$f_{rk} \leqslant 5$

（2）风化程度。岩石的风化程度可分为未风化、微风化、中风化、强风化和全风化五类。

（3）完整程度。岩体完整程度用波速测定，应按表 2-10 分为完整、较完整、较破碎、

破碎和极破碎五类。完整性指数为岩体纵波波速与岩块纵波波速之比的平方。

表 2-10 岩石完整程度的划分

完整程度类别	完整	较完整	较破碎	破碎	极破碎
完整性指数	>0.75	0.75～0.55	0.55～0.35	0.35～0.15	<0.15

二、碎石土

土的粒径 d 大于 2mm 的颗粒含量超过全重 50% 的土称为碎石土。

根据土的粒径级配中各粒组的含量和颗粒形状进行分类。颗粒形状以圆形及亚圆形为主的，由大至小分为漂石、卵石、圆砾 3 种，颗粒形状以棱角形为主的，相应分为块石、碎石、角砾 3 种，见表 2-11。级配良好密实程度好的碎石土是良好的建筑物地基。

表 2-11 碎石土的分类

土的名称	颗粒形状	粒组的含量
漂石	圆形及亚圆形为主	粒径大于 200mm 的颗粒含量超过全重 50%
块石	棱角形为主	
卵石	圆形及亚圆形为主	粒径大于 20mm 的颗粒含量超过全重 50%
碎石	棱角形为主	
圆砾	圆形及亚圆形为主	粒径大于 2mm 的颗粒含量超过全重 50%
角砾	棱角形为主	

注 分类时应根据粒组含量栏从上到下以最先符合者确定。

三、砂土

土的粒径大于 2mm 的颗粒含量不超过全重 50%，且粒径大于 0.075mm 的颗粒含量超过全重 50% 的土称为砂土。砂土按表 2-12 可分为砾砂、粗砂、中砂、细砂、粉砂 5 种。密实的中、粗、砾砂是良好的建筑地基，饱和的细、粉砂地基在地震时易液化破坏。

表 2-12 砂土的分类

土的名称	粒组的含量
砾砂	土的粒径 d>2mm 的颗粒含量占全重 25%～50%
粗砂	土的粒径 d>0.5mm 的颗粒含量超过全重 50%
中砂	土的粒径 d>0.25mm 的颗粒含量超过全重 50%
细砂	土的粒径 d>0.075mm 的颗粒含量超过全重 85%
粉砂	土的粒径 d>0.075mm 的颗粒含量超过全重 50%

注 分类时应根据粒组含量栏从上到下以最先符合者确定。

四、粉土

粉土为介于砂土和黏性土之间，塑性指数不大于 10，且粒径大于 0.075mm 的颗粒含量不超过全重 50% 的土。密实的粉土为良好地基。

五、黏性土

表 2-13 黏性土的分类

塑性指数 I_p	土的名称
I_p>17	黏土
10<I_p≤17	粉质黏土

黏性土为塑性指数大于 10 的土。黏性土按塑性指数的大小分为黏土、粉质黏土两种，见表 2-13。

黏性土的工程性质与其含水率的大小密切相关。密实硬塑的黏性土为优良地基；疏松流塑状态的黏性土为软弱地基。

六、人工填土

由人类活动堆填形成的各类土称为人工填土。人工填土根据其组成和成因，可分为素填土、压实填土、杂填土、冲填土；根据其堆积年代，可分为老填土、新填土。素填土为由碎石土、砂土、粉土、黏土等组成的填土，经过压实或夯实的素填土为压实填土。杂填土为含有建筑垃圾、工业废料、生活垃圾等杂物的填土。冲填土为由水力冲填泥沙形成的填土。

通常人工填土的工程性质较差，强度低，压缩性大且不均匀，其中压实填土工程性质较好。杂填土因成分复杂，平面与立面分布很不均匀、无规律，工程性质最差。

思 考 题

1. 土由哪几部分组成？土中三相比例变化对土的性质有何影响？

2. 何谓土的颗粒级配？颗粒级配曲线的纵坐标表示什么？不均匀系数 $C_u > 10$ 反映土的什么性质？

3. 土中的水有哪几种存在形式？各有何特性？

4. 土的物理性质指标有哪些？哪些是基本物理性质指标？如何测定？

5. 说明天然重度 γ、饱和重度 γ_{sat}、有效重度 γ' 和干重度 γ_d 之间的关系，并比较其数值的大小。

6. 判别无黏性土密实度的物理状态指标有哪些？它们是如何划分的？各有什么优缺点？

7. 黏性土最主要的物理状态界限含水率是哪些？它们如何测定？

8. 塑性指数的大小反映了土的什么特征？液性指数的大小与土所处的物理状态关系怎样？

9. 地基土分为哪几大类？划分各类土的依据是什么？

习   题

1. 某土样颗粒分析结果见表 2-14，试绘出土的颗粒级配曲线，并确定该土的 C_u 和 C_c，评价该土的级配情况。

表 2-14   某 土 样 的 粒 组 含 量

粒径（mm）	≥5	5~2	2~0.5	0.5~0.25	0.25~0.075	<0.075
粒组含量（%）	0	9	27	28	27	9

2. 某原状土 $50cm^3$，用天平称其质量为 95.15g，烘干后质量为 75.05g，土粒比重为 2.67。计算此土样的天然密度、干密度、饱和密度、有效密度、天然含水率、孔隙比、孔隙率和饱和度。

3. 某干砂试样密度为 $1.66g/cm^3$，土粒比重为 2.67，置于雨中，若砂样体积不变，饱和度增至 40% 时，此砂在雨中的含水率为多少？

4. 某湿土样重 180g，已知其含水率为 18%，现需制备含水率为 25% 的土样，需加水多少？

5. 某黏性土的含水率为 36.4%，液限 48%，塑限 35.4%。计算该土的塑性指数 I_p 及液性指数 I_L，并确定该土的名称和状态。

第三章　土中应力与地基变形

在建筑物荷载作用下，地基中原有的应力状态将发生变化，从而引起地基变形，建筑物基础亦随之沉降。对于非均质地基或上部结构荷载差异较大时，基础还可能出现不均匀沉降。如果沉降或不均匀沉降超过允许范围，将会影响建筑物的正常使用，严重时还将危及建筑物的安全。因此，研究地基中的应力和变形，对于保证建筑物的安全和正常使用具有重要的意义。

本章主要介绍地基中应力的基本概念、应力计算、土的压缩性、压缩性指标及地基最终沉降量的计算。

第一节　土体中的自重应力

一、计算公式

在计算土体自重应力时，假定天然土体在水平方向及地面以下都是无限延伸的，对于均质土，在地面以下同一深度处各点的竖向自重应力都相等，即均匀无限分布的，所以在自重应力作用下地基只产生竖向变形，而无侧向位移及剪切变形，故认为在土体中任何垂直面及水平面上不产生剪应力。

现求在均质土体地面以下 z 深度处的自重应力，如图 3-1 所示的土柱体，产生在深度 z 处的单位面积上的自重应力为

$$\sigma_{cz} = \frac{\gamma V}{A} = \frac{\gamma z A}{A} = \gamma z \qquad (3-1)$$

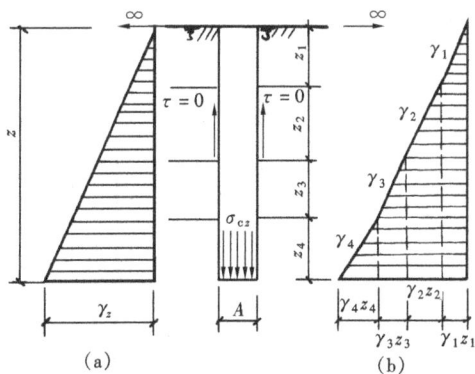

图 3-1　土自重应力
(a) 均质土层；(b) 多层土层

式中　σ_{cz}——土的自重应力，kPa；

z——天然地面算起的深度，m；

V——土柱体积，m^3；

A——土柱底面积，m^2；

γ——土的天然重度，kN/m^3。

当地基土由若干不同重度的土层组成时，则深度 z 处土的自重应力应为各土层自重应力之和，即

$$\sigma_{cz} = \frac{1}{A}(\gamma_1 z_1 A + \gamma_2 z_2 A + \cdots + \gamma_n z_n A) = \sum_{i=1}^{n} \gamma_i z_i \qquad (3-2)$$

式中　n——从天然地面起到深度 z 的土层数；

γ_i——第 i 层土的重度，kN/m^3；

z_i——第 i 层土的厚度，m。

从式（3-2）可见，土的自重应力与土柱的面积大小无关，而与土的天然重度及深度有

关。自重应力随深度增加而增大。如图 3-1 所示，自重应力分布曲线为折线形。

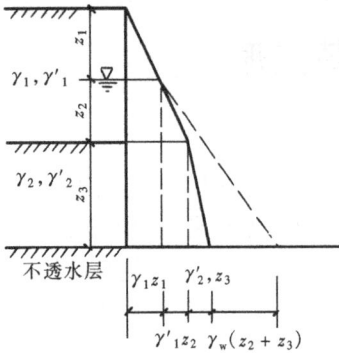

图 3-2　有地下水及不透水层
的自重应力计算

二、地下水对自重应力的影响

地下水位以下的土，由于受到水的浮力的作用，使土的自重减轻，计算时采用水下土的有效（浮）重度 $\gamma' = \gamma_{sat} - \gamma_w$。所以当地下水位下降时，土的自重应力将增加。

三、不透水层对自重应力的影响

不透水层一般为基岩或只含强结合水的坚硬黏土层，因不透水层中不存在水的浮力，故作用在不透水层层面上的土的自重应力等于上覆土和水的总压力，如图 3-2 所示，即

$$\sigma_{cz} = \gamma_1 z_1 + \gamma'_1 z_2 + \gamma'_2 z_3 + \gamma_w (z_2 + z_3) \quad (3-3)$$

【例 3-1】　某工程地质柱状图及土的物理性质指标如图 3-3 所示，试求各层土的自重应力，并绘出自重应力曲线。

土层名称	土层柱状图	深度 (m)	土层厚度 (m)	土的重度 ($kN \cdot m^{-3}$)	地下水位	不透水层	土的自重应力曲线
填土		0.5	0.5	$\gamma_1 = 15.7$			7.85kPa
粉质黏土		1.0	0.5	$\gamma_2 = 17.8$	▽		16.75kPa
粉质黏土		4.0	3.0	$\gamma_{sat} = 18.1$			41.65kPa
淤泥		11.0	7.0	$\gamma_{sat} = 16.7$			89.95kPa　187.95kPa
坚硬黏土		15.0	4.0	$\gamma_3 = 19.6$			266.35kPa

图 3-3　[例 3-1]土中自重应力曲线

解　填土层底　　　　　　$\sigma_{cz} = 15.7 \times 0.5 = 7.85 kPa$

　　地下水位处　　　　　$\sigma_{cz} = 7.85 + 17.8 \times 0.5 = 16.75 kPa$

　　粉质黏土层底　　　　$\sigma_{cz} = 16.75 + (18.1 - 9.8) \times 3 = 41.65 kPa$

　　淤泥层底　　　　　　$\sigma_{cz} = 41.56 + (16.7 - 9.8) \times 7 = 89.95 kPa$

　　不透水层层面　　　　$\sigma_{cz} = 89.95 + (3 + 7) \times 9.8 = 187.95 kPa$

　　钻孔底　　　　　　　$\sigma_{cz} = 187.95 + 19.6 \times 4 = 266.35 kPa$

第二节　基　底　压　力

　　建筑物荷载（包括基础自重）通过基础传递给地基，基础与地基接触面上的压力称为基底压力（又称基底反力）。在地基附加应力（新建建筑物荷载引起的地基内新增加的应力）计算及基础结构设计中，都必须先研究基底压力的分布，基底压力的分布是相当复杂的，它不仅与基础的刚度、尺寸大小、平面形状和埋置深度有关，还与作用在基础上的荷载大小、分布情况和地基土的性质等有关。对于柱下独立基础和墙下条形基础，一般假定基底压力为直线分布。实践证明，根据该假定计算所引起的误差在允许范围内。

一、中心荷载作用下基底压力

　　作用于基底上的荷载合力通过基底形心时，基底压力为均匀分布如图 3 - 4 所示，其值按材料力学的中心受压公式计算，即

$$p = \frac{F+G}{A} \qquad (3 - 4)$$

$$G = \gamma_G A d$$

$$A = lb$$

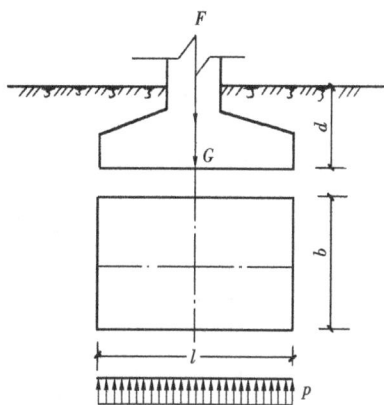

图 3 - 4　中心受压基底压力分布图

式中　p——基底压力，kPa；

　　　F——作用在基础顶面上的竖向荷载设计值，kN；

　　　G——基础和基础上覆土重，kN；

　　　γ_G——基础及上覆土的平均重度，一般取 20kN/m³，地下水位以下取有效重度，kN/m³；

　　　A——基础底面面积，m²；

　　l、b——基础底面的长度和宽度，m；

　　　d——基础埋置深度，取室内外地面平均值计算，m。

　　若基础长宽比大于或等于 10 时，可简化为平面应变问题处理，这种基础称为条形基础，此时可沿长度方向取 1m 来进行计算。

二、单向偏心荷载作用下基底压力

　　荷载的合力与基础中心线不重合时，基底压力为三角形或梯形分布如图 3 - 5 所示。通常将基础长边方向定在偏心方向，以材料力学的偏心受压公式计算，即

$$p_{min}^{max} = \frac{F+G}{A} \pm \frac{M}{W} \qquad (3 - 5)$$

$$M = (F+G)e$$

$$W = bl^2/6$$

式中　p_{max}、p_{min}——基底两端边缘最大、最小压力，kPa；

　　　M——偏心荷载设计值对基底形心的力矩值，kN·m；

　　　e——偏心距，m；

　　　W——基础底面的抵抗矩，m³。

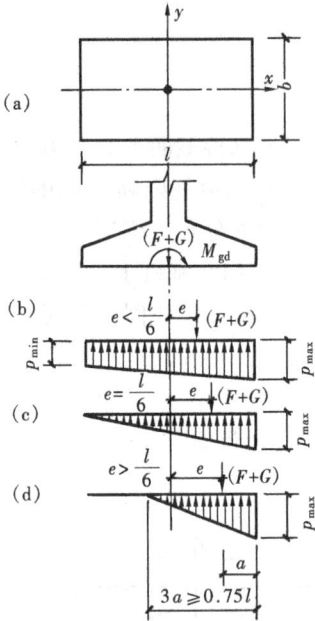

图 3-5　偏心受压基础的
基底压力分布

将偏心距 $e=M/(F+G)$ 代入式 (3-5)，得

$$p_{\min}^{\max}=\frac{F+G}{A}\left(1\pm\frac{6e}{l}\right) \qquad (3\text{-}6)$$

由式 (3-6) 可见，当 $e<l/6$ 时，$p_{\min}>0$，基底压力呈梯形分布 [图 3-5 (a)]；当 $e=l/6$ 时，$p_{\min}=0$，基底压力呈现三角形分布 [图 3-5 (b)]；当 $e>l/6$ 时，$p_{\min}<0$，表示部分基底出现拉应力，而实际工程中基础底面与地基土之间不可能有拉力，此时基底压力重新分布，如图 3-5 (c) 所示，基底边缘最大压力为

$$p_{\max}=\frac{2\ (F+G)}{3ba} \qquad (3\text{-}7)$$

$$a=\frac{l}{2}-e$$

式中　　a——偏心荷载合力作用点至基底最大压力 $p_{\max}$ 边缘的距离，m。

【例 3-2】　已知如图 3-6 所示基础底面尺寸 $l=3\text{m}$，$b=2\text{m}$，偏心荷载 $F+G=490\text{kN}$，偏心距 $e=0.3\text{m}$，求基底压力分布。

解　　$p_{\min}^{\max}=\frac{F+G}{A}\left(1\pm\frac{6e}{l}\right)=\frac{490}{3\times 2}\left(1\pm\frac{6\times 0.3}{3}\right)$

$$=\genfrac{}{}{0pt}{}{130.67\ (\text{kPa})}{32.67\ (\text{kPa})}$$

三、基底附加压力

一般天然土体，在自重应力的长期作用下，变形早已完成，只有新增于基底上的压力，即基底的附加压力才能引起地基的附加应力和变形。

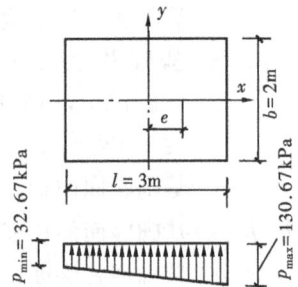

图 3-6　[例 3-2] 附图

一般基础都埋于地面以下一定深度处，在基坑开挖前，基底处已存在土的自重应力，基坑开挖后自重应力消失，作用于基底上的平均压力减去基底处原先存在于土中的自重应力才是基底新增加的附加压力 p_0，简称基底附加压力，即

$$p_0=p-\sigma_{cz}=p-\gamma_0 d \qquad (3\text{-}8)$$

$$\sigma_{cz}=\gamma_0 d$$

$$\gamma_0=(\gamma_1 h_1+\gamma_2 h_2+\cdots)\ /d$$

$$d=h_1+h_2+\cdots$$

式中　　p_0——基底平均附加压力，kPa；

σ_{cz}——基底处土的自重应力，kPa；

γ_0——基底标高以上土的加权平均重度，地下水位以下取有效重度，kN/m^3；

d——基础埋深，一般从天然地面算起，m。

从式（3-8）看出，当基础对地基的压力一定时，深埋基础，可减小基底附加压力。因此，高层建筑设计时常采用箱形基础或地下室、半地下室，这样既可减轻基础自重，又可增加基础埋深，减少基底附加压力，从而减小基础的沉降。这种方法在工程上称为基础的补偿性设计。

【例3-3】 某地基表层为 0.6m 厚的杂填土，$\gamma = 17.0 kN/m^3$，下面为 $\gamma = 18.6 kN/m^3$ 的粉质黏土，厚 3m。现设计一条形基础，基础埋深 0.8m，相应于作用的准永久组合时，上部结构传至基础顶面的竖向力设计值为 200kN/m，基础尺寸如图 3-7 所示，求基底附加应力。

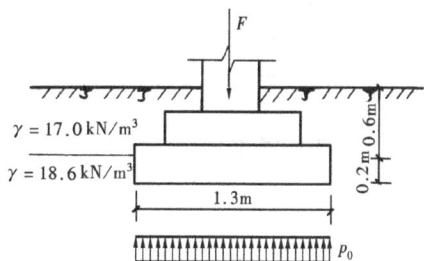

图 3-7　[例3-3]　基底附加压力分布图

解 基底压力　　$p = (F+G)/A = (200 + 20 \times 1.3 \times 0.8 \times 1)/1.3 = 169.85 (kPa)$

基底附加压力　　$p_0 = p - \gamma_0 d = 169.85 - (17.0 \times 0.6 + 18.6 \times 0.2) = 155.93 (kPa)$

第三节　地基中的附加应力

地基中附加应力是由于建筑物荷载作用在土中各点产生的应力，通过土粒之间的传递，向水平与深度方向扩散，附加应力逐渐减小。为说明土粒传递应力的情况，现假定地基土是由无数直径相同的小圆球所组成，设地面上作用 1kN 集中力，则各层小球受力大小及分布如图 3-8 所示。从图 3-8 可见，附加应力有以下的分布规律：

（1）在地面以下同一深度的水平面上，沿荷载作用轴线上的附加应力最大，且逐渐向两边减小。

（2）在荷载作用轴线上，不同深度各点的附加应力随深度增加而减小，这与土的自重应力随深度增加而增加的分布规律相反。

以上规律称为应力扩散现象。地基土的结构远比图 3-8 所示的情况复杂，基础底面压力也不是作用在一个球面上的集中力，在这种情况下，土中附加应力计算方法有两种：弹性理论法和应力扩散角法，后者

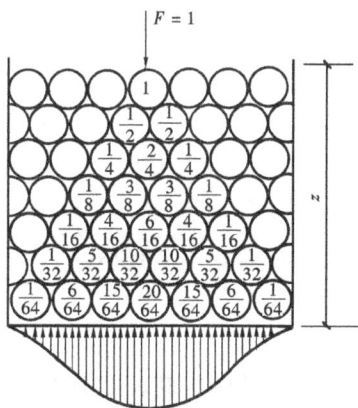

图 3-8　地基中附加应力扩散示意

在后面有关章节中叙述。弹性理论法是假定地基土是均匀、连续、各向同性的半无限均质弹性体来计算土中附加应力，虽然计算公式推导过程复杂，但最后的应用公式却较简单。

一、竖向集中荷载作用下地基中的附加应力

如图 3-9 所示，在地基表面作用一竖向集中荷载 F，根据线弹性理论的布希涅斯克（Boussinesq）解可知，地基中任意点 $M(x, y, z)$ 处附加应力 σ_z 的计算公式为

$$\sigma_z = \frac{3}{2\pi [1 + (r/z)^2]^{5/2}} \frac{F}{z^2} \tag{3-9}$$

$$r = \sqrt{x^2 + y^2}$$

式中　z——M 点的垂直深度，m；

　　　F——作用于地基表面的竖向集中荷载，kPa。

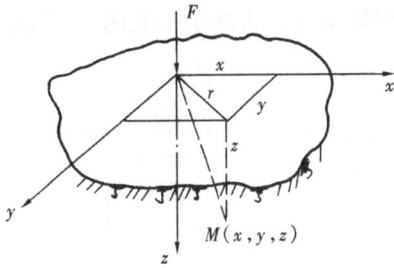

图 3-9　地基表面受竖向集中荷载作用

【例 3-4】　在地基表面作用一竖向集中荷载 $F=200\text{kN}$，试求下列各点的附加应力值，并绘其分布图。

（1）$z=2\text{m}$、4m，水平距离 $r=0$、1、2、3、4m 的点。

（2）$r=0\text{m}$ 的竖线上距地面 $z=1$、2、3、4m 的点。

解　按式（3-9）计算 σ_z，以 $z=2\text{m}$，$r=4\text{m}$ 的点为例计算如下

$$\sigma_z=\frac{3}{2\pi\left[1+(r/z)^2\right]^{5/2}}\frac{F}{z^2}=\frac{3}{2\pi\,(1+2^2)^{5/2}}\times\frac{200}{4}=0.43\ (\text{kPa})$$

其他各点的附加应力值计算结果见图 3-10。

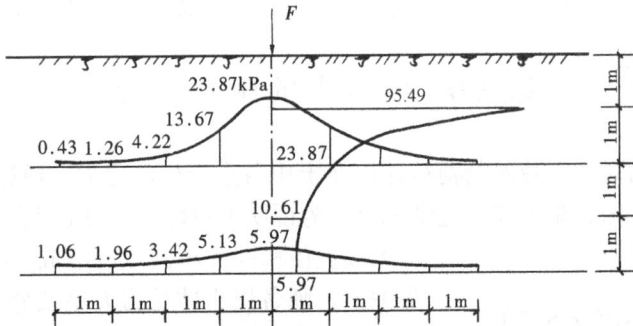

图 3-10　［例 3-4］σ_z 分布图（单位：kPa）

通过［例 3-4］，可得土中附加应力分布的特征：

（1）在集中力作用线上，附加应力 σ_z 值随深度 z 的增大而减小；

（2）在同一深度水平面上，在荷载轴线上的附加应力最大，向两侧逐渐减小；

（3）距地面越深，附加应力分布在水平方向上的影响范围越广。

二、竖向矩形均布荷载作用下的地基中的附加应力

集中荷载竖直作用于地面是一种假设的情况，实际工程中基础传给地基表面的压应力都是面荷载，在面荷载作用下，土中附加应力可在荷载作用面内取一微面积，微面积上分布荷载以集中力代替，对整个荷载作用面积进行积分，现略去推导过程而直接写出结果。

1. 矩形均布荷载角点下任意深度处的附加应力

设矩形基础的长边为 l，短边为 b，矩形基础传给地基的均布矩形荷载为 p_0，则基础角点下任意深度 z 处的附加应力 σ_z 的计算公式为

$$\sigma_z=\alpha_c p_0 \tag{3-10}$$

$$\alpha_c=\frac{1}{2\pi}\left[\frac{mn\,(m^2+2n^2+1)}{(m^2+n^2)\,(1+n^2)\,\sqrt{m^2+n^2+1}}+\arctan\frac{m}{\sqrt{m^2+n^2+1}}\right] \tag{3-11}$$

$$m=l/b$$

$$n=z/b$$

式中　α_c——均布矩形荷载角点下附加应力系数，其值根据 l/b 及 z/b 由表 3-1 查得，或按式（3-11）求得。

表 3-1 均布矩形荷载作用下地基角点附加应力系数 α_c

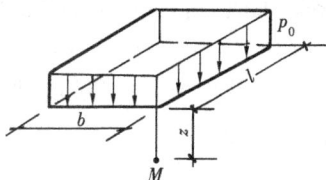

z/b	l/b											
	1.0	1.2	1.4	1.6	1.8	2.0	3.0	4.0	5.0	6.0	10.0	条形
0.0	0.250	0.250	0.250	0.250	0.250	0.250	0.250	0.250	0.250	0.250	0.250	0.250
0.2	0.249	0.249	0.249	0.249	0.249	0.249	0.249	0.249	0.249	0.249	0.249	0.249
0.4	0.240	0.242	0.243	0.243	0.244	0.244	0.244	0.244	0.244	0.244	0.244	0.244
0.6	0.223	0.228	0.230	0.232	0.232	0.233	0.234	0.234	0.234	0.234	0.234	0.234
0.8	0.200	0.207	0.212	0.215	0.216	0.218	0.220	0.220	0.220	0.220	0.220	0.220
1.0	0.175	0.185	0.191	0.195	0.198	0.200	0.203	0.204	0.204	0.204	0.205	0.205
1.2	0.152	0.163	0.171	0.176	0.179	0.182	0.187	0.188	0.189	0.189	0.189	0.189
1.4	0.131	0.142	0.151	0.157	0.161	0.164	0.171	0.173	0.174	0.174	0.174	0.174
1.6	0.112	0.124	0.133	0.140	0.145	0.148	0.157	0.159	0.160	0.160	0.160	0.160
1.8	0.097	0.108	0.117	0.124	0.129	0.133	0.143	0.146	0.147	0.148	0.148	0.148
2.0	0.084	0.095	0.103	0.110	0.116	0.120	0.131	0.135	0.136	0.137	0.137	0.137
2.2	0.073	0.083	0.092	0.098	0.104	0.108	0.121	0.125	0.126	0.127	0.128	0.128
2.4	0.064	0.073	0.081	0.088	0.093	0.098	0.111	0.116	0.118	0.118	0.119	0.119
2.6	0.057	0.065	0.072	0.079	0.084	0.089	0.102	0.107	0.110	0.111	0.112	0.112
2.8	0.050	0.058	0.065	0.071	0.076	0.080	0.094	0.100	0.102	0.104	0.105	0.105
3.0	0.045	0.052	0.058	0.064	0.069	0.073	0.087	0.093	0.096	0.097	0.099	0.099
3.2	0.040	0.047	0.053	0.058	0.063	0.067	0.081	0.087	0.090	0.092	0.093	0.094
3.4	0.036	0.042	0.048	0.053	0.057	0.061	0.075	0.081	0.085	0.086	0.088	0.089
3.6	0.033	0.038	0.043	0.048	0.052	0.056	0.069	0.076	0.080	0.082	0.084	0.084
3.8	0.030	0.035	0.040	0.044	0.048	0.052	0.065	0.072	0.075	0.077	0.080	0.080
4.0	0.027	0.032	0.036	0.040	0.044	0.048	0.060	0.067	0.071	0.073	0.076	0.076
4.2	0.025	0.029	0.033	0.037	0.041	0.044	0.056	0.063	0.067	0.070	0.072	0.073
4.4	0.023	0.027	0.031	0.034	0.038	0.041	0.053	0.060	0.064	0.066	0.069	0.070
4.6	0.021	0.025	0.028	0.032	0.035	0.038	0.049	0.056	0.061	0.063	0.066	0.067
4.8	0.019	0.023	0.026	0.029	0.032	0.035	0.046	0.053	0.058	0.060	0.064	0.064
5.0	0.018	0.021	0.024	0.027	0.030	0.033	0.043	0.050	0.055	0.057	0.061	0.062
6.0	0.013	0.015	0.017	0.020	0.022	0.024	0.033	0.039	0.043	0.046	0.051	0.052
7.0	0.009	0.011	0.013	0.015	0.016	0.018	0.025	0.031	0.035	0.038	0.043	0.045
8.0	0.007	0.009	0.010	0.011	0.013	0.014	0.020	0.025	0.028	0.031	0.037	0.039
9.0	0.006	0.007	0.008	0.009	0.010	0.011	0.016	0.020	0.024	0.026	0.032	0.035
10.0	0.005	0.006	0.007	0.007	0.008	0.009	0.013	0.017	0.020	0.022	0.028	0.032
12.0	0.003	0.004	0.005	0.005	0.006	0.006	0.009	0.012	0.014	0.017	0.022	0.026
14.0	0.002	0.003	0.004	0.004	0.004	0.005	0.007	0.009	0.011	0.013	0.018	0.023
16.0	0.002	0.002	0.003	0.003	0.003	0.004	0.005	0.007	0.009	0.010	0.014	0.020
18.0	0.001	0.002	0.002	0.002	0.003	0.003	0.004	0.006	0.007	0.008	0.012	0.018
20.0	0.001	0.001	0.002	0.002	0.002	0.002	0.004	0.005	0.006	0.007	0.010	0.015
25.0	0.001	0.001	0.001	0.001	0.001	0.002	0.002	0.003	0.004	0.004	0.007	0.013
30.0	0.001	0.001	0.001	0.001	0.001	0.001	0.002	0.002	0.003	0.003	0.005	0.011
35.0	0.000	0.000	0.001	0.001	0.001	0.001	0.001	0.002	0.002	0.002	0.004	0.009
40.0	0.000	0.000	0.000	0.000	0.001	0.001	0.001	0.001	0.001	0.002	0.003	0.008

2. 矩形均布荷载非角点下任意深度处的附加应力

对于基础角点以外的任意点的附加应力，可用下述角点法求解，即通过欲求点，将荷载面积划分为多个矩形，使得欲求点在各个矩形的共同角点上；然后利用式（3-10）求出各均布矩形荷载对欲求点的 σ_z；最后应用叠加原理总和起来即为该点的 σ_z。根据欲求点所在平面位置的不同，可分为以下四种情况处理：

（1）如图 3-11（a）所示，求矩形基础边缘上任一点 M 下的 σ_z 时，可通过该点将荷载面积分为Ⅰ、Ⅱ两个矩形计算，即

$$\sigma_z = (\alpha_{cⅠ} + \alpha_{cⅡ})\ p_0$$

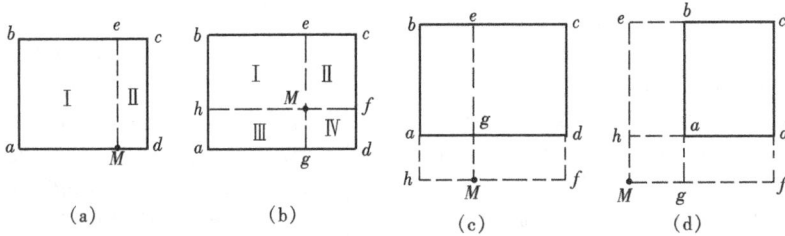

图 3-11　用角点法计算均布矩形荷载作用下地基中的附加应力
(a) 基础边缘上；(b) 基础边缘内；(c) 基础边缘外（一）；(d) 基础边缘外（二）

（2）如图 3-11（b）所示，求矩形基础内任一点 M 下的 σ_z 时，可通过该点将荷载面积分为Ⅰ、Ⅱ、Ⅲ、Ⅳ个矩形计算

$$\sigma_z = (\alpha_{cⅠ} + \alpha_{cⅡ} + \alpha_{cⅢ} + \alpha_{cⅣ})\ p_0$$

（3）如图 3-11（c）所示，求矩形基础边缘外任一点 M 下的 σ_z 时，用Ⅰ、Ⅱ、Ⅲ、Ⅳ分别代表矩形面积 $Mhbe$、$Mecf$、$Mhag$、$Mfdg$，则

$$\sigma_z = (\alpha_{cⅠ} + \alpha_{cⅡ} - \alpha_{cⅢ} - \alpha_{cⅣ})\ p_0$$

（4）如图 3-11（d）所示，求矩形基础边缘外任一点 M 下的 σ_z 时，用Ⅰ、Ⅱ、Ⅲ、Ⅳ分别代表矩形面积 $Mecf$、$Mebg$、$Mhdf$、$Mhag$，则

$$\sigma_z = (\alpha_{cⅠ} - \alpha_{cⅡ} - \alpha_{cⅢ} + \alpha_{cⅣ})\ p_0$$

【例 3-5】　某相邻两基础尺寸，埋深及受力情况均相同，如图 3-12 所示，已知相应于作用的准永久组合时，上部结构传至基础顶面的竖向力值 $F = 1280\mathrm{kN}$，基础埋深范围内土的容重 $\gamma = 18\mathrm{kN/m^3}$，试求基础 A 中心点下由自身荷载引起的地基附加应力并绘其分布图；若考虑相邻基础 B 的影响，附加应力要增加多少？

解　（1）计算基底附加压力
基础及基础台阶上的回填土总重

$$G = \gamma_G Ad = 20 \times 4.0 \times 2.0 \times 2.0 = 320\ (\mathrm{kN})$$

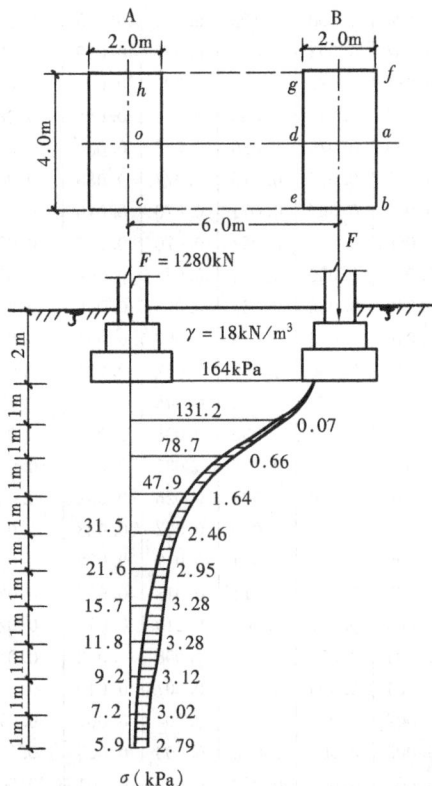

图 3-12　[例 3-5]地基的附加应力分布图

基底压力

$$p=(F+G)/A=(1280+320)/(4.0\times2.0)=200(\text{kPa})$$

基底附加压力

$$p_0=p-\gamma d=200-18\times2.0=164 \ (\text{kPa})$$

（2）用角点法计算基础 A 中心点下由自身荷载引起的附加应力 σ_z。通过基础中心点 o 将基础分为 4 个相等的小矩形荷载面积，则中心点 o 均在其角点下。每个小矩形长 $l=2.0\text{m}$，宽 $b=1.0\text{m}$，则 $l/b=2.0$，利用式（3-10）列表计算 σ_z，见表 3-2，σ_z 的分布图如图 3-12 所示。

（3）用角点法计算基础 A 中心点下由于基础 B 的作用所增加的附加应力 $\Delta\sigma_z$。通过基础中心点 o 将基础分为两个相等的矩形荷载面积 I（$oabc$ 和 $oafh$）和两个相等的矩形荷载面积 II（$odec$ 和 $odgh$）。其中荷载面积 I 的长 $l=7.0\text{m}$，宽 $b=2.0\text{m}$；荷载面积 II 长 $l=5.0\text{m}$，宽 $b=2.0\text{m}$，利用式（3-10）列表计算 $\Delta\sigma_z$，见表 3-3，$\Delta\sigma_z$ 分布图如图 3-12 阴影线所示。

表 3-2　　　　　　　　　　[例 3-5] σ_z 的计算表

点　号	l/b	z (m)	z/b	α_c	$\sigma_z=4\alpha_c p_0$ (kPa)
0		0	0	0.250	164
1		1.0	1.0	0.200	131.2
2		2.0	2.0	0.120	78.7
3		3.0	3.0	0.073	47.9
4		4.0	4.0	0.048	31.5
5	2.0	5.0	5.0	0.033	21.6
6		6.0	6.0	0.024	15.7
7		7.0	7.0	0.018	11.8
8		8.0	8.0	0.014	9.2
9		9.0	9.0	0.011	7.2
10		10.0	10.0	0.009	5.9

表 3-3　　　　　　　　　　[例 3-5] $\Delta\sigma_z$ 的计算表

点　号	l/b		z (m)	z/b	α_c		$\Delta\sigma_z=2(\alpha_{cI}-\alpha_{cII})p_0$(kPa)
	I	II			α_{cI}	α_{cII}	
0			0	0	0.250	0.250	0
1			1.0	0.5	0.239	0.238 8	0.07
2			2.0	1.0	0.203 5	0.201 5	0.66
3			3.0	1.5	0.165	0.160 0	1.64
4			4.0	2.0	0.333	0.125 5	2.46
5	3.5	2.5	5.0	2.5	0.109	0.100 0	2.95
6			6.0	3.0	0.090	0.080	3.28
7			7.0	3.5	0.075 3	0.065 5	3.28
8			8.0	4.0	0.063 5	0.054	3.12
9			9.0	4.5	0.054 5	0.045 3	3.02
10			10.0	5.0	0.046 5	0.038	2.79

三、竖向条形均布荷载作用下地基中的附加应力

当矩形基础的长宽比很大，如 $l/b \geq 10$ 时，称为条形基础。房屋的墙基及挡土墙等均属于条形基础。当这种条形基础在基底产生的条形荷载沿长度方向不变时，地基应力属平面问题，即垂直于长度方向的任一截面上的附加应力分布规律都是相同的（基础两端另行处理）。

在竖向条形均布荷载作用下，地基中任一点 M（见表 3-4 中附图）处的附加应力

$$\sigma_z = \alpha_s p_0 \tag{3-12}$$

式中 α_s——附加应力系数，取值由表 3-4 查得。

表 3-4 均布条形荷载作用下地基附加应力系数

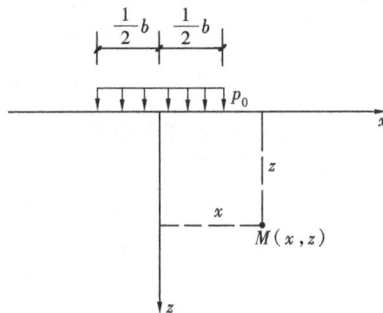

z/b	x/b												
	0.00	0.10	0.25	0.35	0.50	0.75	1.00	1.50	2.00	2.50	3.00	4.00	5.00
0.00	1.000	1.000	1.000	1.000	0.500	0.000	0.000	0.000	0.000	0.000	0.000	0.000	0.000
0.05	1.000	1.000	0.995	0.970	0.500	0.002	0.000	0.000	0.000	0.000	0.000	0.000	0.000
0.10	0.997	0.996	0.986	0.965	0.499	0.010	0.005	0.000	0.000	0.000	0.000	0.000	0.000
0.15	0.990	0.987	0.968	0.910	0.498	0.033	0.008	0.001	0.000	0.000	0.000	0.000	0.000
0.25	0.960	0.954	0.905	0.805	0.496	0.088	0.019	0.002	0.001	0.000	0.000	0.000	0.000
0.35	0.910	0.900	0.832	0.732	0.492	0.148	0.039	0.006	0.003	0.001	0.000	0.000	0.000
0.50	0.818	0.812	0.735	0.651	0.481	0.218	0.082	0.017	0.005	0.002	0.001	0.000	0.000
0.75	0.668	0.658	0.610	0.552	0.450	0.263	0.146	0.040	0.017	0.005	0.005	0.001	0.000
1.00	0.550	0.541	0.513	0.475	0.410	0.288	0.185	0.071	0.029	0.013	0.007	0.002	0.001
1.50	0.396	0.395	0.379	0.353	0.332	0.273	0.211	0.114	0.055	0.030	0.018	0.006	0.003
2.00	0.306	0.304	0.292	0.288	0.275	0.242	0.205	0.134	0.083	0.051	0.028	0.013	0.006
2.50	0.248	0.244	0.239	0.237	0.231	0.215	0.188	0.139	0.098	0.065	0.034	0.021	0.010
3.00	0.208	0.208	0.206	0.202	0.198	0.185	0.171	0.136	0.103	0.075	0.053	0.028	0.015
4.00	0.158	0.160	0.158	0.156	0.153	0.147	0.140	0.122	0.102	0.081	0.066	0.040	0.025
5.00	0.126	0.126	0.125	0.125	0.124	0.121	0.117	0.107	0.095	0.082	0.069	0.046	0.034

【例 3-6】 对于 [例 3-3] 的均布条形荷载基础，试计算：

（1）均布条形荷载中心点 O 下的地基附加应力 σ_z 并绘其分布图；

（2）均布条形荷载边缘以外 1.30m 处的 O_1 点下的 σ_z 并绘其分布图；

（3）基础以下深度 $z = 2.60m$ 处水平面上的 σ_z 并绘其分布图。

解 按式（3-12）计算中点 O 及边缘外 O_1 点下的 σ_z，选取 $z = 0$、0.65、1.30、1.95、2.60、3.25、3.90m 作为计算点，计算结果列于表 3-5，σ_z 分布图如图 3-13 所示；

计算 $z = 2.60m$ 处水平面上的 σ_z，选取 $x = 0$、0.65、1.30、1.95m 作为计算点，计算结果列于表 3-5，σ_z 分布图如图 3-13 所示。

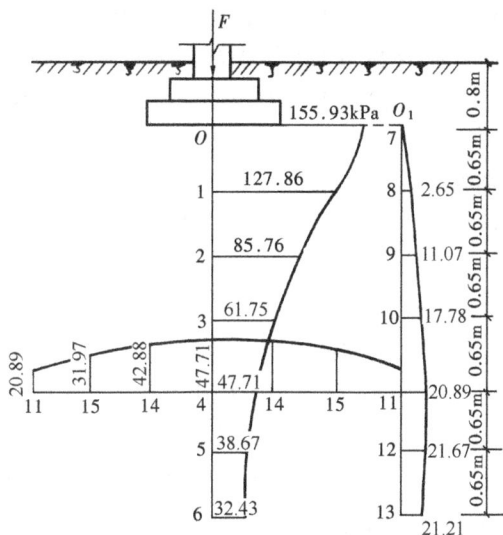

图 3-13　[例 3-6]σ_z 的分布图

表 3-5　　　　　　　　　　　　　　[例 3-6] σ_z 的计算表

点　号	x (m)	z (m)	x/b	z/b	α_s	$\sigma_z = \alpha_s p_0$ (kPa)
0		0		0	1.00	155.93
1		0.65		0.5	0.820	127.86
2		1.30		1.0	0.550	85.76
3	0	1.95	0	1.5	0.396	61.75
4		2.60		2.0	0.306	47.71
5		3.25		2.5	0.248	38.67
6		3.90		3.0	0.208	32.43
7		0		0	0	0
8		0.65		0.5	0.017	2.65
9		1.30		1.0	0.071	11.07
10	1.95	1.95	1.5	1.5	0.114	17.78
11		2.60		2.0	0.134	20.89
12		3.25		2.5	0.139	21.67
13		3.90		3.0	0.136	21.21
4	0		0		0.306	47.71
14	0.65		0.5		0.275	42.88
15	1.30	2.60	1.0	2.0	0.205	31.97
11	1.95		1.5		0.134	20.89

第四节　土 的 压 缩 性

　　土在压力作用下体积缩小的特性称为土的压缩性。土体积缩小的原因有三个方面：①土颗粒本身的压缩；②土孔隙中不同形态的水和气体的压缩；③孔隙中部分水和气体被挤出，土颗粒相互移动靠拢使孔隙体积减小。试验研究表明，在一般建筑物荷重作用下，土颗粒和水自身体积的压缩都很小，可以略去不计，气体的压缩性较强，密闭系统中，土的压缩是气体压缩的结果，但在压力消失后，土的体积基本恢复，即土呈弹性。而自然界中土是一个开放系统，孔隙中的水和气体在压力作用下不可能被压缩而是被挤出，因此，土的压缩变形主要是由于孔隙中水和气体被挤出，致使土中的孔隙缩小而引起的。

在计算地基的沉降量时，需要利用土的压缩性指标。确定这些指标的方法很多，无论采用何种试验方法，确定这些指标都要力求试验条件与土的天然状态及其在外荷载作用下的实际应力条件相适应。

一、压缩试验和压缩曲线

室内压缩试验是用侧限压缩仪（又称固结仪，侧限是指土样不能产生侧向变形）来进行的，仪器构造如图 3-14 所示。

用环刀切取保持天然结构的原状土样，置于圆筒形压缩容器的刚性环内，土样的上下各垫放一块透水石，并通过加压上盖加荷，使土样产生竖向变形。在常规试验中，一般按 50、100、200、300、400kPa 五级加荷，并分别在每级压力作用下，按一定时间间隔，测记土样的竖向变形，直至在该级压力作用下，变形稳定（用来计算相应该压力作用下的孔隙比）；然后，再加下一级压力。通过压缩试验，可以得到表示土的孔隙比 e 与压力 p 的关系的压缩曲线。

为了作出压缩曲线，先要计算出各级压力作用变形稳定后的孔隙比。

设原状土样的高度为 H_0，土粒体积 $V_s=1$，孔隙体积 $V_v=e_0$（e_0 为原状土的孔隙比），加荷后土样高度为 $H=H_0-s$，土粒体积 $V_s=1$ 不变、孔隙体积 $V_v=e$，如图 3-15 所示。根据加荷前后土粒体积不变和土样横截面积不变的条件，可得

$$\frac{H_0}{1+e_0}=\frac{H}{1+e}$$

整理后得到压力 p 作用下孔隙比为

$$e=\frac{(1+e_0)H}{H_0}-1 \tag{3-13}$$

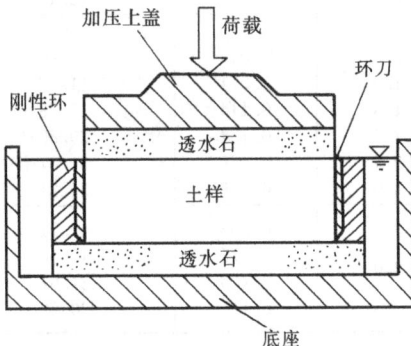

图 3-14　侧限压缩仪示意图

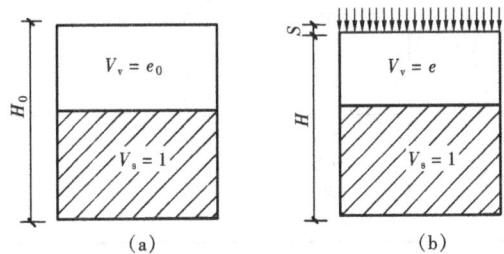

图 3-15　压缩试验中孔隙比变化
(a) 加荷前；(b) 加荷后

通过试验计算出各级荷载 p 作用下相应的孔隙比 e，就可以画出 $e-p$ 曲线，如图 3-16 所示，从图中可以看出，密实的砂土 $e-p$ 曲线比较平缓，软黏土的 $e-p$ 曲线比较陡，这表明两种土的压缩性不同，在相同应力增量下，前者的压缩性小于后者。在 $e-p$ 曲线上还可以看出，在试验开始阶段，土的压缩量较大，曲线的前一段较陡，之后土的压缩量逐渐减小，曲线变得平缓。这是因为随着孔隙比减小，土密实度增加，所以压缩量也就变小。通过压缩试验和压缩曲线，可求出当压力由 p_1 增至 p_2 时试样的压缩量。

二、压缩性指标

1. 压缩系数 a

在压力 p_1、p_2 相差不大的情况下，其对应的 $e\text{-}p$ 曲线段可近似看作直线，如图 3-17 所示，这段直线的斜率称为土的压缩系数 a，即

$$a = \frac{e_1 - e_2}{p_2 - p_1} = -\frac{e_2 - e_1}{p_2 - p_1} = -\frac{\Delta e}{\Delta p} \tag{3-14}$$

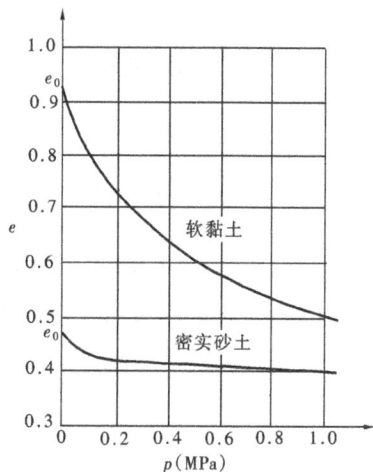

图 3-16　土的压缩曲线

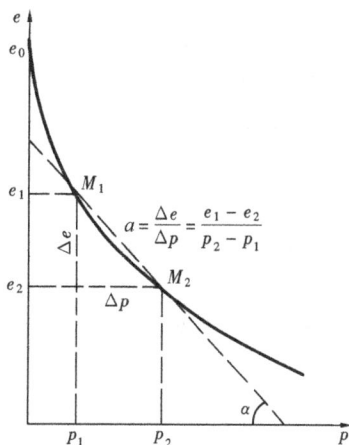

图 3-17　由 $e\text{-}p$ 曲线确定压缩系数

压缩系数是评价地基土压缩性高低的重要指标之一。从曲线上看，它不是一个常量，而与所取 p_1、p_2 大小有关。在工程实践中，通常以自重应力作为 p_1，以自重应力和附加应力之和作为 p_2。一般以 $p_1 = 100\text{kPa}$，$p_2 = 200\text{kPa}$ 求出的压缩系数 a_{1-2} 来评价土的压缩性的高低。当 $a_{1-2} < 0.1\text{MPa}^{-1}$ 时，属低压缩性土；当 $0.1 \leqslant a_{1-2} < 0.5\text{MPa}^{-1}$ 时，属中压缩性土；当 $a_{2-1} \geqslant 0.5\text{MPa}^{-1}$ 时，属高压缩性土。

2. 压缩模量 E_s

在侧限条件下，土样在加压方向上应力变化量 Δp 与相应的压应变变化量 $\Delta \varepsilon$ 的比值，称为压缩模量 E_s。压应力变化量 Δp 可用 $p_2 - p_1$ 表示，压应变变化量 $\Delta \varepsilon$ 可通过土样体积的变化来表示。

假设土样的受压面积 A 不变，在 p_1 作用下的体积为 $1 + e_1$，在 p_2 作用下的体积为 $1 + e_2$，则压应变变化量为

$$\Delta \varepsilon = \frac{\Delta H}{H} = \frac{\dfrac{1+e_1}{A} - \dfrac{1+e_2}{A}}{\dfrac{1+e_1}{A}} = \frac{e_1 - e_2}{1 + e_1} \tag{3-15}$$

则

$$E_s = \frac{\Delta p}{\Delta \varepsilon} = \frac{(1+e_1)(p_2 - p_1)}{e_1 - e_2} = \frac{1+e_1}{a} \tag{3-16}$$

为消除沉降计算误差，《建筑地基基础设计规范》建议采用实际压力下的 E_s 值，当 p_1 为自重压力时，则取土的天然孔隙比 e_0 代替 e_1，故压缩模量

$$E_s = \frac{1+e_0}{a} \tag{3-17}$$

式中　　a——从土自重应力至土自重应力加附加应力段的压缩系数，MPa^{-1}；

　　　　e_0——土的天然孔隙比；

　　　　E_s——压缩模量，MPa。

压缩模量 E_s 与压缩系数 a 成反比，a 越小则 E_s 越大，表示土的压缩性越低。

第五节　地基最终沉降量计算

地基最终沉降量是指在建筑物荷载作用下，地基变形稳定后的基础底面沉降量。本节介绍两种沉降量计算方法：分层总和法和《建筑地基基础设计规范》推荐的方法。

一、分层总和法

分层总和法是将地基压缩层范围以内的土层划分成若干薄层，分别计算每一薄层土的变形量，最后总和起来，即得基础的沉降量。

分层总和法通常假定地基土受压后不发生侧向膨胀，为了在一定程度上弥补这一假定使沉降量偏小的缺点，一般采用基础底面中心点下的附加应力计算各分层的变形量，各分层压缩变形量计算公式为

$$s_i = \frac{e_{1i} - e_{2i}}{1 + e_{1i}} h_i \tag{3-18}$$

式中　　s_i——第 i 层土的压缩变形量，mm；

　　　　e_{1i}——第 i 层土顶面处和底面处自重应力平均值在压缩曲线上查得的孔隙比；

　　　　e_{2i}——第 i 层土顶面处和底面处自重应力平均值和附加应力平均值之和在压缩曲线上查得的孔隙比；

　　　　h_i——第 i 层土的土层厚度，mm。

每一土层的变形量均按式（3-18）计算，叠加起来即得地基的最终沉降量

$$s = s_1 + s_2 + \cdots + s_n = \sum_{i=1}^{n} s_i = \sum_{i=1}^{n} \frac{e_{1i} - e_{2i}}{1 + e_{1i}} h_i \tag{3-19}$$

式中　　n——地基沉降计算范围内的土层数。

因为压缩系数 $a = -\Delta e / \Delta p$，压缩模量 $E_{si} = (1 + e_{1i}) / a$，代入式（3-18）得

$$s_i = \frac{p_{2i} - p_{1i}}{E_{si}} h_i \tag{3-20}$$

$$s = \sum_{i=1}^{n} \frac{\Delta p_i}{E_{si}} h_i \tag{3-21}$$

式中　　p_{1i}——第 i 层土顶面处和底面处自重应力平均值 $\bar{\sigma}_{czi}$，kPa；

　　　　p_{2i}——第 i 层土顶面处和底面处自重应力平均值 $\bar{\sigma}_{czi}$ 与附加应力平均值 $\bar{\sigma}_{zi}$ 之和，kPa。

式（3-19）和式（3-21）是分层总和法计算地基沉降量的两个不同形式的表达式，在具体计算时，可根据不同的压缩性指标分别选用上述公式进行计算。

综上所述，分层总和法计算地基沉降的具体步骤如下：

（1）将基底以下土层按每层厚度 h_i 不得超过基础宽度 b 的 0.4 倍的规定分为若干薄层，当有不同性质土层的界面和地下水面时，应作为分层的一个界面。

（2）计算基底中心点下各分层土界面上的自重应力 σ_{cz} 和附加应力 σ_z，并按同一比例绘出自重应力和附加应力分布图。

（3）确定地基压缩层厚度，地基压缩层是指基底向下需要计算压缩变形的所有土层。由于地基中的附加应力 σ_z 是随深度而减小的，深度愈大，附加应力愈小，产生的变形也愈小，至一定深度时，该变形可忽略不计。因此规定当基础中心轴线上某点的附加应力与自重应力满足下式时，该点的深度可作为压缩层的下限，即

$$\sigma_z \leqslant 0.2\sigma_{cz}$$

如果地基为高压缩性的软弱土时，则压缩层下限处的应力应满足 $\sigma_z \leqslant 0.1\sigma_{cz}$。

（4）计算各层土的自重应力平均值 $\bar{\sigma}_{czi} = (\sigma_{czi-1} + \sigma_{czi})/2$ 和附加应力平均值 $\bar{\sigma}_{zi} = (\sigma_{zi-1} + \sigma_{zi})/2$。

（5）令 $p_{1i} = \bar{\sigma}_{czi}$、$p_{2i} = \bar{\sigma}_{czi} + \bar{\sigma}_{zi}$，从该土层压缩曲线中查相应的 e_{1i} 和 e_{2i}，利用式（3 - 18）或式（3 - 20）计算压缩层厚度内各分层土的沉降量。

（6）利用式（3 - 19）或式（3 - 21）计算地基的最终沉降量。

【例 3 - 7】　某条形基础的基底宽度 $b = 4\mathrm{m}$，埋深 $d = 1.4\mathrm{m}$，相应于作用的准永久组合时，上部结构传至基础的竖向力设计值及地基情况如图 3 - 18 所示，黏土层总厚度为 19.2m，黏土层的压缩曲线如图 3 - 19 所示，试用分层总和法计算地基的最终沉降量。

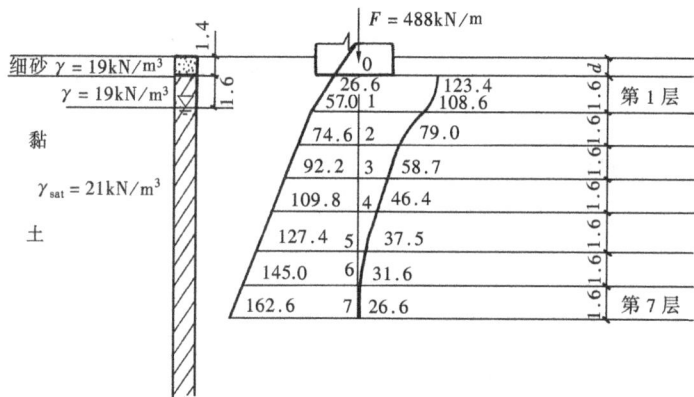

图 3 - 18　[例 3 - 7] 附图

解　（1）地基分层。

每层厚度按 $h_i \leqslant 0.4b = 0.4 \times 4 = 1.6$（m）分层，地下水位亦为分界面。

（2）计算地基自重应力。

0 点　　　　$\sigma_{cz} = 19 \times 1.4 = 26.6$（kPa）

1 点　　　　$\sigma_{cz} = 19 \times 3.0 = 57.0$（kPa）

7 点　　　　$\sigma_{cz} = 57 + (21 - 10) \times 9.6$

　　　　　　$= 162.6$（kPa）

绘 σ_{cz} 分布图如图 3 - 18 所示，并计算各分层层面处的 σ_{cz}，分别标于图 3 - 18 上。

（3）计算基底中心点下各水平土层层面处的附加应力。

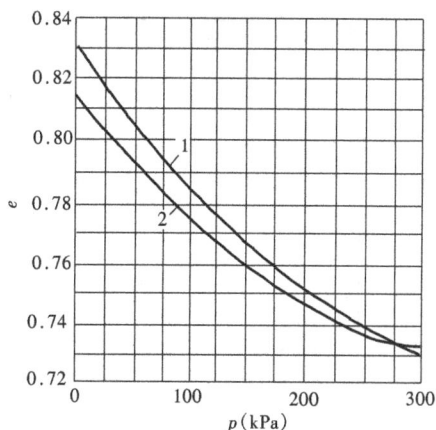

图 3 - 19　[例 3 - 7] 黏土层压缩曲线

1—地下水位以上；2—地下水位以下

基底压力 $p=(F+G)/A=(488+20\times4.0\times1.4)/(4.0\times1.0)=150(\text{kPa})$

基底附加压力 $p_0=p-\gamma_0 d=150-19\times1.4=123.4(\text{kPa})$

将条形基础看作矩形，划分为面积相等的 4 块，每块宽 $b=2\text{m}$。按角点法及式（3 - 10）计算基底中心点下各点 σ_z 值，结果见表 3 - 6。

表 3 - 6   [例 3 - 7] σ_z 的计算表

点　号	z（m）	z/b	α_c	$\sigma_z=4\alpha_c p_0$（kPa）
0	0	0	0.250	123.4
1	1.6	0.8	0.220	108.6
2	3.2	1.6	0.160	79.0
3	4.8	2.4	0.119	58.7
4	6.4	3.2	0.094	46.4
5	8.0	4.0	0.076	37.5
6	9.6	4.8	0.064	31.6
7	11.2	5.6	0.056	27.6

按表 3 - 6 计算结果绘 σ_z 分布图，如图 3 - 18 所示。

（4）确定压缩层厚度。

在点 6 处 $\sigma_z=31.6(\text{kPa})>0.2\sigma_{cz}=0.2\times145=29(\text{kPa})$

在点 7 处 $\sigma_z=27.6(\text{kPa})<0.2\sigma_{cz}=0.2\times162.6=32.52(\text{kPa})$

因此以点 7 作为压缩层的下限，则压缩层厚度 $h=11.2\text{m}$。

（5）计算各土层平均自重应力 $\bar{\sigma}_{czi}$ 和平均附加应力 $\bar{\sigma}_{zi}$。

第 1 层 $\bar{\sigma}_{cz1}=(26.6+57)/2=41.8(\text{kPa})$

            $\bar{\sigma}_{z1}=(123.4+108.6)/2=116.0(\text{kPa})$

第 2 层 $\bar{\sigma}_{cz2}=(57+74.6)/2=65.8(\text{kPa})$

            $\bar{\sigma}_{z2}=(108.6+79.0)/2=93.8(\text{kPa})$

其余各土层计算结果列于表 3 - 7。

（6）计算压缩层厚度内各土层压缩变形量。

第 1 层 $p_{11}=\bar{\sigma}_{cz1}=41.8(\text{kPa})$

            $p_{21}=\bar{\sigma}_{cz1}+\bar{\sigma}_{z1}=41.8+116.0=157.8(\text{kPa})$

由图 3 - 19 查得：$p_{11}=41.8\text{kPa}$ 时，$e_{11}=0.808$，$p_{21}=157.8\text{kPa}$ 时，$e_{21}=0.766$。

按式（3 - 18）计算第 1 层压缩变形量

$$s_1=\frac{e_{11}-e_{21}}{1+e_{11}}h_1=\frac{0.808-0.766}{1+0.808}\times1600=37.1(\text{mm})$$

其余各土层计算结果列于表 3 - 7。

表 3 - 7   [例 3 - 7] 各土层变形量计算表

土层编号	$\bar{\sigma}_{czi}$（kPa）	$\bar{\sigma}_{zi}$（kPa）	$p_{1i}=\bar{\sigma}_{czi}$（kPa）	e_{1i}	$p_{2i}=(\bar{\sigma}_{czi}+\bar{\sigma}_{zi})$（kPa）	e_{2i}	h_i（mm）	s_i（mm）
1	41.8	116.0	41.8	0.808	157.80	0.766	1600	37.1
2	65.8	93.80	65.8	0.788	159.60	0.758	1600	26.8
3	83.4	68.85	83.4	0.781	152.25	0.761	1600	18.9
4	101.0	52.55	101.0	0.776	153.55	0.760	1600	14.4
5	118.6	41.95	118.6	0.770	160.55	0.758	1600	10.8
6	136.2	34.55	136.2	0.763	170.75	0.755	1600	7.3
7	153.8	29.60	153.8	0.760	183.40	0.751	1600	8.2

（7）计算总沉降量

$$s = \sum_{i=1}^{7} s_i = 37.1 + 26.8 + 18.9 + 14.4 + 10.8 + 7.3 + 8.2 = 123.5 (\text{mm})$$

二、规范法

用分层总和法计算地基沉降时，需将地基土分为若干层计算，工作量繁杂。根据多年来的经验，《建筑地基基础设计规范》在分层总和法的基础上提出了一种较为简便的计算方法，称为规范法，它实际上是一种简化并经修正后的分层总和法，如图 3-20 所示。

将简化后的分层总和法计算的沉降量乘以经验系数 ψ_s，即得规范法计算基础最终沉降量的计算公式，即

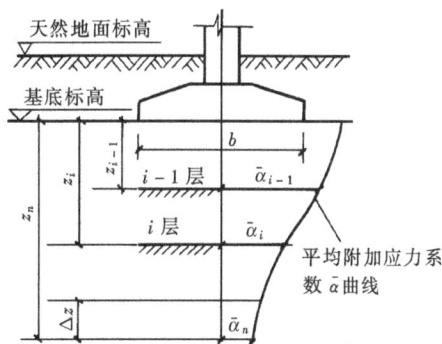

图 3-20 基础沉降计算的分层示意

$$s = \psi_s s' = \psi_s \sum_{i=1}^{n} \frac{p_0}{E_{si}} (z_i \bar{\alpha}_i - z_{i-1} \bar{\alpha}_{i-1}) \qquad (3-22)$$

式中　s——基础最终沉降量，mm；

s'——按简化后的分层总和法计算的基础沉降量，mm；

ψ_s——沉降计算经验系数，根据地区沉降观测资料及经验确定，无地区经验时可采用表 3-8 的数值；

n——地基沉降计算深度范围内所划分的土层数，规范法分层一般是以天然土层分界面来划分的；

p_0——相应于作用的准永久组合时的基底附加应力，kPa；

E_{si}——基础底面下第 i 层土的压缩模量，按土的自重应力至土的自重应力与附加应力之和的应力段计算，MPa；

z_i、z_{i-1}——基础底面至第 i 层土、第 $i-1$ 层土底面的距离，m；

$\bar{\alpha}_i$、$\bar{\alpha}_{i-1}$——基础底面至第 i 层土、第 $i-1$ 层土底面范围内平均附加应力系数，表 3-9 给出了均布矩形荷载角点下的平均附加应力系数，其值根据 l/b（对均布条形荷载，取 $l/b=10$）及 z/b 查得，l、b 分别为基础的长度和宽度。

表 3-8　　　　　　　　　　　　　沉降计算经验系数 ψ_s

$\bar{E}_s$ (MPa) 基底附加压力	2.5	4.0	7.0	15.0	20.0
$p_0 \geqslant f_{ak}$	1.4	1.3	1.0	0.4	0.2
$p_0 \leqslant 0.75 f_{ak}$	1.1	1.0	0.7	0.4	0.2

注　1. f_{ak} 为地基承载力特征值。

2. $\bar{E}_s$ 为沉降计算深度范围内压缩模量的当量值，应按下式计算，即

$$\bar{E}_s = \frac{\sum A_i}{\sum \dfrac{A_i}{E_{si}}}$$

式中　A_i——第 i 层土附加应力系数沿土层厚度的积分值，$A_i = p_0 (z_i \bar{\alpha}_i - z_{i-1} \bar{\alpha}_{i-1})$。

表 3 - 9　　　　　　　　　　均布矩形荷载角点下的平均附加应力系数 $\overline{\alpha}$

z/b	l/b												
	1.0	1.2	1.4	1.6	1.8	2.0	2.4	2.8	3.2	3.6	4.0	5.0	10.0
0.0	0.250 0	0.250 0	0.250 0	0.250 0	0.250 0	0.250 0	0.250 0	0.250 0	0.250 0	0.250 0	0.250 0	0.250 0	0.250 0
0.2	0.249 6	0.249 7	0.249 7	0.249 8	0.249 8	0.249 8	0.249 8	0.249 8	0.249 8	0.249 8	0.249 8	0.249 8	0.249 8
0.4	0.247 4	0.247 9	0.248 1	0.248 3	0.248 3	0.248 4	0.248 5	0.248 5	0.248 5	0.248 5	0.248 5	0.248 5	0.248 5
0.6	0.242 3	0.243 7	0.244 4	0.244 8	0.245 1	0.245 2	0.245 4	0.245 5	0.245 5	0.245 5	0.245 5	0.245 5	0.245 6
0.8	0.234 6	0.237 2	0.238 7	0.239 5	0.240 0	0.240 3	0.240 7	0.240 8	0.240 9	0.240 9	0.241 0	0.241 0	0.241 0
1.0	0.225 2	0.229 1	0.231 3	0.232 6	0.233 5	0.234 0	0.234 6	0.234 9	0.235 1	0.235 2	0.235 3	0.235 3	0.235 3
1.2	0.214 9	0.219 9	0.222 9	0.224 8	0.226 0	0.226 8	0.227 8	0.228 2	0.228 5	0.228 6	0.228 7	0.228 8	0.228 9
1.4	0.204 3	0.210 2	0.214 0	0.216 4	0.218 0	0.219 1	0.220 4	0.221 1	0.221 5	0.221 7	0.221 8	0.222 0	0.222 1
1.6	0.193 9	0.200 6	0.204 9	0.207 9	0.209 9	0.211 3	0.213 0	0.213 8	0.214 3	0.214 6	0.214 8	0.215 0	0.215 2
1.8	0.184 0	0.191 2	0.196 0	0.199 4	0.201 8	0.203 4	0.205 5	0.206 6	0.207 3	0.207 7	0.207 9	0.208 2	0.208 4
2.0	0.174 6	0.182 2	0.187 5	0.191 2	0.193 8	0.195 8	0.198 2	0.199 6	0.200 4	0.200 9	0.201 2	0.201 5	0.201 8
2.2	0.165 9	0.173 7	0.179 3	0.183 3	0.186 2	0.188 3	0.191 1	0.192 7	0.193 7	0.194 3	0.194 7	0.195 2	0.195 5
2.4	0.157 8	0.165 7	0.171 5	0.175 7	0.178 9	0.181 2	0.184 3	0.186 2	0.187 3	0.188 0	0.188 5	0.189 0	0.189 5
2.6	0.150 3	0.158 3	0.164 2	0.168 6	0.171 9	0.174 5	0.177 9	0.179 9	0.181 2	0.182 0	0.182 5	0.183 2	0.183 8
2.8	0.143 3	0.151 4	0.157 4	0.161 9	0.165 4	0.168 0	0.171 7	0.173 9	0.175 3	0.176 3	0.176 9	0.177 7	0.178 4
3.0	0.136 9	0.144 9	0.151 0	0.155 6	0.159 2	0.161 9	0.165 8	0.168 2	0.169 8	0.170 8	0.171 5	0.172 5	0.173 3
3.2	0.131 0	0.139 0	0.145 0	0.149 7	0.153 3	0.156 2	0.160 2	0.162 8	0.164 5	0.165 7	0.166 4	0.167 5	0.168 5
3.4	0.125 6	0.133 4	0.139 4	0.144 1	0.147 8	0.150 8	0.155 0	0.157 7	0.159 5	0.160 7	0.161 6	0.162 8	0.163 9
3.6	0.120 5	0.128 2	0.134 2	0.138 9	0.142 7	0.145 6	0.150 0	0.152 8	0.154 8	0.156 1	0.157 0	0.158 3	0.159 5
3.8	0.115 8	0.123 4	0.129 3	0.134 0	0.137 8	0.140 8	0.145 2	0.148 2	0.150 2	0.151 6	0.152 6	0.154 1	0.155 4
4.0	0.111 4	0.118 9	0.124 8	0.129 4	0.133 2	0.136 2	0.140 8	0.143 8	0.145 9	0.147 4	0.148 5	0.150 0	0.151 6
4.2	0.107 3	0.114 7	0.120 5	0.125 1	0.128 9	0.131 9	0.136 5	0.139 6	0.141 8	0.143 4	0.144 5	0.146 2	0.147 9
4.4	0.103 5	0.110 7	0.116 4	0.121 0	0.124 8	0.127 9	0.132 5	0.135 7	0.137 9	0.139 6	0.140 7	0.142 5	0.144 4
4.6	0.100 0	0.107 0	0.112 7	0.117 2	0.120 9	0.124 0	0.128 7	0.131 9	0.134 2	0.135 9	0.137 1	0.139 0	0.141 0
4.8	0.096 7	0.103 6	0.109 1	0.113 6	0.117 3	0.120 4	0.125 0	0.128 3	0.130 7	0.132 4	0.133 7	0.135 7	0.137 9
5.0	0.093 5	0.100 3	0.105 7	0.110 2	0.113 9	0.116 9	0.121 6	0.124 9	0.127 3	0.129 1	0.130 4	0.132 5	0.134 8
5.2	0.090 6	0.097 2	0.102 6	0.107 0	0.110 6	0.113 6	0.118 3	0.121 7	0.124 1	0.125 9	0.127 3	0.129 5	0.132 0
5.4	0.087 8	0.094 3	0.099 6	0.103 9	0.107 5	0.110 5	0.115 2	0.118 6	0.121 1	0.122 9	0.124 3	0.126 5	0.129 2
5.6	0.085 2	0.091 6	0.096 8	0.101 0	0.104 6	0.107 6	0.112 2	0.115 6	0.118 1	0.120 0	0.121 5	0.123 8	0.126 6
5.8	0.082 8	0.089 0	0.094 1	0.098 3	0.101 8	0.104 7	0.109 4	0.112 8	0.115 3	0.117 2	0.118 7	0.121 1	0.124 0
6.0	0.080 5	0.088 6	0.091 6	0.095 7	0.099 1	0.102 1	0.106 7	0.110 1	0.112 6	0.114 6	0.116 1	0.118 5	0.121 6
6.2	0.078 3	0.084 2	0.089 1	0.093 2	0.096 6	0.099 5	0.104 1	0.107 5	0.110 1	0.112 0	0.113 6	0.116 1	0.119 3
6.4	0.076 2	0.082 0	0.086 9	0.090 9	0.094 2	0.097 1	0.101 6	0.105 0	0.107 6	0.109 6	0.111 1	0.113 7	0.117 1
6.6	0.074 2	0.079 9	0.084 7	0.088 6	0.091 9	0.094 8	0.099 3	0.102 7	0.105 3	0.107 3	0.108 8	0.111 4	0.114 9
6.8	0.072 3	0.077 9	0.082 6	0.086 5	0.089 8	0.092 6	0.097 0	0.100 4	0.103 0	0.105 0	0.106 6	0.109 2	0.112 9
7.0	0.070 5	0.076 1	0.080 6	0.084 4	0.087 7	0.090 4	0.094 9	0.098 2	0.100 8	0.102 8	0.104 4	0.107 1	0.110 9
7.2	0.068 8	0.074 2	0.078 7	0.082 5	0.085 7	0.088 4	0.092 8	0.096 2	0.098 7	0.100 8	0.102 3	0.105 1	0.109 0

z/b	l/b												
	1.0	1.2	1.4	1.6	1.8	2.0	2.4	2.8	3.2	3.6	4.0	5.0	10.0
7.4	0.067 2	0.072 5	0.076 9	0.080 6	0.083 8	0.086 5	0.090 8	0.094 2	0.096 7	0.098 8	0.100 4	0.103 1	0.107 1
7.6	0.065 6	0.070 9	0.075 2	0.078 9	0.082 0	0.084 6	0.088 9	0.092 2	0.094 8	0.096 8	0.098 4	0.101 2	0.105 4
7.8	0.064 2	0.069 3	0.073 6	0.077 1	0.080 2	0.082 8	0.087 1	0.090 4	0.092 9	0.095 0	0.096 6	0.099 4	0.103 6
8.0	0.062 7	0.067 8	0.072 0	0.075 5	0.078 5	0.081 1	0.085 3	0.088 6	0.091 2	0.093 2	0.094 8	0.097 6	0.102 0
8.2	0.061 4	0.066 3	0.070 5	0.073 9	0.076 9	0.079 5	0.083 7	0.086 9	0.089 4	0.091 4	0.093 1	0.095 9	0.100 4
8.4	0.060 1	0.064 9	0.069 0	0.072 4	0.075 4	0.077 9	0.082 0	0.085 2	0.087 8	0.089 3	0.091 4	0.094 3	0.093 8
8.6	0.058 8	0.063 6	0.067 6	0.071 0	0.073 9	0.076 4	0.080 5	0.083 6	0.086 2	0.088 2	0.089 8	0.092 7	0.097 3
8.8	0.057 6	0.062 3	0.066 3	0.069 6	0.072 4	0.074 9	0.079 0	0.082 1	0.084 6	0.086 6	0.088 2	0.091 2	0.095 9
9.2	0.055 4	0.059 9	0.063 7	0.067 0	0.069 7	0.072 1	0.076 1	0.079 2	0.081 7	0.083 7	0.085 3	0.088 2	0.093 1
9.6	0.053 3	0.057 7	0.061 4	0.064 5	0.067 2	0.069 6	0.073 4	0.076 5	0.078 9	0.080 9	0.082 5	0.085 5	0.090 5
10.0	0.051 4	0.055 6	0.059 2	0.062 2	0.064 9	0.067 2	0.071 0	0.073 9	0.076 3	0.078 3	0.079 9	0.082 9	0.088 0
10.4	0.049 6	0.053 7	0.057 2	0.060 1	0.062 7	0.064 9	0.068 6	0.071 5	0.073 9	0.075 9	0.077 5	0.080 4	0.085 7
10.8	0.047 9	0.051 9	0.055 3	0.058 1	0.060 6	0.062 8	0.066 4	0.069 3	0.071 7	0.073 6	0.075 1	0.078 1	0.083 4
11.2	0.046 3	0.050 2	0.053 5	0.056 3	0.058 7	0.060 9	0.064 4	0.067 2	0.069 5	0.071 4	0.073 0	0.075 9	0.081 3
11.6	0.044 8	0.048 6	0.051 8	0.054 5	0.056 9	0.059 0	0.062 5	0.065 2	0.067 5	0.069 4	0.070 9	0.073 8	0.079 3
12.0	0.043 5	0.047 1	0.050 2	0.052 9	0.055 2	0.057 3	0.060 6	0.063 3	0.065 6	0.067 4	0.069 0	0.071 9	0.077 4
12.8	0.040 9	0.044 4	0.047 4	0.049 9	0.052 1	0.054 1	0.057 3	0.059 9	0.062 1	0.063 9	0.065 4	0.068 2	0.073 9
13.6	0.038 7	0.042 0	0.044 8	0.047 2	0.049 3	0.051 2	0.054 3	0.056 8	0.058 9	0.060 7	0.062 1	0.064 9	0.070 7
14.4	0.036 7	0.039 8	0.042 5	0.044 8	0.046 8	0.048 6	0.051 6	0.054 0	0.056 1	0.057 7	0.059 2	0.061 9	0.067 7
15.2	0.034 9	0.037 9	0.040 4	0.042 6	0.044 6	0.046 3	0.049 2	0.051 5	0.053 5	0.055 1	0.056 5	0.059 2	0.065 0
16.0	0.033 2	0.036 1	0.038 5	0.040 7	0.042 5	0.044 2	0.046 9	0.049 2	0.051 1	0.052 7	0.054 0	0.056 7	0.062 5
18.0	0.029 7	0.032 3	0.034 5	0.036 4	0.038 1	0.039 6	0.042 2	0.044 2	0.046 0	0.047 5	0.048 7	0.051 2	0.057 0
20.0	0.026 9	0.029 2	0.031 2	0.033 0	0.034 5	0.035 9	0.038 3	0.040 2	0.041 8	0.043 2	0.044 4	0.046 8	0.052 4

规范法中地基沉降计算深度 z_n 应符合下式要求，即

$$\Delta s'_n \leqslant 0.025 \sum_{i=1}^{n} \Delta s'_i \qquad (3-23)$$

式中　　$\Delta s'_i$——计算深度范围内第 i 层土的计算变形量，mm；

　　　　$\Delta s'_n$——由计算深度 z_n 处向上取厚度为 Δz 的土层计算变形值，Δz 按表 3-10 确定，mm。

表 3-10　　　　　　　　　　　　　　　　Δz 取值　　　　　　　　　　　　　　　m

b	$b \leqslant 2$	$2 < b \leqslant 4$	$4 < b \leqslant 8$	$b > 8$
Δz	0.3	0.6	0.8	1.0

如果按式（3-23）确定的计算深度下部仍有较软土层时，应继续往下计算。

当无相邻荷载影响，且基础宽度 b 在 1～30m 范围内时，基础中点的地基沉降计算深度 z_n 也可按下列简化公式计算

$$z_n = b\ (2.5 - 0.4\ln b) \tag{3-24}$$

两种地基沉降计算方法比较见表 3-11。

表 3-11　　　　　　　　　　两种地基沉降计算方法比较

项　目	分 层 总 和 法	规 范 法
计算原理	分层计算沉降，再叠加 $s = \sum\limits_{i=1}^{n} s_i$ 物理概念明确	采用附加应力面积系数法
计算公式	$s = \sum\limits_{i=1}^{n} \dfrac{\overline{\sigma_{zi}}}{E_{si}} h_i \,;\, s = \sum\limits_{i=1}^{n} \left(\dfrac{\alpha}{1+e_1}\right)_i \overline{\sigma_{zi}} h_i$	$s = \psi_s \sum\limits_{i=1}^{n} \dfrac{p_0}{E_{si}} (z_i\,\overline{\alpha_i} - z_{i-1}\,\overline{\alpha_{i-1}})$
计算结果与实测值关系	中等地基　$s_计 \approx s_实$ 软弱地基　$s_计 < s_实$ 坚实地基　$s_计 \geqslant s_实$	引入沉降计算经验系数 ψ_s，使 $s_计 \approx s_实$
地基沉降计算深度 z_n	一般土　$\sigma_z = 0.2\sigma_{cz}$ 软土　$\sigma_z = 0.1\sigma_{cz}$ 的深度 z 即 z_n	①无相邻荷载影响 $z_n = b\ (2.5 - 0.4\ln b)$ ②存在相邻荷载影响 $\Delta s'_n \leqslant 0.025 \sum\limits_{i=1}^{n} \Delta s'_i$
计算工作量	①绘制土的自重应力曲线 ②绘制地基中的附加应力曲线 ③沉降计算每层厚度 $h_i \leqslant 0.4b$ 计算工作量大	应用积分法，如为均质土无论厚度多大，只一次计算，简便

【例 3-8】　用规范法计算［例 3-7］条形基础的最终沉降量。

解　（1）地基分层。从基础底面以下按地下水位及土层天然分界面划分，$z_1 = 1.6\text{m}$，因黏土层总厚 19.2m，取 $z_2 = 19.2\text{m}$。

（2）计算基底附加压力。由［例 3-7］知 $p_0 = 123.4\text{kPa}$。

（3）计算 E_{si}。由式（3-2）求地基土的自重应力 σ_{czi}，由基础中点将基础划分为四个相等的小矩形，应用角点法取 l/b 为条形及 z/b 查表 3-1，按式（3-10）求附加应力 σ_{zi}，由图 3-19 压缩曲线查得孔隙比 e_{1i} 和 e_{2i}，由式（3-16）求各分层在自重应力至自重应力与附加应力之和的应力段的压缩模量 E_{si}，计算结果见表 3-12。

表 3-12　　　　　　　　　　［例 3-8］的压缩模量 E_{si} 计算表

z_i (m)	$\dfrac{l}{b}$	$\dfrac{z_i}{b}$	α_{ci}	σ_{czi} (kPa)	σ_{zi} (kPa)	$\overline{\sigma_{czi}}$ (kPa)	e_{1i}	$\overline{\sigma_{czi}} + \overline{\sigma_{zi}}$ (kPa)	e_{2i}	E_{si} (MPa)
0	10	0	1.000	26.6	123.4	—	—	—	—	—
1.6	10	0.8	0.880	57.0	108.6	41.8	0.808	157.8	0.766	4.994
19.2	10	9.6	0.132 8	250.6	16.4	153.8	0.760	216.3	0.743	6.471
18.6	10	9.3	0.136 4	244.0	16.8	247.3	0.736	263.9	0.734	14.409

（4）计算 $\overline{\alpha_i}$。由基础中点将基础划分为 4 个相等的小矩形，应用角点法 $l/b = 10$ 及 z_i/b 查表 3-9 计算平均附加应力系数 $\overline{\alpha_i}$，计算结果列于表 3-13。

（5）计算各分层的沉降量。计算结果见表 3 - 13。

表 3 - 13　　　　　　　　　　　　　［例 3 - 8］计算表

z_i (m)	$\dfrac{l}{b}$	$\dfrac{z_i}{b}$	$\bar{\alpha}_i$	$z_i\bar{\alpha}_i$ (m)	$z_i\bar{\alpha}_i - z_{i-1}\bar{\alpha}_{i-1}$ (m)	E_{si} (MPa)	$\Delta s'_i = p_0(z_i\bar{\alpha}_i - z_{i-1}\bar{\alpha}_{i-1})/E_{si}$ (mm)	$s' = \Sigma\Delta s'_i$ (mm)
0		0	$4\times0.2500=1.000$	—	—	—	—	—
1.6	10	0.8	$4\times0.241\,0=0.964$	1.542 4	1.542 4	4.994	38.11	38.11
19.2		9.6	$4\times0.090\,5=0.362$	6.950 4	5.408	6.471	103.13	141.24
18.6		9.3	$4\times0.092\,5=0.370$	6.882 0	0.068 4	14.409	0.59	—

（6）确定计算深度。试取计算深度 $z_n=19.2$ m，从 z_n 处向上取计算厚度，可由表 3 - 10 查得为 0.6 m，该土层计算变形量由表 3 - 13 查得 $\Delta s'_n=0.59$ mm，则

$$\Delta s'_n / \Sigma\Delta s'_i = 0.59/141.24 = 0.004 < 0.025$$

符合地基沉降计算深度的要求，故取 $z_n=19.2$ m。

（7）确定沉降计算经验系数。

$$\overline{E}_s = \frac{\Sigma A_i}{\Sigma\dfrac{A_i}{E_{si}}} = \frac{\Sigma p_0(z_i\bar{\alpha}_i - z_{i-1}\bar{\alpha}_{i-1})}{\Sigma\dfrac{p_0(z_i\bar{\alpha}_i - z_{i-1}\bar{\alpha}_{i-1})}{E_{si}}} = \frac{1.542\,4 + 5.408}{\dfrac{1.542\,4}{4.994} + \dfrac{5.408}{6.471}} = 6.07\,(\text{MPa})$$

由表 3 - 8，假设 $p_0=f_{ak}$（地基承载力特征值 f_{ak} 见第四章），插值得 $\psi_s=1.093$。

（8）基础最终沉量。

$$s = \psi_s s' = 1.093\times141.24 = 154.4\ (\text{mm})$$

第六节　地基变形与时间的关系

在工程实践中，常因建筑地基的非均质性、建筑物荷载分布不均及相邻荷载等因素的影响，致使地基产生不均匀沉降。因此，除计算基础最终沉降量外，还必须了解建筑物在施工期间和使用期间的沉降量及在不同时期建筑物各部位可能产生的沉降差，以便采取适当措施，例如控制施工进度，在设计中考虑建筑物各部分之间的连接方法等。

地基变形的稳定需要一定时间才能完成，影响地基变形与时间关系的因素相当复杂，主要取决于地基土的渗透性大小和排水条件。建筑物在施工期间完成的变形量，对于砂土，由于其渗透性强，可以认为其变形已基本完成；对于低压缩黏性土，可以认为已完成最终变形的 50%～80%；对于中压缩黏性土可以认为已完成 20%～50%；对于高压缩黏性土可以认为已完成 5%～20%。因此，实践中一般只考虑黏性土的变形与时间关系。

一、土的渗透性

土的渗透性是由于骨架颗粒之间存在的孔隙构成了水的通道，在水头差的作用下，水将在土体内部相互贯通的孔隙中流动，称为渗流（渗透）。

由水力学知识知道，水在土中渗流满足达西定律，即

$$v = ki \qquad\qquad (3-25)$$

式中　v——渗流速度，土中单位时间内流经单位横断面的水量，cm/s；

　　　i——水力梯度，沿渗透途径出现的水头差 Δh 与相应渗流长度 l 的比值，$i=\Delta h/l$；

　　　k——渗透系数，见表 3 - 14，cm/s。

由式（3-25）可以看出，当水力梯度为定值时，渗透系数越大，渗流速度就越大；当渗流速度为定值时，渗透系数越大，需要的水力梯度越小。由此可见，渗透系数与土的透水性强弱有关，渗透系数越大，土的透水能力越强。土的渗透系数可通过室内渗透试验或现场抽水试验测定。

表 3-14　　土的渗透系数值　　cm/s

土的种类	渗透系数
碎石、卵石、砾石	$>1\times10^{-1}$
砂	$1\times10^{-1}\sim1\times10^{-3}$
粉砂、粉土	$1\times10^{-3}\sim1\times10^{-5}$
粉质黏土	$1\times10^{-5}\sim1\times10^{-7}$
黏土	$1\times10^{-7}\sim1\times10^{-10}$

二、土的有效应力原理

外部荷载在饱和土体产生的应力，是由土体骨架与孔隙水共同来承担的。由颗粒骨架所承担的应力，称为有效应力，用符号 σ' 表示。有效应力的作用将使土颗粒产生位移，使孔隙体积变小，引起土体的变形和强度变化。由孔隙中的水所承担的应力称为孔隙水压力，用符号 u 来表示。由于孔隙水压力在土中一点各个方向产生的压力相等，因此它只能压缩土颗粒本身而不能使土颗粒产生位移，而土颗粒本身的压缩量是可以忽略的，所以孔隙水压力的作用不能直接引起土体的变形和强度变化。因此，只有有效应力 σ' 才是影响土的变形及其强度特性的决定因素。饱和土体所受的总应力 σ 等于有效应力 σ' 和孔隙水压力 u 之和，即

$$\sigma=\sigma'+u \tag{3-26}$$

式（3-26）即为饱和土体的有效应力原理。由式（3-26）可知，当总应力一定时，若土体中孔隙水压力增加或减小，则会相应的引起有效应力的减小或增加。

三、渗透固结沉降与时间关系

土的渗透固结（简称主固结）是指因饱和土体在附加应力的作用下，孔隙水逐渐被排出，而土体逐渐被压缩的过程。

固结度 U_t 是指土体在固结过程中某一时刻 t 的固结沉降量 s_t 与固结稳定后的最终沉降量 s 之比，即

$$U_t=\frac{s_t}{s} \tag{3-27}$$

由式（3-27）可知，当 $t=0$ 时，$s_t=0$，则 $U_t=0$；当固结稳定时，即 $t=t_稳$ 时，$s_t=s$，则 $U_t=1$，即固结度变化范围为 $0\sim1$，它表示在某一荷载作用下经过 t 时间后土体所能达到的固结程度。

在前面我们已经讨论了最终沉降量 s 的计算方法，如果能够知道某一时刻 t 的固结度 U_t 值，则由式（3-27）即可计算出相应于该时间的固结沉降量 s_t 值。对于不同的固结条件，即固结土层中不同的附加应力分布和排水条件，固结度计算公式亦不相同，实际地基计算中可简化按一维（竖向）固结理论考虑，即孔隙水只沿竖直方向渗流，土颗粒也只沿竖直方向位移。根据固结土层的附加应力和排水条件，将其归纳为 5 种情况，如图 3-21 所示。不同固结情况其固结度计算公式虽不同，但它们都是时间因数的函数，即

$$U_t=f(T_v) \tag{3-28}$$

$$C_v=1000\times\frac{k(1+e)}{\gamma_w\alpha}$$

式中　T_v——无量纲时间因数，$T_v=C_vt/H^2$；

C_v——土的竖向固结系数，m^2/年；

t——固结过程中某一时间，年；

H——土层中最大排水距离，当土层为单面排水时，H 为土层厚度；当为双面排水时，H 为土层厚度之半，m；

k——土的渗透系数，m/年；

e——土的初始孔隙比；

γ_w——水的重度，$\gamma_w = 10\text{kN/m}^3$；

α——土的压缩系数，MPa^{-1}。

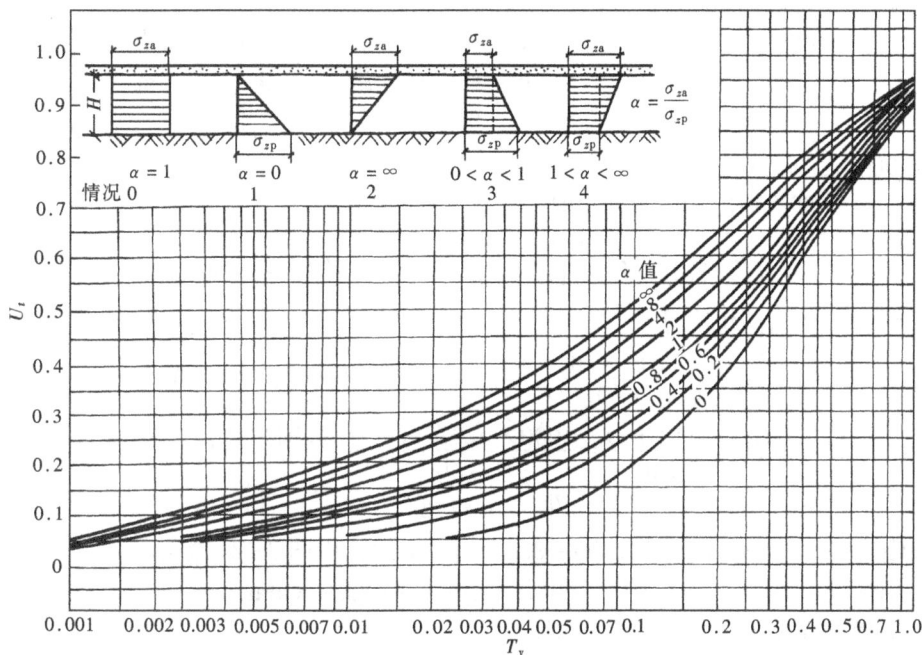

图 3-21 U_t-T_v 关系曲线

为简化计算，将不同固结情况的 $U_t = f(T_v)$ 关系绘成曲线，如图 3-21 所示，以备查用，应用该图时，先根据地基的实际情况画出地基中的附加应力分布图，然后结合土层的排水条件求得 α（$\alpha = \sigma_{za}/\sigma_{zp}$，$\sigma_{za}$ 为排水面附加应力，σ_{zp} 为不排水面附加应力）和 T_v 值，再利用该图中的曲线即可查得相应情况的 U_t 值。

应当指出的是，图 3-21 中所给出的均为单面排水情况，若土层为双面排水，则不论附加应力分布图属何种图形，均按情况 0 计算其固结度。

应用时，基础沉降与时间关系的计算步骤如下。

(1) 计算某一时间 t 的沉降量 s_t：

1) 根据土层的 k、α、e 求 C_v；

2) 根据给定的时间 t 和土层厚度 H 及 C_v，求 T_v；

3) 根据 $\alpha = \sigma_{za}/\sigma_{zp}$ 和 T_v，由图 3-21 查相应的 U_t；

4) 由 $U_t = \dfrac{s_t}{s}$ 求 s_t。

(2) 计算达到某一沉降量 s_t 所需时间 t：

1）根据 s_t 计算 U_t；

2）根据 a 和 U_t，由图 3-21 查相应的 T_v；

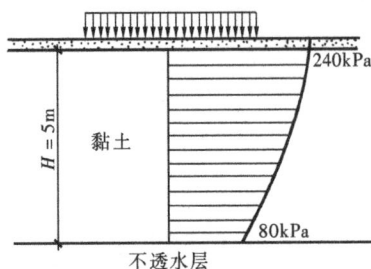

图 3-22　[例 3-9] 附图

3）根据已知资料求 C_v；

4）根据 T_v、C_v 及 H，即可求得 t。

【例 3-9】　某基础基底中点下的附加应力分布如图 3-22 所示，地基为厚 $H=5m$ 的饱和黏土层，顶部有薄层砂，可排水，底部为坚硬不透水层。该黏土层在自重应力作用下已固结完毕，其初始孔隙比 $e_1=0.84$，由试验测得在自重应力和附加应作用下 $e_2=0.80$，渗透系数 $k=0.016m/年$。试求：

（1）1 年后地基的沉降量；

（2）沉降达 100mm 所需的时间。

解　（1）计算地基最终沉降量，即

$$s=\frac{e_1-e_2}{1+e_1}H=\frac{0.84-0.80}{1+0.84}\times5000=108.70\text{（mm）}$$

（2）计算 1 年后的沉降量。

压缩系数　　　$a=\Delta e/\Delta\sigma=\dfrac{0.84-0.80}{(240+80)/2}=0.25\times10^{-3}\text{（kPa}^{-1})=0.25\text{（MPa}^{-1})$

固结系数　　　$C_v=1000\times\dfrac{k(1+e)}{\gamma_w a}=\dfrac{1000\times0.016\times(1+0.84)}{10\times0.25}=11.78\text{（m}^2/\text{年）}$

时间因数　　　$T_v=C_v t/H^2=11.78\times1/5^2=0.4712$

附加应力比值　　　$\alpha=\sigma_{za}/\sigma_{zp}=240/80=3.0$ 属于情况 4；由图 3-21 查得 $U_t=0.77$。

1 年后沉降量　　　$s_{t=1}=U_t s=0.77\times108.70=83.7\text{（mm）}$

（3）计算沉降 $s_t=100mm$ 所需的时间。

固结度　　　　　　$U_t=s_t/s=100/108.77=0.92$

由 $U_t=0.92$，$\alpha=3.0$ 查图 3-21，得 $T_v=0.87$，则

$$t=T_v H^2/C_v=0.87\times5^2/11.78=1.85\text{（年）}$$

四、建筑物沉降观测

前面介绍了地基变形的计算方法，但由于地基土的复杂性，致使理论计算值与实际值并不完全符合。为了保证建筑物的使用安全，对建筑物的沉降观测是非常必要的，其目的是提供有关建筑物的沉降量与沉降速率。这对重要建筑物及建造在软弱地基上的建筑物尤为必要。

在进行沉降观测时，水准点的设置应以保证其稳定可靠为原则，一般宜设置在基岩上或低压缩性的土层上。水准点的位置应尽可能靠近观测对象，但必须在建筑物产生的压力影响范围以外，一般为 30~80m。在一个观测区内，水准点应不少于 3 个。沉降观测点的设置应能全面反映建筑物的沉降并结合地质情况确定，数量不宜少于 6 个。通常，在建筑物的主要墙角及沿外墙每 10~15m 处或每隔 2~3 根柱基上设置沉降观察点，沉降缝、伸缩缝、新旧建筑物或高低建筑物接壤处的两侧，人工地基与天然地基接壤处的两侧，建筑物不同结构分界处的两侧都应设置沉降观察点。当建筑物出现裂缝时，裂缝两侧也应设置沉降观察点。沉降观察标志应埋设稳固，以高于室内地坪（±0.0面）0.2~0.5m 为宜。

水准测量观测工具宜采用精密水准仪和铟钢尺，对每一观测对象宜固定测量工具和监测人员，观测前应严格校验仪器。测量精度宜采用二等水准测量，视线长度宜为 20～30m，视线高度不宜低于 0.3m，水准测量应采用闭合法。

观测次数和时间应根据具体情况确定。通常，高层建筑结构施工时每增加 1～2 层观察一次，结构封顶后每 3 个月观察一次，观察一年。如果最后两个观察周期的平均沉降速率小于 0.02mm/d，可以认为整体趋于稳定，如果各点沉降速率均小于 0.02mm/d，即可停止观察，否则应继续每 3 个月观察一次，直到建筑物沉降稳定。工业厂房或多层民用建筑沉降观察次数不应少于 5 次，竣工后的观察周期可根据建筑物的稳定情况确定。对于突然发生严重裂缝或异常沉降等特殊情况，则应增加观察次数，观察时还应注意气象资料。观察后应及时填写沉降观测记录，算出各点的沉降量、累计沉降量及沉降速率，并需附有沉降观测点及水准点位置平面图，便于及早处理出现的地基问题及以后复查。基坑较深时，可考虑开挖后的回弹观测。

第七节　地基变形特征及变形允许值

由于不同类型建筑物的使用要求和对地基变形的适应性都是不同的。因此，需要采用不同的地基变形特征对相应建筑物进行控制。

一、地基变形特征

按《建筑地基基础设计规范》，地基变形特征分为以下 4 种（图 3 - 23）。

1. 沉降量

沉降量是指基础中心点的沉降量 s。对于单层排架结构柱基础和地基均匀、无相邻荷载影响的高耸结构基础变形由沉降量控制。

2. 沉降差

沉降差是指两相邻独立基础沉降量之差，$\Delta s = s_1 - s_2$。框架结构和地基不均匀、有相邻荷载影响或荷载差异大的排架结构，需验算基础沉降差。

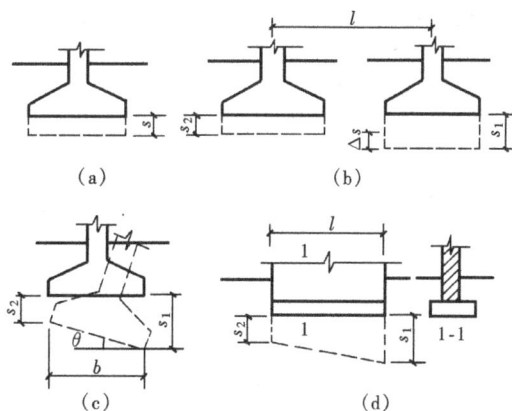

图 3 - 23　地基变形特征

(a) 沉降量；(b) 沉降差；(c) 整体倾斜；(d) 局部倾斜

3. 倾斜

(1) 整体倾斜。整体倾斜是指单独基础在倾斜方向上两端点的沉降差与其距离之比值 $\tan\theta = (s_1 - s_2)/b$。

高耸结构物重心高，基础的倾斜使重心侧向移动而引起偏心荷载，使基底边缘压力增加，引起更大倾斜从而影响抗倾覆稳定性。因此，对地基不均匀或相邻荷载影响的多层、高层建筑基础及高耸结构基础，须验算基础的整体倾斜。

(2) 纵、横向倾斜。对有桥式吊车的厂房，为防止桥架或吊车滑轨，应验算纵向（吊车轨面）和横向（桥架）的倾斜。因此，纵向（横向）倾斜是指吊车轨面（桥架）的相邻基础沉降差与其中心距之比 $\tan\theta = (s_1 - s_2)/l$。

4. 局部倾斜

局部倾斜是指砌体承重结构沿纵墙 $6\sim10\text{m}$ 内基础两点的沉降差与其距离之比 $\tan\theta=(s_1-s_2)/l$。在地基不均匀处，荷载差异较大处，建筑体型变化较大处，都可能产生较大的墙身局部倾斜，造成砌体墙身开裂，所以需加以验算。

二、地基变形允许值

地基或多或少总会产生变形，但当变形过大时，就会影响建筑物的正常使用，或者引起建筑物开裂、严重倾斜，甚至破坏。《建筑地基基础设计规范》根据大量的常见建筑物的类型、变形特征以及沉降观测资料统计分析得出地基变形允许值，见表 3-15。要求建筑物的变形特征值不应大于地基变形允许值。

表 3-15　　　　　　　　　　　　　　建筑物的地基变形允许值

变 形 特 征		地 基 土 类 别	
		中、低压缩性土	高压缩性土
砌体承重结构基础的局部倾斜		0.002	0.003
工业与民用建筑相邻柱基的沉降差	框架结构	$0.002l$	$0.003l$
	砌体墙填充的边排柱	$0.000\,7l$	$0.001l$
	当基础不均匀沉降时不产生附加应力的结构	$0.005l$	$0.005l$
单层排架结构（柱距为 6m）柱基的沉降量（mm）		（120）	200
桥式吊车轨面的倾斜（按不调整轨道考虑）	纵向	0.004	
	横向	0.003	
多层和高层建筑的整体倾斜	$H_g\leqslant24$	0.004	
	$24<H_g\leqslant60$	0.003	
	$60<H_g\leqslant100$	0.002\,5	
	$H_g>100$	0.002	
体型简单的高层建筑基础的平均沉降量（mm）		200	
高耸结构基础的倾斜	$H_g\leqslant20$	0.008	
	$20<H_g\leqslant50$	0.006	
	$50<H_g\leqslant100$	0.005	
	$100<H_g\leqslant150$	0.004	
	$150<H_g\leqslant200$	0.003	
	$200<H_g\leqslant250$	0.002	
高耸结构基础沉降量（mm）	$H_g\leqslant100$	400	
	$100<H_g\leqslant200$	300	
	$200<H_g\leqslant250$	200	

注　1. 本表数值为建筑物地基实际最终变形允许值。
　　2. 有括号者仅适用于中压缩性土。
　　3. l 为相邻柱基的中心距离，mm；H_g 为自室外地基起算的建筑物高度，m。
　　4. 当采用桩基础时，建筑物地基变形允许值按中、低压缩性土选用。

当建筑物地基不均匀或上部荷载差异过大及结构体型复杂时，对于砌体承重结构应由局部倾斜控制；对于框架结构和单层排架结构应由沉降差控制；对于多层或高层建筑和高耸结构应由倾斜控制，必要时尚应控制平均沉降量。

思 考 题

1. 何谓土体的自重应力？自重应力沿土体深度如何变化？地下水位的升降对土体自重应力有无影响？为什么？

2. 基础底面压应力如何计算？

3. 何谓附加应力？基础底面压应力与基底附加应力有何区别？附加应力在地基中的传播扩散有何规律？

4. 矩形基础与条形基础在中心荷载作用下，地基中各点附加应力如何计算？应用角点法应注意什么？

5. 工程中常用的土的压缩性指标有哪几个？各指标之间有什么关系？如何判断土压缩性的高低？

6. 比较分层总和法和规范法计算地基最终沉降量的优缺点。

7. 为什么需对建筑物进行沉降观察？宜用何种仪器与精度？观察时间有何要求？

8. 何谓沉降差？倾斜与局部倾斜有何区别？

习 题

1. 试绘制图 3-24 所示地质剖面图的自重应力分布曲线。

2. 某粉土地基层厚 4.80m，地下水位埋深 1.20m。地下水位以上的粉土由于毛细作用呈饱和状态，$\gamma_{sat}=20.1kN/m^3$。求粉土层底面处的自重应力。

3. 一矩形基础如图 3-25 所示，基础底面尺寸为 4.0m×2.0m，基础埋深 $d=1.0m$，埋深范围内土的重度 $\gamma=17.5kN/m^3$，上部结构传递到基础顶面作用的准永久组合设计值 $F=1100kN$。试计算：①基础底面下 $z=2.0m$ 的水平面上，在基础长轴方向距基础中心轴线分别为 0、1、2m 各点的附加应力值，并绘出分布图；②基础中心轴线上，距基础底面 $z=0$、1、2、3m 各点的附加应力值，并给出分布图。

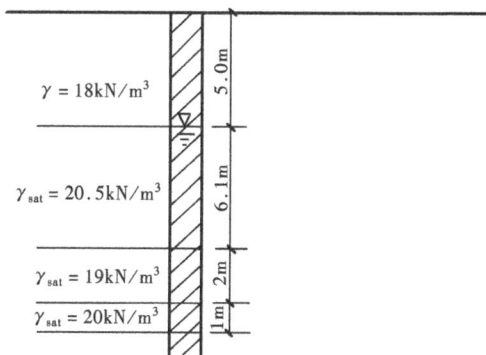

图 3-24 习题 1 附图

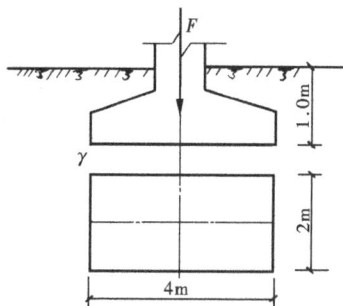

图 3-25 习题 3 附图

4. 一条形基础如图 3-26 所示，上部结构传递到基础顶面作用的准永久组合设计值 $F=500kN/m$，基底宽度 $b=4m$，埋深 $d=2m$。地基土的地质剖面情况如图 3-27 所示，试绘出基础中心轴线上地基中的附加应力。

5. 已知资料同习题 4，试用分层总和法计算该基础的最终沉降量。黏土层的压缩曲线如图 3-19 所示。

6. 用规范法计算习题 5 的最终沉降量。

7. 某基础中点下的附加应力分布如图 3-27 所示，地基为厚 $H=10\text{m}$ 的饱和黏土层，顶部有一薄透水砂层，底部为密实透水砂层，假设此密实砂层不会发生变形。黏土层初始孔隙比 $e_1=0.84$，压缩系数 $a=0.25\text{MPa}^{-1}$，渗透系数 $k=0.019\text{m/年}$。试计算：①1 年后基础沉降量；②沉降量达 80mm 所需的时间。

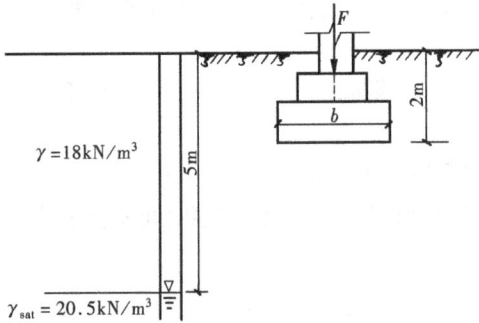

图 3-26 习题 4 附图   图 3-27 习题 7 附图

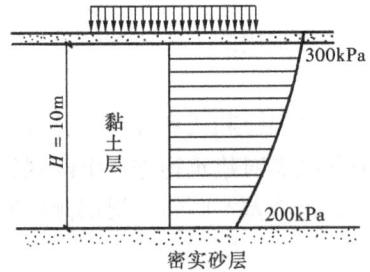

第四章　土的抗剪强度与地基承载力

　　实际工程中的地基承载力、挡土墙的土压力、边坡的稳定性等都是由土的抗剪强度所控制的，所以研究土的抗剪强度及其变化规律对于工程设计、施工管理等都具有非常重要的意义。

　　研究土的强度首先需要了解土的破坏形式。大量的工程实践和室内试验都表明，土的破坏大多数是剪切破坏。这是因为土颗粒自身的强度大于颗粒间的连接强度，在外力作用下，土颗粒沿接触面相互错动而发生剪切破坏。

　　虽然在土样上施加的是一个轴向力，但破坏却是沿着某一斜面发生。当局部范围内的剪应力达到土的抗剪强度时，土体将沿某一滑裂面滑动而造成剪切破坏，使土体丧失稳定性。

第一节　土的抗剪强度与极限平衡条件

一、土体中任一点的应力状态

　　为了求得土的极限平衡条件的表达式，我们先来研究土中某点的应力状态，为简单起见，现以平面问题为例进行研究。设从地面以下任意点取一微分体，如图 4-1（a）所示，作用在该微分体上的最大和最小主应力分别为 σ_1 和 σ_3。在微分体上取任一截面 mn，使其与大主应力 σ_1 作用面成 α 角，mn 斜面上作用法向应力 σ 和剪应力 τ，如图 4-1（b）所示。根据静力平衡条件，可得 σ、τ 与 σ_1 与 σ_3 之间的关系为

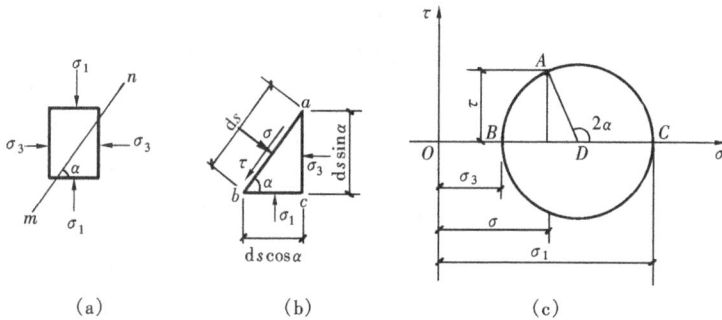

图 4-1　土体中任意点的应力

（a）单元微体上的应力；（b）隔离体 abc 上的应力；（c）莫尔应力圆

$$\Sigma X = 0 \qquad \sigma_3 \mathrm{d}s\sin\alpha - \sigma\mathrm{d}s\sin\alpha + \tau\mathrm{d}s\cos\alpha = 0$$

$$\Sigma Z = 0 \qquad \sigma_1 \mathrm{d}s\cos\alpha - \sigma\mathrm{d}s\cos\alpha - \tau\mathrm{d}s\sin\alpha = 0$$

解此联立方程得 mn 面上的应力为

$$\sigma = \frac{\sigma_1 + \sigma_3}{2} + \frac{\sigma_1 - \sigma_3}{2}\cos2\alpha \qquad (4-1a)$$

$$\tau = \frac{\sigma_1 - \sigma_3}{2}\sin2\alpha \qquad (4-1b)$$

当截面 mn 与大主应力作用面夹角 α 变化时，σ 与 τ 的方向和数值都相应的发生变化，由上述公式即可求得。它们还可以用图解法求得，其方法最为简便。如图 4-1（c）所示，在 σ-τ 直角坐标系中按一定的比例尺，在 σ 轴上截取 OB 和 OC 分别等于 σ_3 和 σ_1，以 D 点 $\left(\dfrac{\sigma_1+\sigma_3}{2},\ 0\right)$ 为圆心，$\dfrac{\sigma_1-\sigma_3}{2}$ 为半径作圆，从 DC 开始逆时针旋转 2α 角，在圆周上得到一点 A。不难证明，A 点的横坐标就是斜面 mn 上的正应力 σ，纵坐标就是 mn 面上的剪应力 τ。

上述用图解法求应力所采用的应力圆叫做莫尔应力圆，圆周上某点的坐标表示土中某点在相应斜面上的正应力和剪应力，该面与大主应力作用面的夹角等于 CA 弧所含圆心角的一半。由图可见，最大剪应力 $\tau_{max}=\dfrac{1}{2}(\sigma_1-\sigma_3)$，作用面与大主应力作用面的夹角 $\alpha=45°$。我们常用莫尔应力圆来研究土中任一点的应力状态。

【例 4-1】 已知土中某点的最大主应力 $\sigma_1=600\text{kPa}$，最小主应力 $\sigma_3=200\text{kPa}$。试分别用公式法和图解法计算与最大主应力作用面成 $30°$ 角的平面上的正应力和剪应力。

解 （1）按式（4-1）计算，即

$$\sigma=\frac{1}{2}(\sigma_1+\sigma_3)+\frac{1}{2}(\sigma_1-\sigma_3)\cos2\alpha$$

$$=\frac{1}{2}(600+200)+\frac{1}{2}(600-200)\cos60°=500(\text{kPa})$$

$$\tau=\frac{1}{2}(\sigma_1-\sigma_3)\sin2\alpha=\frac{1}{2}(600-200)\sin60°=173.2(\text{kPa})$$

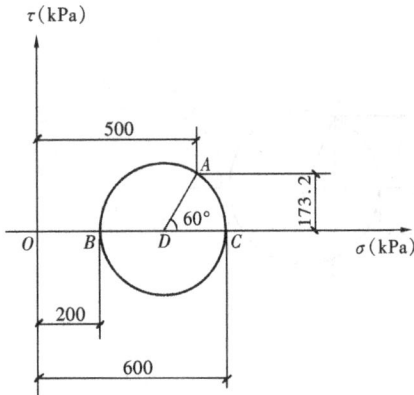

（2）按莫尔应力圆确定。

以 σ 为横轴，τ 为纵轴绘直角坐标系，按比例尺在横坐标轴上标出 $\sigma_1=600\text{kPa}$，$\sigma_3=200\text{kPa}$，以 $\sigma_1-\sigma_3=600-200=400$（kPa）为直径画圆，从横坐标轴开始逆时针旋转 $2\alpha=60°$ 角，在圆周上得 A 点（见图 4-2），用相同的比例尺量得 A 点的横坐标和纵坐标即为所求正应力和剪应力，与计算结果完全相同。

图 4-2　［例 4-1］附图

二、库仑定律

当土体在外力作用下发生剪切破坏时，作用在剪切面上的极限剪应力就叫作土的抗剪强度。

图 4-3 为直接剪切示意图，垂直压力 F 通过加压板施加到土样上，然后施加水平力，使土样发生相对错动，受剪切直至破坏。设这时的水平力为 T，土样水平断面积为 A，则作用在土样的法向应力 $\sigma=\dfrac{F}{A}$，而土的抗剪强度 $\tau_f=\dfrac{T}{A}$。

土中剪应力等于抗剪强度时，土趋于破坏的临界状态，称为极限平衡状态。从变形过程来看，抗剪强度只能在施加了剪应力并发生了剪切变形后才能表现出来，所以抗剪强度只能用达到极限平衡时的剪应力来衡量。

取 n 个相同的试样进行试验，对每一个试样施加不同的法向应力 σ，可得不同的抗剪强度 τ_f。以 τ_f 为纵坐标轴，以 σ 为横坐标轴，就可绘出 τ_f-σ 关系曲线，如图 4-4 所示。

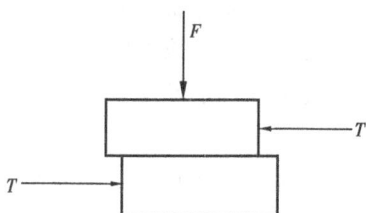

图 4-3 直接剪切示意图

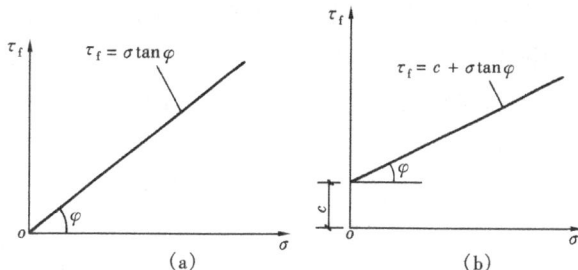

图 4-4 土的抗剪强度曲线
(a) 无黏性土；(b) 黏性土

试验证明，当法向应力变化不大时，τ_f-σ 关系近似一直线，可用直线方程式表示

砂土 $$\tau_f = \sigma \tan\varphi \tag{4-2a}$$

黏性土及粉土 $$\tau_f = c + \sigma \tan\varphi \tag{4-2b}$$

式中 τ_f——土的抗剪强度，kPa；

σ——作用在剪切面上的法向应力，kPa；

c——土的黏聚力，kPa；

φ——土的内摩擦角，(°)。

式 (4-2) 称为土的抗剪强度定律，是法国科学家库仑于 1773 年通过一系列试验首先提出的，所以也称为库仑定律。φ、c 称为土的抗剪强度指标或抗剪强度参数。

粗粒土的抗剪强度主要来自颗粒与颗粒之间的摩擦阻力。土的颗粒与颗粒间要发生相对位移需要克服两种摩擦阻力：一是滑动摩擦，是由于颗粒接触面粗糙不平引起的；二是咬合摩擦，是由于颗粒与颗粒相互咬合，对颗粒起约束作用所造成的。滑动摩擦阻力的大小与作用于颗粒间的有效法向应力成正比，这同任何两个物体间的摩擦作用相同。咬合摩擦阻力的大小也与颗粒间有效法向应力有密切关系，同时，咬合摩擦力的大小与土的密实程度、粒径级配、颗粒形状、含水率等有关。土的初始孔隙比越小，密实度越大，含水率越低，其咬合作用也越大。

细粒土的抗剪强度机理，除了与粗粒土一样来自于土颗粒间的滑动摩擦和咬合作用引起的摩擦阻力外，还来自存在于土颗粒间的黏聚力。黏聚力是由于土粒之间的胶结作用、结合水膜及水分子引力作用等形成的，土粒越细，塑性越大，其黏聚力也越大。

应当指出，与一般固体材料不同，土的抗剪强度指标 c、φ 不是一个定值，而受很多因素的影响。不同地区、不同成因、不同类型土的抗剪强度指标，往往有很大差异。即使同一种土，也与土的天然密度、土粒形状、表面粗糙程度、土的黏粒含量、矿物成分、含水率、土的结构、试验方法和排水条件等因素密切相关。实践证明，在一般压力范围内，抗剪强度 τ_f 采用这种直线关系，是能够满足工程精度要求的。

三、土的极限平衡条件

土的强度破坏通常是指剪切破坏，当土中某点的剪应力等于土的抗剪强度时，就称该点处于极限平衡状态。到达极限平衡时土的应力状态和土的抗剪强度指标间的关系，称为土的极限平衡条件。

为了建立实用的土的极限平衡条件，将土中某点的莫尔应力圆与抗剪强度线绘于同一直角坐标系中，按其相对位置判断该点所处的状态。如图4-5所示，可分为三种状态。

应力圆上每一点的横坐标和纵坐标分别表示通过土体中某点在相应平面上正应力 σ 和剪应力 τ，若应力圆位于抗剪强度线下方（图4-5所示圆Ⅰ），则表明通过该点的任何平面上的剪应力都小于抗剪强度，即 $\tau < \tau_f$，因此该点不会发生剪切破坏，处于弹性平衡状态；若应力圆恰好与抗剪强度线相切（图4-5所示圆Ⅱ），则表明切点 A 所代表的平面上剪应力等于抗剪强度，即 $\tau = \tau_f$，该点处于极限平衡状态；应力圆Ⅲ与抗剪强度线相割，则表明该点某些平面上的剪应力已大于抗剪强度，该点已被剪切破坏。但实际上圆Ⅲ的应力状态是不可能存在的，因为在任何物体中，产生的任何应力都不可能超过其强度。当土体中剪应力达到抗剪强度时，应力已不符合弹性理论解答。

根据应力圆与抗剪强度线相切的几何关系，就可建立极限平衡条件。

下面以黏性土为例，说明建立极限平衡条件公式的过程。如图4-6所示，将抗剪强度线延长，与横坐标轴 σ 相交于 O' 点。

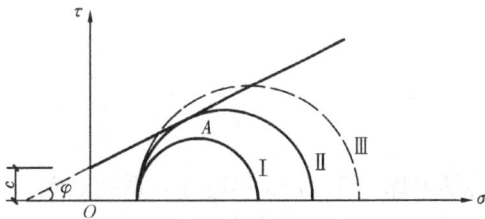

图4-5　抗剪强度与摩尔应力圆的关系　　　　图4-6　黏性土极限平衡状态

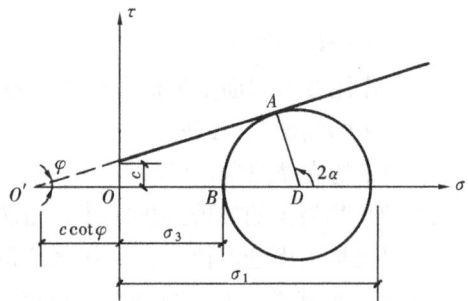

由 $\triangle AO'D$ 得　　　　$\sin\varphi = \dfrac{\overline{AD}}{\overline{O'D}} = \dfrac{\dfrac{1}{2}(\sigma_1 - \sigma_3)}{c\cot\varphi + \dfrac{1}{2}(\sigma_1 + \sigma_3)}$

利用三角函数关系转换后可得

$$\sigma_1 = \sigma_3 \tan^2\left(45° + \frac{\varphi}{2}\right) + 2c\tan\left(45° + \frac{\varphi}{2}\right) \qquad (4-3a)$$

$$\sigma_3 = \sigma_1 \tan^2\left(45° - \frac{\varphi}{2}\right) - 2c\tan\left(45° - \frac{\varphi}{2}\right) \qquad (4-3b)$$

式（4-3）就是黏性土的极限平衡条件，是用来判别土体是否达到破坏的强度条件，通常被称作莫尔—库仑强度准则。

对于无黏性土，可将 $c=0$ 代入上式求得无黏性土的极限平衡条件为

$$\sigma_1 = \sigma_3 \tan^2\left(45° + \frac{\varphi}{2}\right) \qquad (4-4a)$$

$$\sigma_3 = \sigma_1 \tan^2\left(45° - \frac{\varphi}{2}\right) \qquad (4-4b)$$

土处于极限平衡状态时破坏面与大主应力作用面间的夹角为 α，由图4-6的几何关系可知，土中出现的破裂面与大主应力作用面的夹角为

$$\alpha = \frac{1}{2}(90° + \varphi) = 45° + \frac{\varphi}{2} \qquad (4-5)$$

【例 4 - 2】　地基中某一单元土体上的大主应力 $\sigma_1 = 330\text{kPa}$，小主应力 $\sigma_3 = 150\text{kPa}$，试验测得土的抗剪强度指标 $c = 0$，$\varphi = 22°$。试问该单元土体处于何种状态？

解　设达到极限平衡状态时所需最大主应力为 σ_{1f}，由式（4 - 4a）得

$$\sigma_{1f} = \sigma_3 \tan^2\left(45° + \frac{\varphi}{2}\right) = 150 \times \tan^2(45° + 11°) = 330(\text{kPa})$$

按照极限应力圆半径与实际应力圆半径相比较的判别方法知 $\sigma_{1f} = \sigma_1$，即极限应力圆半径等于实际应力圆半径，因此该单元土体处于极限平衡状态。

第二节　抗剪强度指标的测定方法

抗剪强度测定的方法有多种，在实验室内常用的有直接剪切试验、三轴剪切试验、无侧限压缩试验，现场原位测试有十字板剪切试验等。

一、直接剪切试验

直接剪切试验是测定土的抗剪强度最早使用的方法，其优点是设备简单，操作简便。目前我国使用较多的是应变控制式直剪仪，试验装置如图 4 - 7 所示。

试验时，先将直剪仪上、下盒对正，将试验土样装在由上、下盒构成的剪切盒中，土样底部与顶面各有一块透水石。根据工程实际和土的软硬程度，通过加压系统对土样施加各级垂直压力，直至试样固

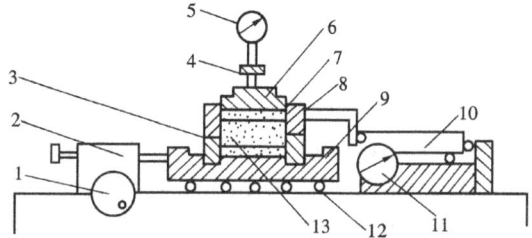

图 4 - 7　应变控制式直剪仪

1—剪切传动机构；2—推动器；3—下盒；4—垂直加压框架；5—垂直位移计；6—传压板；7—透水板；8—上盒；9—储水盒；10—测力计；11—水平位移计；12—滚珠；13—试样

结变形稳定。剪切盒上盒固定，下盒可以移动。水平剪力由匀速转动手轮推动下盒施加在土样上，水平剪力的大小根据测微表测得量力环的变形换算确定。剪切面就在上、下盒之间的水平面上，当上、下盒发生相对错动，土样剪损，这时作用在剪切面上的最大剪应力就等于土的抗剪强度 τ_f。

直剪试验确定土的抗剪强度，通常重复做 4 个试样，分别施加不同的法向压应力 σ，可得相应的抗剪强度 τ_f。将 σ 与 τ_f 绘于直角坐标系中，即得该土的抗剪强度关系曲线，如图 4 - 6所示。

直剪仪在一般工程中被广泛采用是由于其简单、方便，但其不足之处直接影响试验的精确度，如试验中不能严格控制排水条件，无法量测试验中孔隙水压力的变化；剪切面限定在上、下盒交界平面，而不是沿土样最薄弱面剪切破坏，不能反映最薄弱面的抗剪强度；剪切面上剪应力分布不均匀，在边缘处发生剪应力集中现象，使剪应力呈边缘大而中间小的形态，并且随着上、下盒错开，剪切面积逐渐减小，而在计算抗剪强度时仍按剪应力均匀分布在原截面积上计算。因此，直剪试验不宜作为重大工程和深入研究土的抗剪强度特性的手段。

二、三轴剪切试验

三轴剪切试验所用的仪器称为三轴剪切仪，有应变控制式和应力控制式两种。应变控制

式操作较简便，故使用较广泛。

应变控制三轴剪切仪的构造示意如图 4-8 所示，由压力室、轴向加压设备、周围压力系统、孔隙水压力量测系统、轴向变形和体积变化量测系统等组成。

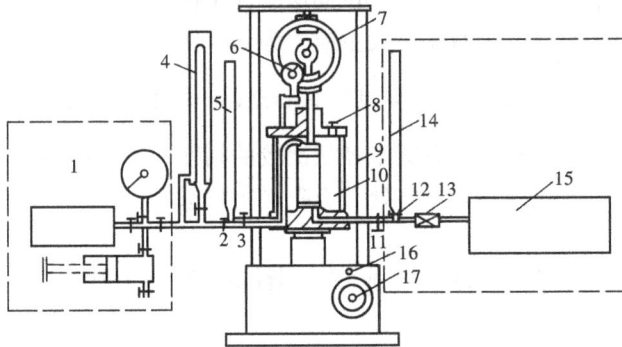

图 4-8　应变控制式三轴仪

1—周围压力系统；2—周围压力阀；3—排水阀；4—体变管；5—排水管；6—轴向位移表；7—测力计；8—排气孔；9—轴向加压设备；10—压力室；11—孔压阀；12—量管阀；13—孔压传感器；14—量管；15—孔压量测系统；16—离合器；17—手轮

试验时先将土样制成圆柱体套在橡皮膜内，置于密闭的压力室中，向压力室内注满清水，打开周围压力阀，使试样周围受到均匀的周围压应力 σ_3，并在试验过程中保持不变。然后启动轴向加压系统，使压力室按选定的速率匀速上升，活塞即对试样施加轴向压应力增量 $\Delta\sigma_1$，此时，轴向压应力 $\sigma_1 = \sigma_3 + \Delta\sigma_1$，试样产生剪应力。取试样剪切破坏时的最大主应力 σ_1 和最小主应力 σ_3，可画出莫尔应力圆。

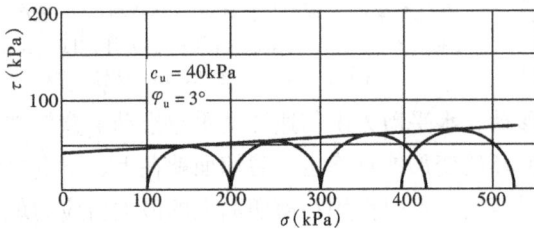

图 4-9　不固结不排水剪强度包线

试验时一般采用 3、4 个相同的试样，按上述方法分别进行试验，每个试件施加不同的 σ_3 可分别得出剪切破坏时不同的 σ_1，从而绘出不同的应力圆。根据土的极限平衡条件，这组应力圆的公切线，就是所求土的抗剪强度曲线，如图 4-9 所示。由此可得抗剪强度指标 c、φ 值。

用三轴剪切仪测定土的抗剪强度时，可使土样在最薄弱处受剪破坏。并且能严格控制排水条件，在排水剪切时，可以打开阀门，让土样自由排水；当进行不排水剪切时，则关闭阀门，不让土样排水。三轴剪切仪在进行试验时，同时可以量测土样中的孔隙水压力，获得土中有效应力的变化情况。此外，试样中的应力分布比较均匀。可见，三轴试验成果比直剪试验成果更加可靠、准确，是目前较为完善的测试仪器。

三、不同排水条件下的三轴试验

同一种土样在不同的排水条件下进行试验，可以得出不同的抗剪强度指标，即土的抗剪强度在很大程度上取决于试验方法。根据试验时的排水条件可以分为以下三种试验方法：

1. 不固结不排水试验（UU 试验）

用三轴剪切仪进行快剪试验时，无论施加围压 σ_3 还是轴向压力 σ_1，直至剪切破坏都关闭排水阀。整个试验过程试样都不能排水，含水率保持不变。试样受剪前，围压 σ_3 会在土内引起初始孔隙水压力 u_1，施加轴向附加压力 $\Delta\sigma$ 后，会再增加一个附加孔隙水压力 u_2。UU 试验得到抗剪强度指标用 c_u、φ_u 表示。

鉴于多数工程施工速度快，较接近不固结不排水剪切条件，一般应采用 UU 试验。而且用 UU 试验成果计算，一般比较安全。

2. 固结不排水试验（CU 试验）

用三轴剪切仪进行固结快剪试验时，打开排水阀，让试样在施加围压 σ_3 时排水固结，含水率降低。待固结稳定后（$u_1=0$）关闭排水阀，在不排水条件下施加轴向附加压力，增加附加孔隙水压力 u_2。剪切过程中，试样含水率不再变化。对于经过预压固结的地基，可采用 CU 试验。CU 试验得到抗剪强度指标用 c_{cu}、φ_{cu} 表示。

如果在固结不排水剪切试验时，以有效应力 $\sigma'=\sigma-u$ 为横坐标绘制剪切强度包线，即可得到土的有效黏聚力 c' 和有效内摩擦角 φ'。

3. 固结排水试验（CD 试验）

用三轴剪切仪进行慢剪试验时，整个试验过程始终打开排水阀，不但要使试样在围压 σ_3 作用下充分排水固结（$u_1=0$），而且在剪切过程中也要让试样充分排水固结（$u_2=0$）。因而剪切速率应尽可能缓慢。CD 试验是模拟地基土体充分固结后开始缓慢施加荷载的情况，工程上很少采用。CD 试验得到抗剪强度指标用 c_d、φ_d 表示。

四、无侧限抗压试验

无侧限抗压试验是使用圆柱体试样在无侧向压力及不排水的条件下，施加轴向压力至土样剪切破坏，相当于三轴剪切仪进行 $\sigma_3=0$ 的不排水剪切试验。由于试验的侧向压力为零，只有轴向受压，故称为无侧限抗压试验。

无侧限压力仪如图 4-10 所示，将圆柱体试样放在底座上，转动手轮使底座缓慢上升，试样轴心受压。试样剪切破坏时所能承受的最大轴向压应力即为无侧限抗压强度 q_u。由于 $\sigma_3=0$，$\sigma_1=q_u$，所以试验成果只能作一个经过坐标原点的应力圆。

对于饱和黏土的不排水抗剪强度，由于其内摩擦角 $\varphi_u \approx 0$，采用无侧限抗压试验甚为方便，因为其应力圆的水平切线就是抗剪强度曲线，该线在 τ 轴上的截距 c_u 就等于抗剪强度 τ_f，即

$$\tau_f = c_u = \frac{q_u}{2} \tag{4-6}$$

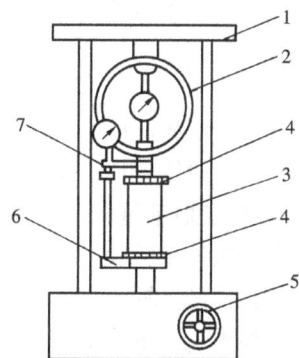

图 4-10　应变控制式无侧限压缩仪

1—轴向加荷架；2—轴向测力计；3—试样；4—传压板；5—手轮；6—升降板；7—轴向位移计

五、十字板原位剪切试验

十字板剪切试验适用于难于取样或试样在自重下不能保持原有形状的饱和软黏土。为了避免在取土、运送、保存与制备土样过程中扰动而影响试验成果的可靠性，必须采用原位测试抗剪强度的方法，目前广泛采用十字板剪切试验。

十字板剪切仪的主要工作部分如图 4-11 所示。试验时预先钻孔到需要试验的深度以上750mm 处，清理套管内的残留土，将装有十字板的钻杆放入钻孔底部，并压入孔底以下750mm。然后通过安装在地面上的设备施加扭转力矩，使十字板按一定速率扭转直至土体剪切破坏。剪切破坏面为十字板旋转所形成的圆柱体的侧面及上下面。根据所施加的扭转力

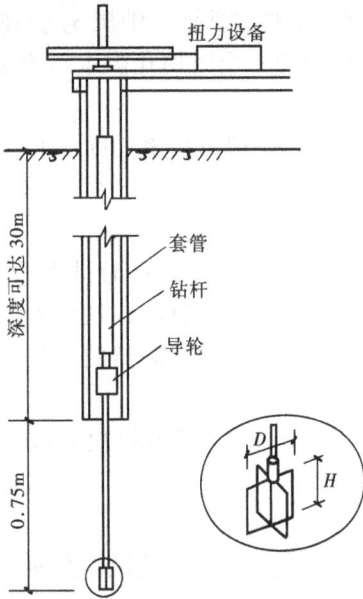

图 4-11　十字板剪切仪

矩与剪切面上剪应力产生的抗扭力矩相平衡的条件可求得土的抗剪强度，即

$$M_{max} = M_1 + M_2 \qquad (4-7a)$$

$$M_1 = 2 \cdot \frac{\pi D^2}{4} \times \frac{2}{3} \times \frac{D}{2} \tau_{fh} = \frac{\pi D^3}{6} \tau_{fh} \qquad (4-7b)$$

$$M_2 = \pi D H \frac{D}{2} \tau_{fv} \qquad (4-7c)$$

式中　M_{max}——剪切破坏时所施加的最大扭矩；

　　　M_1——圆柱上下平面的剪应力对圆心所产生的抗扭力矩；

　　　M_2——圆柱侧面上的剪应力对圆心所产生的抗扭力矩；

　　　D——十字板直径，m；

　　　H——十字板高度，m；

　　　τ_{fh}——水平面上的抗剪强度，kPa；

　　　τ_{fv}——侧面上的抗剪强度，kPa。

假定土体为各向同性体，即 $\tau_{fh} = \tau_{fv} = \tau_f$，由式（4-7）可得

$$\tau_f = \frac{2M_{max}}{\pi D^2 (H + D/3)} \qquad (4-8)$$

十字板剪切试验设备简单、操作方便、土样扰动少，因而在软黏土地基中有较好的适用性。这种原位剪切试验为不排水剪切试验，因此所测结果与无侧限抗压强度试验结果接近。

《建筑地基基础设计规范》规定：土的抗剪强度指标，可采用原状土室内剪切试验、无侧限抗压强度试验、现场剪切试验、十字板剪切试验等方法测定。当采用室内剪切试验确定时，宜选择三轴压缩试验中的在自重压力下预固结的不固结不排水试验。经过预压固结的地基可采用固结不排水试验。每层土的试验数量不得少于 6 组。由试验求得的抗剪强度指标 φ、c 为基本值，再按数理统计方法求其标准值 φ_k、c_k，计算方法见《建筑地基基础设计规范》附录 E。

第三节　地　基　承　载　力

由于外部荷载的施加，土中应力增加，若某点沿某方向的剪应力达到土的抗剪强度，该点即处于极限平衡状态，即破坏状态。随着外部荷载的不断增大，土体内部存在多个破坏点，若这些点连成一片，就形成了破坏面，使坐落在其上的建筑物发生急剧沉降、倾斜，失去使用功能，这种状态就称为地基土丧失承载能力或称为地基土失稳。地基土所能提供的最大承受荷载的能力称为地基极限承载力。

地基承载力的确定在地基基础设计中是一个非常重要而又十分复杂的问题，它不仅与土的物理、力学性质有关，而且还与基础的埋置深度、基础底面宽度等因素有关。《建筑地基基础设计规范》指出：地基承载力特征值可由载荷试验或其他原位测试、公式计算、并结合

工程实践经验等方法综合确定。下面简要介绍地基承载力的确定方法。

一、原位平板载荷试验确定地基承载力

载荷试验包括浅层平板载荷试验和深层平板载荷试验，是确定岩土承载力的主要方法。浅层平板载荷试验适用于浅层地基，深层平板载荷试验适用于深层地基。本节仅介绍浅层平板载荷试验。

地基土浅层平板载荷试验可用于确定浅部地基土层的承压板下应力主要影响范围内的承载力和变形参数。在现场有代表性的地点开挖试坑，坑内竖立试验装置如图 4-12 所示。承压板面积不应小于 $0.25m^2$，对于软土不应小于 $0.5m^2$。试验基坑宽度不应小于承压板宽度或直径的三倍，基坑深度一般与基础埋置深度相同，并应保持试验土层的原状结构和天然湿度。宜在拟试压表面用粗砂或中砂层找平，其厚度不超过 20mm。

试验时荷载由千斤顶经承压板传至地基，荷载应分级增加，且不应少于 8 级。最大加载量不小于设计要求的两倍。每级加载后，按间隔 10、10、10、15、15min，以后为每隔半小时测读一次沉降量，当在连续 2h 内，每小时的沉降量小于 0.1mm 时，则认为已趋稳定，可加下一级荷载。

当出现下列情况之一时，即可终止加载：

（1）承压板周围的土明显地侧向挤出。

（2）沉降 s 急骤增大，荷载—沉降（$p-s$）曲线出现陡降段。

（3）在某一级荷载下，24h 内沉降速率不能达到稳定。

（4）沉降量与承压板宽度或直径之比大于等于 0.06。

当满足前三种情况之一时，其对应的前一级荷载定为极限荷载。

根据试验成果，可绘制压力与地基沉降的 $p-s$ 关系曲线如图 4-13 所示。

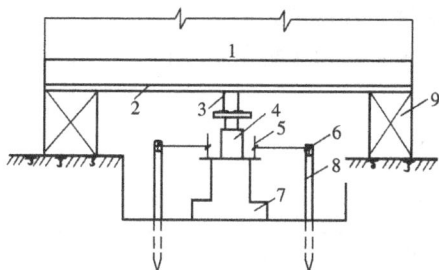

图 4-12　载荷试验示意图

1—堆载；2、3—钢梁；4—千斤顶；5—百分表；
6—基准梁；7—承压板；8—基准桩；9—支墩

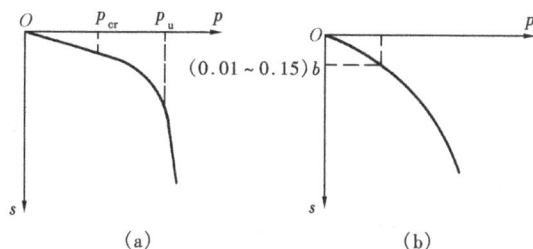

图 4-13　载荷试验确定承载力

(a) 低压缩性土；(b) 中、高压缩性土

《建筑地基基础设计规范》指出，承载力特征值的确定应符合下列规定：

（1）当 $p-s$ 曲线上有比例界限时，取该比例界限所对应的荷载值。

（2）当极限荷载小于对应比例界限的荷载值的 2 倍时，取极限荷载值的一半。

（3）当不能按上述二款要求确定时，当承压板面积为 $0.25\sim0.5m^2$，可取 $s/b=0.01\sim0.015$ 所对应的荷载，但其值不应大于最大加载量的一半。

同一土层参加统计的试验点不应少于三点，当试验实测值的极差不超过其平均值的 30％时，取此平均值作为该土层的地基承载力特征值 f_{ak}。

对于密实砂、硬塑黏土等低压缩性土，其 p-s 曲线通常有比较明显的起始直线段和极限值，如图 4-13（a）所示。考虑到低压缩性土的承载力特征值一般由强度安全控制，故《建筑地基基础设计规范》规定取其比例界限荷载 p_{cr} 作为承载力特征值。此时，基础的沉降量很小，为一般建筑物所允许，并且从 p_{cr} 发展到破坏还有很长的过程，强度安全储备也绰绰有余。但是对于少数呈"脆性"破坏的土，p_{cr} 与极限荷载 p_u 较接近，当 $p_u < 2p_{cr}$ 时，《建筑地基基础设计规范》取 $p_u/2$ 作为承载力特征值。

对于有一定强度的松砂、可塑黏土等中、高压缩性土，p-s 曲线无明显转折点，如图 4-13（b）所示。其承载力往往受允许沉降量的限制，故应当从沉降的观点来考虑。由于沉降量与基础（或承压板）的底面尺寸等因素有关，《建筑地基基础设计规范》总结了许多实测资料后规定：当承压板面积为 $0.25 \sim 0.5\text{m}^2$ 时，以 p-s 曲线上的沉降量 s 等于 $(0.01 \sim 0.015)$ b（b 为承压板的宽度）时的压力作为承载力特征值，并规定其值不应大于最大加载量的一半。

二、理论公式计算法确定地基承载力

地基承载力有多种理论公式，这里仅介绍《建筑地基基础设计规范》推荐的公式。

对于竖向荷载偏心不大的基础来说，当偏心距 e 小于或等于 0.033 倍基础底面宽度时（即 $e \leqslant \dfrac{b}{30}$，$b$ 为偏心方向的基础底面尺寸），根据土的抗剪强度指标标准值 c_k、φ_k，确定地基承载力特征值可按下式计算，并应满足变形要求，即

$$f_a = M_b \gamma b + M_d \gamma_m d + M_c c_k \tag{4-9}$$

式中　　f_a——由土的抗剪强度指标确定的地基承载力特征值；

M_b、M_d、M_c——承载力系数，按表 4-1 确定；

　　　　b——基础底面宽度，大于 6m 时按 6m 取值，对于砂土小于 3m 时按 3m 取值；

　　　　c_k——基底下一倍短边宽度的深度内土的黏聚力标准值，kPa；

　　　　γ——基础底面以下土的重度，kN/m^3，地下水位以下取有效重度；

　　　　d——基础埋置深度，m；

　　　　γ_m——基础底面以上土的加权平均重度，kN/m^3，地下水位以下取有效重度。

表 4-1　　　　　　　　　　　　　　承载力系数 M_b、M_d、M_c

土的内摩擦角标准值 φ_k（°）	M_b	M_d	M_c	土的内摩擦角标准值 φ_k（°）	M_b	M_d	M_c
0	0	1.00	3.14	22	0.61	3.44	6.04
2	0.03	1.12	3.32	24	0.80	3.87	6.45
4	0.06	1.25	3.51	26	1.10	4.37	6.90
6	0.10	1.39	3.71	28	1.40	4.93	7.40
8	0.14	1.55	3.93	30	1.90	5.59	7.95
10	0.18	1.73	4.17	32	2.60	6.35	8.55
12	0.23	1.94	4.42	34	3.40	7.21	9.22
14	0.29	2.17	4.69	36	4.20	8.25	9.97
16	0.36	2.43	5.00	38	5.00	9.44	10.80
18	0.43	2.72	5.31	40	5.80	10.84	11.73
20	0.51	3.06	5.66				

注　φ_k——基底下一倍短边宽深度内土的内摩擦角标准值。

三、确定地基承载力的其他方法

静力触探、标准贯入试验、旁压试验等原位测试，用于确定地基承载力，在我国已有丰富经验，故《建筑地基基础设计规范》认为可以应用，但强调了必须有地区经验，即当地的对比资料。同时还应注意，当地基基础设计等级为甲级和乙级时，应结合室内试验成果综合分析，不宜单独应用。

在拟建建筑物场地附近，调查已有建筑物的形式、构造、荷载、地基土层情况、基础类型、尺寸大小以及采用的承载力数值，具有一定的参考价值。对于简单场地上的中小工程，勘察单位可以根据试验和参考当地的经验综合分析，确定其地基承载力，减少勘察工作量。

四、地基承载力特征值的修正

地基承载力除了与土的性质有关外，还与基础底面尺寸及埋置深度等因素有关。当基础宽度大于 3m 或埋置深度大于 0.5m 时，从载荷试验或其他原位测试、经验值等方法确定的地基承载力特征值，尚应按下式修正

$$f_a = f_{ak} + \eta_b \gamma (b - 3) + \eta_d \gamma_m (d - 0.5) \qquad (4-10)$$

式中　f_a——修正后的地基承载力特征值，kPa；

　　　　f_{ak}——地基承载力特征值，kPa；

　　　　η_b、η_d——基础宽度和埋深的地基承载力修正系数，按基底下土的类别查表 4-2 取值；

　　　　γ——基础底面以下土的重度，kN/m³，地下水位以下取有效重度；

　　　　b——基础底面宽度，m，当基宽小于 3m 按 3m 取值，大于 6m 按 6m 取值；

　　　　γ_m——基础底面以上土的加权平均重度，kN/m³，地下水位以下取有效重度；

　　　　d——基础埋置深度，m，一般自室外地面标高算起。在填方整平地区，可自填土地面标高算起，但填土在上部结构施工后完成时，应从天然地面标高算起。对于地下室，如采用箱形基础或筏基时，基础埋置深度自室外地面标高算起；当采用独立基础或条形基础时，应从室内地面标高算起。

表 4-2　　　　　　　　　　　　　　　承载力修正系数

土 的 类 别		η_b	η_d
淤泥和淤泥质土		0	1.0
人工填土 e 或 I_L 大于等于 0.85 的黏性土		0	1.0
红黏土	含水比 $\alpha_w > 0.8$	0	1.2
	含水比 $\alpha_w \leqslant 0.8$	0.15	1.4
大面积压实填土	压实系数大于 0.95、黏粒含量 $\rho_c \geqslant 10\%$ 的粉土	0	1.5
	最大干密度大于 2100kg/m³ 的级配砂石	0	2.0
粉土	黏粒含量 $\rho_c \geqslant 10\%$ 的粉土	0.3	1.5
	黏粒含量 $\rho_c < 10\%$ 的粉土	0.5	2.0
e 及 I_L 均小于 0.85 的黏性土		0.3	1.6
粉砂、细砂（不包括很湿与饱和时的稍密状态）		2.0	3.0
中砂、粗砂、砾砂和碎石土		3.0	4.4

注　1. 强风化和全风化的岩石，可参照所风化成的相应土类取值，其他状态下的岩石不修正。

2. 地基承载力特征值按深层平板载荷试验确定时 η_d 取 0。

3. 含水比是指土的天然含水率与液限的比值。

4. 大面积压实填土是指填土范围大于两倍基础宽度的填土。

五、岩石地基承载力

对于完整、较完整、较破碎的岩石地基承载力特征值可按岩石地基载荷试验方法（《建筑地基基础设计规范》附录 H）确定；对破碎、极破碎的岩石地基承载力特征值，可根据平板载荷试验确定。对完整、较完整和较破碎的岩石地基承载力特征值，也可根据室内饱和单轴抗压强度按下式计算

$$f_a = \Psi_r \cdot f_{rk} \tag{4-11}$$

式中　f_a——岩石地基承载力特征值，kPa；

　　　f_{rk}——岩石饱和单轴抗压强度标准值（对于黏土质岩，在确保施工期及使用期不致遭水浸泡，也可采用天然湿度试样，不进行饱和处理），按《建筑地基基础设计规范》附录 J 确定，kPa；

　　　Ψ_r——不考虑施工因素及建筑物使用后岩石继续风化的折减系数，根据岩体完整程度以及结构面的间距、宽度、产状和组合，由地方经验确定；无经验时，对完整岩体可取 0.5；对较完整岩体可取 0.2～0.5；对较破碎岩体可取 0.1～0.2。

【例 4-3】 已知某工程地质资料：第一层为人工填土，天然重度 $\gamma_1 = 17.5 \text{kN/m}^3$，厚度 $h_1 = 0.8\text{m}$；第二层为耕植土，天然重度 $\gamma_2 = 16.8\text{kN/m}^3$，厚度 $h_2 = 1.0\text{m}$；第三层为黏性土，天然重度 $\gamma_3 = 19\text{kN/m}^3$，孔隙比 $e = 0.75$，天然含水率 $w = 26.2\%$，塑限 $w_p = 23.2\%$，液限 $w_L = 35.2\%$，厚度 $h_3 = 6.0\text{m}$；基础宽度 $b = 3.2\text{m}$，基础埋深 $d = 1.8\text{m}$，以第三层土为持力层，其承载力特征值 $f_{ak} = 210\text{kPa}$，试计算修正后的地基承载力特征值 f_a。

解　塑性指数　　　$I_p = w_L - w_p = 35.2 - 23.2 = 12.0$

液性指数　　　　$I_L = \dfrac{w - w_p}{w_L - w_p} = \dfrac{26.2 - 23.2}{12} = 0.25$

查表 4-2 得 $\eta_b = 0.3, \eta_d = 1.6$

基底以上土的加权平均重度

$$\gamma_m = \frac{\gamma_1 h_1 + \gamma_2 h_2}{h_1 + h_2} = \frac{17.5 \times 0.8 + 16.8 \times 1}{0.8 + 1} = 17.1(\text{kN/m}^3)$$

修正后的地基承载力特征值

$$f_a = f_{ak} + \eta_b \gamma (b - 3) + \eta_d \gamma_m (d - 0.5)$$

$$= 210 + 0.3 \times 19(3.2 - 3) + 1.6 \times 17.1(1.8 - 0.5)$$

$$= 246.7(\text{kPa})$$

思考题

1. 土体中发生剪切破坏的平面，是不是剪应力最大的平面？在什么情况下，剪切破坏面与最大剪应力面是一致的？在一般情况下，剪切破坏面与大主应力面呈什么角度？

2. 砂土与黏性土的抗剪强度表达式有何不同？当抗剪强度指标 $\varphi \neq 0$、$c \neq 0$，或 $\varphi \neq 0$、$c = 0$ 时各为何种土？

3. 用库仑定律和莫尔应力圆原理说明：当 σ_1 不变时，σ_3 越小越容易破坏；σ_3 不变时，σ_1 越大越容易破坏。

4. 简述土的极限平衡状态的概念。

5. 何谓土的抗剪强度及地基承载力？两者之间有何关系？

6. 为什么说同一种土的抗剪强度不是一个定值？试说明土的抗剪强度的来源？

7. 测定土的抗剪强度指标主要有哪几种方法？试比较它们的优缺点。

8. 为什么土的抗剪强度与试验方法有关？饱和黏性土的无侧限不排水压缩试验为什么得出 $c_u = q_u/2$ 的结果？

9. 确定地基承载力特征值有哪几种方法？

习　　题

1. 已知地基中某点所受的大主应力 $\sigma_1 = 600kPa$，小主应力 $\sigma_3 = 100kPa$。要求：

（1）绘制莫尔应力圆；

（2）求最大剪应力值和最大剪应力作用面与大主应力面的夹角；

（3）计算作用在与大主应力面成 $60°$ 角的面上的正应力和剪应力。

2. 某土样的抗剪强度指标 $\varphi = 30°$，$c = 0$，该土样承受的大小主应力分别为 400kPa 和 150kPa，问该土样是否会剪切破坏？

3. 某砂土试样进行直剪试验，当 $\sigma = 300kPa$ 时，测得 $\tau_f = 200kPa$。求：

（1）砂土的内摩擦角 φ；

（2）破坏时的大、小主应力值。

4. 某柱基底面为正方形，边长 3.6m，埋深 2.0m，地质资料为：第一层为人工填土，厚度 1.8m，$\gamma = 18kN/m^3$；第二层为粉砂，$\gamma = 20kN/m^3$，$f_{ak} = 250kPa$，试对承载力特征值进行修正。

第五章　土压力与土坡稳定

挡土墙的土压力和土坡稳定性都是土力学的专门课题，二者都建立在土的抗剪强度理论基础之上。本章重点讲述库仑土压力理论的计算方法和重力式挡土墙的设计、无黏性土坡和黏性土坡的稳定性分析的常用方法，并在此基础上进一步介绍基坑开挖与支护。

第一节　土压力种类与影响因素

挡土墙是防止土体坍塌的构筑物，在土木工程中得到广泛应用。例如，支撑建筑物周围填土的挡土墙、地下室侧墙、桥台以及储藏粒状材料的挡土墙等，如图5-1所示。

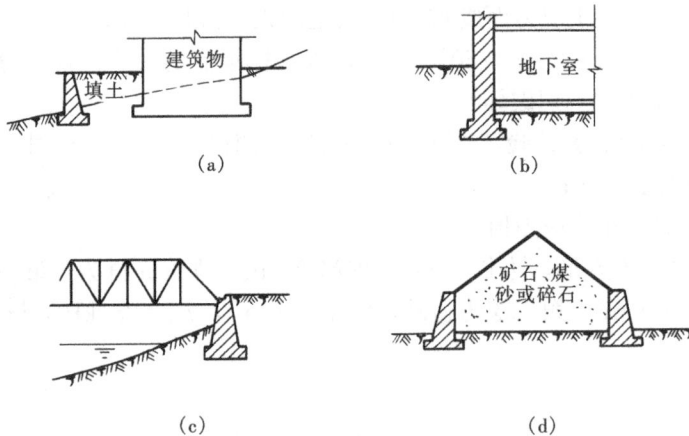

图 5-1　挡土墙应用举例

(a) 支撑建筑物周围填土的挡土墙；(b) 地下室侧墙；(c) 桥台；(d) 储藏粒状材料的挡墙

土压力是指挡土墙后的填土因自重或外荷载作用对墙背产生的侧向压力。由于土压力是挡土墙的主要外荷载，因此，设计挡土墙时首先要确定土压力的性质、大小、方向和作用点。

一、土压力的种类

挡土墙土压力根据墙体可能位移的方向，分为主动土压力、被动土压力和静止土压力三种。

1. 主动土压力

当挡土墙在墙后填土压力作用下，向离开土体方向偏移至墙后土体达到极限平衡状态时，作用在墙上的土压力称为主动土压力，其合力用 E_a 表示，如图5-2（a）所示。

2. 被动土压力

当挡土墙墙体在外力作用下，向土体方向偏移至墙后土体达到极限平衡状态时，作用在墙上的土压力称为被动土压力，其合力用 E_p 表示，如图5-2（b）所示，桥台受到桥上荷载作用推向土体时，土对桥台产生的侧压力属被动土压力。

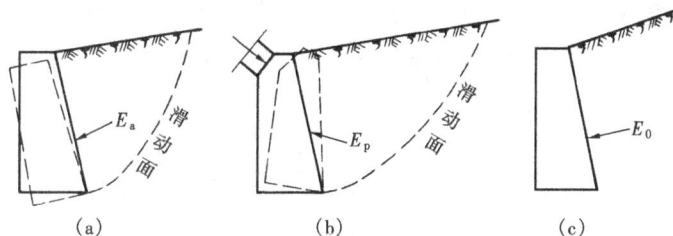

图 5-2 挡土墙的三种土压力

(a) 主动土压力；(b) 被动土压力；(c) 静止土压力

3. 静止土压力

当刚性挡土墙在土压力作用下静止不动，土体处于弹性平衡状态时，作用在墙上的土压力称为静止土压力，其合力用 E_0 表示，如图 5-2（c）所示。作用在地下室外墙上的土压力可视为静止土压力。

二、土压力的影响因素

影响土压力大小的因素主要可以归纳为以下几方面：

（1）挡土墙的位移。挡土墙的位移方向和位移量的大小，是影响土压力大小的最主要因素。

（2）挡土墙的形状。挡土墙剖面形状，包括墙背是竖直或是倾斜、墙背是光滑或是粗糙，都影响土压力的大小。

（3）填土的性质。挡土墙后填土的性质包括：填土的松密程度即重度、干湿程度即含水率、土的强度指标内摩擦角和黏聚力的大小，以及填土表面的形状（水平、上斜等），均影响土压力的大小。

由此可见，土压力的大小及其分布规律受到墙体可能位移的方向、墙后填土的性质、填土面的形状、墙的截面刚度与截面形状及地基的变形等一系列因素影响。

第二节 静止土压力计算

一、产生的条件

静止土压力产生的条件是挡土墙静止不动，位移 $\Delta=0$，且转角为零。

对于修筑在坚硬地基上，断面很大的挡土墙背上的土压力，可以认为是静止土压力 p_0。例如，岩石地基上的重力式挡土墙符合上述条件。由于墙的自重大，不会发生位移，又因地基坚硬不会产生不均匀沉降，墙体不会产生转动，挡土墙背面的土体处于静止的弹性平衡状态，因此挡土墙背上的土压力即为静止土压力。

二、计算公式

在挡土墙后水平填土以下，在任意深度 z 处取一个微元体。作用在此微元体上的竖向压力为土的自重压力 γz，该处的水平方向作用力即为静止土压力，按下面方法计算

$$p_0 = K_0 \gamma z \tag{5-1}$$

式中 p_0——静止土压力，kPa；

K_0——静止土压力系数（土的侧压力系数）；

γ——填土的重度，kN/m^3；

z——计算点深度，m。

静止土压力系数 K_0 应由试验确定或根据当地经验选用（一般砂土为 $0.35 \sim 0.45$，黏性土为 $0.50 \sim 0.70$），缺乏试验资料及当地经验时，对砂土和正常固结土可按下式估算：

$$K_0 = 1 - \sin\varphi' \tag{5-2}$$

式中　φ'——土的有效内摩擦角，($°$)。

三、静止土压力合力及作用点

根据式（5-1）可知，土压力 p_0 与深度 z 成正比，静止土压力呈三角形分布。作用在挡土墙上的静止土压力合力及作用点如图 5-3 所示。沿墙长方向取 1m 长墙体，其合力为

$$E_0 = \frac{1}{2}\gamma H^2 K_0 \tag{5-3}$$

式中　H——挡土墙高度，m。

合力 E_0 的作用点在距墙底 $H/3$ 处。

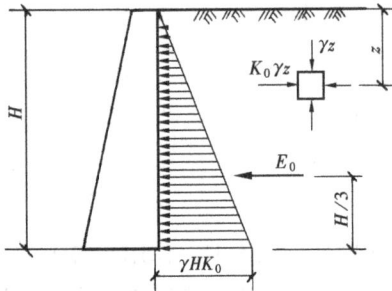

图 5-3　静止土压力的分布

通常地下室外墙、岩基上的挡土墙、水闸和船闸的边墙均可按静止土压力计算。

【例 5-1】　一岩基挡土墙，墙高 $H = 6.0$m，墙后填土为中砂，重度 $\gamma = 18.5$kN/m³，内摩擦角 $\varphi = 30°$。计算作用在挡土墙上的土压力。

解　因挡土墙位于岩基上，按静止土压力式（5-3）计算

$$E_0 = \frac{1}{2}\gamma H^2 K_0 = \frac{1}{2} \times 18.5 \times 6^2 \times (1 - \sin 30°) = 166.5 (\text{kN/m})$$

E_0 作用点位于距墙底 $\frac{H}{3} = 2.0$m 处。

第三节　库仑土压力理论

库仑土压力理论是根据墙后土体处于极限平衡状态并形成一个滑动楔体时，从楔体的静力平衡条件得出的土压力理论。其基本假设是：①墙体刚性，墙后的填土是理想的散粒体（黏聚力 $c = 0$）；②滑动破坏面为一通过墙踵的平面；③墙背与滑动破坏面之间的滑动土楔可视为刚体。

一、无黏性土主动土压力

1. 计算原理

一般挡土墙的计算属于平面应变问题，故可沿墙长度方向取 1m（1 延长米）进行分析，如图 5-4 (a) 所示。当墙向前移动或转动而使墙后土体沿某一破坏面 BC 破坏时，土楔 ABC 向下滑动而处于极限平衡状态。此时作用于土楔 ABC 上的力有：

(1) 土楔体的自重 $W = \gamma \triangle ABC$，γ 为填土的重度，破坏面 BC 的位置一旦确定，W 的大小就是已知值，方向竖直向下；

(2) 破坏面 BC 上的反力 R，其大小是未知的，但其方向则是已知的。反力 R 与破坏面 BC 的法线 N_1 之间的夹角等于土的内摩擦角 φ，并位于 N_1 的下侧；

(3) 墙背对土楔体的反力 E，与它大小相等，方向相反的作用力就是墙背上的土压力。反力 E 的方向必然与墙背的法线 N_2 成 δ 角，δ 角为墙背与填土的摩擦角，称为外摩擦角。

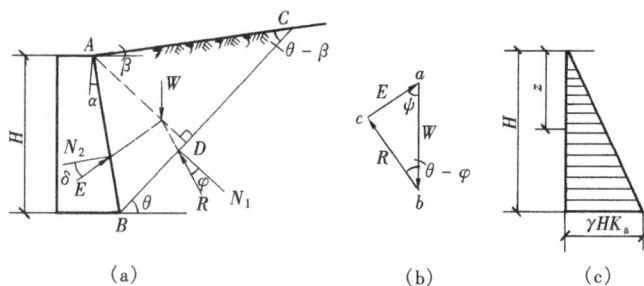

图 5-4 库仑主动土压力计算简图

(a) 土楔 ABC 上的作用力；(b) 力矢三角形；(c) 主动土压力分布图

当土楔下滑时，墙对土楔的阻力是向上的，故反力 E 必在 N_2 的下侧。

土楔体在以上三力作用下处于静力平衡状态，构成一个闭合的矢力三角形，如图 5-4 (b) 所示。

2. 计算公式

由正弦定理

$$\frac{E}{\sin(\theta-\varphi)} = \frac{W}{\sin[180°-(\theta-\varphi+\psi)]} = \frac{W}{\sin(\theta-\varphi+\psi)}$$

可得
$$E = W \frac{\sin(\theta-\varphi)}{\sin(\theta-\varphi+\psi)} \tag{5-4}$$

式中　$\psi=90°-\alpha-\delta$，其余符号如图 5-4 所示。

土楔重
$$W = \gamma \triangle ABC = \gamma \frac{1}{2} BC \cdot AD$$

在三角形 ABC 中，利用正弦定理

$$BC = AB \frac{\sin(90°-\alpha+\beta)}{\sin(\theta-\beta)}$$

由
$$AB = \frac{H}{\cos\alpha}$$

得
$$BC = H \frac{\cos(\alpha-\beta)}{\cos\alpha\sin(\theta-\beta)}$$

过 A 点作 AD 线垂直于 BC，由 $\triangle ADB$ 得

$$AD = AB\cos(\theta-\alpha) = H \frac{\cos(\theta-\alpha)}{\cos\alpha}$$

则
$$W = \frac{\gamma H^2}{2} \frac{\cos(\alpha-\beta)\cos(\theta-\alpha)}{\cos^2\alpha\sin(\theta-\beta)}$$

代入式（5-4）得

$$E = \frac{1}{2}\gamma H^2 \frac{\cos(\alpha-\beta)\cos(\theta-\alpha)\sin(\theta-\varphi)}{\cos^2\alpha\sin(\theta-\beta)\sin(\theta-\varphi+\psi)} \tag{5-5}$$

在式（5-5）中，γ、H、α、β、φ、δ 都是已知的，而滑动面 BC 与水平面的倾角则是任意假定的，因此假定不同的滑动面可以得出一系列相应的土压力 E 值。即 E 是 θ 的函数，E 的最大值 $E_{\max}$ 即为作用在墙背上的主动土压力 E_a。其所对应的滑动面即是土楔最危险的

滑动面。可用微分学中求极值的方法求 E 的极大值，确定主动土压力。令

$$\frac{\mathrm{d}E}{\mathrm{d}\theta} = 0$$

解得使 E 为极大值时填土的破坏角 θ_{cr}，即真正滑动面的倾角。将 θ_{cr} 代入式（5-5），整理后可得库仑主动土压力的一般表达式

$$E_a = \frac{1}{2}\gamma H^2 K_a \tag{5-6}$$

$$K_a = \frac{\cos^2(\varphi - \alpha)}{\cos^2\alpha\cos(\alpha + \delta)\left[1 + \sqrt{\dfrac{\sin(\varphi + \delta)\sin(\varphi - \beta)}{\cos(\alpha + \delta)\cos(\alpha - \beta)}}\right]^2} \tag{5-7}$$

式中　K_a——库仑主动土压力系数；

　　　H——挡土墙高度，m；

　　　γ——墙后填土的重度，kN/m^3；

　　　α——墙背的倾斜角，俯斜时取正号，仰斜时取负号，(°)；

　　　β——墙后填土面的倾角，(°)；

　　　φ——墙后填土的内摩擦角，(°)；

　　　δ——土对挡土墙背的摩擦角，(°)，查表5-1确定。

表 5-1 　　　　　　　　　　　　　　**土对挡土墙背的摩擦角 δ**

挡土墙情况	摩擦角 δ	挡土墙情况	摩擦角 δ
墙背平滑、排水不良	$(0\sim0.33)\,\varphi_k$	墙背很粗糙、排水良好	$(0.50\sim0.67)\,\varphi_k$
墙背粗糙、排水良好	$(0.33\sim0.50)\,\varphi_k$	墙背与填土间不可能滑动	$(0.67\sim1.0)\,\varphi_k$

注　φ_k 为墙背填土的内摩擦角标准值。

当墙背垂直（$\alpha = 0$）、光滑（$\delta = 0$）、填土面水平（$\beta = 0$）时，式（5-6）可写为

$$E_a = \frac{1}{2}\gamma H^2 \tan^2\left(45° - \frac{\varphi}{2}\right) \tag{5-8}$$

3. 主动土压力分布

由式（5-6）可知，主动土压力 E_a 与墙高的平方呈正比，将 E_a 对 z 取导数，得到离墙顶任意深度 z 处的主动土压力强度 σ_a 为

$$\sigma_a = \frac{\mathrm{d}E_a}{\mathrm{d}z} = \frac{\mathrm{d}}{\mathrm{d}z}\left(\frac{1}{2}\gamma z^2 K_a\right) = \gamma z K_a \tag{5-9}$$

由式（5-9）可见，主动土压力强度沿墙高呈三角形分布，如图5-4（c）所示。主动土压力的合力作用点在离墙底 $H/3$ 处，方向与墙背法线的夹角为 δ。必须注意，图5-4（c）所示土压力分布图只表示其大小，而不代表其作用方向。

库仑理论得到的主动土压力比较符合实际，应用广泛。

二、无黏性土被动土压力

1. 计算原理

当挡土墙受外力作用推向墙后土体，直至土体沿某一破坏面 BC 破坏时，土楔 ABC 向上滑动而处于极限平衡状态，如图5-5（a）所示。此时作用于土楔 ABC 上的力有：

（1）土楔体的自重 $W = \triangle ABC \cdot \gamma$。当破坏面 BC 的位置已知时，W 的大小确定，方向

向下；

（2）破坏面 BC 上的反力 R，其大小是未知的，但其方向则是已知的。反力 R 与破坏面 BC 的法线 N_1 之间的夹角等于土的内摩擦角 φ，并位于 N_1 的上侧；

（3）墙背对土楔体的反力 E_p，与它大小相等方向相反的作用力就是墙背上的土压力。反力 E_p 的方向必与墙背的法线 N_2 成 δ 角，反力在 N_2 的上侧。

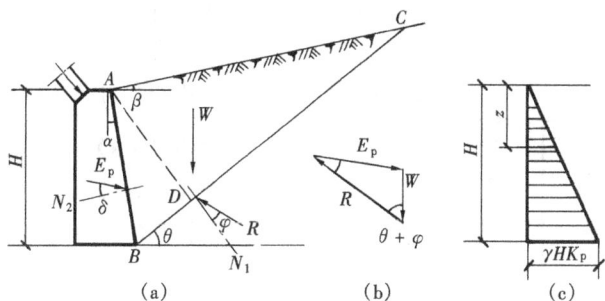

图 5-5　库仑被动土压力计算简图

(a) 土楔 ABC 上的作用力；(b) 力矢三角形；(c) 被动土压力的分布图

土楔体在以上三力作用下处于静力平衡状态，构成一个闭合的矢量三角形，如图 5-5 (b) 所示。

2. 计算公式

与主动土压力相似，可得被动土压力库仑公式为

$$E_p = \frac{1}{2}\gamma H^2 K_p \tag{5-10}$$

$$K_p = \frac{\cos^2(\varphi+\alpha)}{\cos^2\alpha\cos(\alpha-\delta)\left[1-\sqrt{\dfrac{\sin(\varphi+\delta)\sin(\varphi+\beta)}{\cos(\alpha-\delta)\cos(\alpha-\beta)}}\right]^2} \tag{5-11}$$

式中　K_p——库仑被动土压力系数，按式（5-11）确定。

其余符号同前。

当墙背垂直（$\alpha=0$）、光滑（$\delta=0$）、填土面水平（$\beta=0$）时，式（5-10）变为

$$E_p = \frac{1}{2}\gamma H^2 \tan^2\left(45° + \frac{\varphi}{2}\right) \tag{5-12}$$

3. 被动土压力分布

将式（5-10）对 z 取导数，得到离墙顶任意深度 z 处的被动土压力强度 σ_p 为

$$\sigma_p = \frac{dE_p}{dz} = \frac{d}{dz}\left(\frac{1}{2}\gamma z^2 K_p\right) = \gamma z K_p \tag{5-13}$$

由上式可见，被动土压力强度沿墙高也呈三角形分布，如图 5-5 (c) 所示。被动土压力的合力作用点在离墙底 $H/3$ 处。

在被动土压力的情况下，库仑理论的假设与实际相差较远，计算得到的土压力误差很大，不宜采用。

【例 5-2】　挡土墙高 $H=4.0\text{m}$，墙背的倾斜角 $\alpha=10°$（俯斜），墙后填土面的倾角 $\beta=30°$，填土重度 $\gamma=18\text{kN/m}^3$，墙后填土的内摩擦角 $\varphi=30°$，$c=0$，填土与墙背的摩擦角 $\delta=\frac{2}{3}\varphi$，试按库仑理论计算作用在挡土墙上的主动土压力 E_a 及其作用点。

解　根据 $\delta=\frac{2}{3}\varphi=20°$、$\alpha=10°$、$\beta=30°$、$\varphi=30°$，由式（5-7）主动土压力系数 $K_a=1.051$，由式（5-6）计算主动土压力

$$E_a = \frac{1}{2}\gamma H^2 K_a = \frac{1}{2} \times 18 \times 4^2 \times 1.051 = 151.3 (\text{kN/m})$$

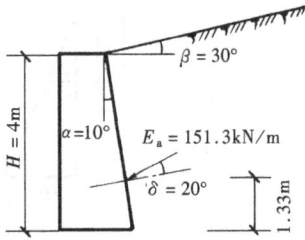

E_a 作用点位于距墙底 $\dfrac{H}{3}=1.33\text{m}$ 处，如图 5-6 所示。

【例 5-3】 挡土墙高 6m，填土的物理力学指标如下：$\gamma=19\text{kN/m}^3$，$\varphi=34°$，$c=0$，墙背垂直、光滑，填土面水平，作用有连续均布荷载 $q=10\text{kPa}$，试确定挡土墙的主动土压力 E_a 及作用点位置，并绘出土压力分布图。

解 将地面均布荷载换算成填土的当量土层厚度

$$h = \frac{q}{\gamma} = \frac{10}{19} = 0.526\text{m}$$

图 5-6 ［例 5-2］附图

假设挡土墙也延高至土层当量高度处，在填土面处的土压力强度

$$\sigma_{a1} = \gamma h K_a = q K_a = 10 \times \tan^2\left(45° - \frac{34°}{2}\right) = 2.8 (\text{kPa})$$

在墙踵处的土压力强度

$$\sigma_{a2} = \gamma(h+H)K_a = (q+\gamma \cdot H)\tan^2\left(45° - \frac{\varphi}{2}\right)$$

$$= (10 + 19 \times 6) \times \tan^2\left(45° - \frac{34°}{2}\right) = 35.1 (\text{kPa})$$

总主动土压力

$$E_a = \frac{1}{2}(\sigma_{a1} + \sigma_{a2})H = \frac{1}{2}(2.8 + 35.1) \times 6 = 113.7 (\text{kN/m})$$

土压力作用点位置为梯形土压力面积的形心高度

$$z = \frac{H}{3} \cdot \frac{2\sigma_{a1} + \sigma_{a2}}{\sigma_{a1} + \sigma_{a2}} = \frac{6}{3} \times \frac{2 \times 2.8 + 35.1}{2.8 + 35.1} = 2.15 (\text{m})$$

土压力分布图如图 5-7 所示。

三、黏性土的土压力

库仑土压力理论假设墙后填土是理想的散体，也就是填土只有内摩擦角 φ，而没有黏聚力 c，因此，理论上仅适用于无黏性填土。但在实际工程中常采用黏性土和粉土填筑的，为考虑黏性土和粉土的黏聚力 c 对土压力的影响，同时考虑高挡土墙的风险大，《建筑地基基础设计规范》推荐的公式采用平面滑裂面假定，得到同时适用无黏性土、粉土、黏性土的主动土压力公式为

$$E_a = \frac{1}{2}\psi_a \gamma H^2 K_a \tag{5-14}$$

$$K_a = \frac{\sin(\alpha'+\beta)}{\sin^2\alpha'\sin^2(\alpha'+\beta-\varphi-\delta)}\{k_q[\sin(\alpha'+\beta)\sin(\alpha'-\delta) + \sin(\varphi+\delta)\sin(\varphi-\beta)]$$

$$+ 2\eta\sin\alpha'\cos\varphi\cos(\alpha'+\beta-\varphi-\delta) - 2[(k_q\sin(\alpha'+\beta)\sin(\varphi-\beta) + \eta\sin\alpha'\cos\varphi)$$

$$\times (k_q\sin(\alpha'-\delta)\sin(\varphi+\delta) + \eta\sin\alpha'\cos\varphi)]^{1/2}\} \tag{5-15}$$

$$k_q = 1 + \frac{2q}{\gamma H} \cdot \frac{\sin\alpha'\cos\beta}{\sin(\alpha'+\beta)} \tag{5-16}$$

$$\eta = \frac{2c}{\gamma H} \tag{5-17}$$

式中　ψ_a——主动土压力增大系数，挡土墙高度小于 5m 时宜取 1.0，高度 5～8m 时宜取
　　　　　　1.1，高度大于 8m 时宜取 1.2；

　　　　q——地表均布荷载（以单位水平投影面上的荷载强度计算）；

　　　　φ——墙后填土的内摩擦角，（°）。

α'、β、δ 如图 5-8 所示。

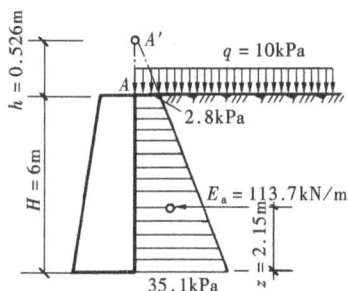

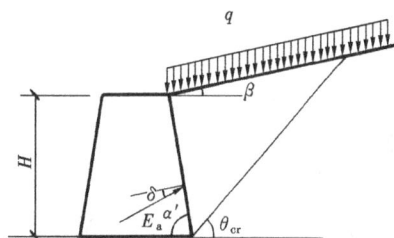

图 5-7　［例 5-3］附图　　　　图 5-8　黏性土的库仑主动土压力计算简图

第四节　挡土墙的设计

一、挡土墙类型

挡土墙就其结构形式可分为以下几种类型：

1. 重力式挡土墙

重力式挡土墙如图 5-9（a）所示，墙面暴露于外部，墙背可以做成倾斜的或垂直的。墙基的前缘称为墙趾，而后缘称为墙踵。重力式挡土墙通常由块石（强度等级不低于 MU30）或素混凝土（强度等级不低于 C15）砌筑而成，因而墙体抗拉强度较小。作用于墙背的土压力所引起的倾覆力矩全靠墙身自重产生的抗倾覆力矩来平衡，因此，墙身必须做成厚而重的实体才能保证其稳定，这样墙身的断面也就比较大。

重力式挡土墙具有结构简单、施工方便，能就地取材等优点，是目前工程中应用最广的一种形式，主要适用于墙高小于 8m、地层稳定、开挖土石方时不会危及相邻建筑物安全的地段，缺点是工程量大，沉降量大。

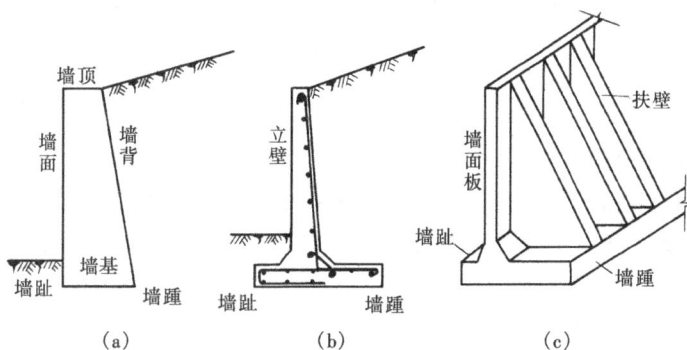

图 5-9　挡土墙类型

（a）重力式挡土墙；（b）悬臂式挡土墙；（c）扶壁式挡土墙

2. 悬臂式挡土墙

悬臂式挡土墙一般用钢筋混凝土建造，它由三块悬臂板组成，即立壁、墙趾悬臂和墙踵悬臂，如图 5-9（b）所示。墙的稳定主要靠墙踵底板上的土重，墙体内的拉应力则由钢筋承担。因此，这类挡土墙的优点是能充分利用钢筋混凝土的特性，墙体截面小，结构轻巧。墙高不宜超过 5m，适用于石料缺乏或地基承载力低的地方。

3. 扶壁式挡土墙

当墙后填土比较高时，为了增强悬臂式挡土墙中立壁的抗弯性能，常沿墙的纵向每隔一定距离设一道扶壁，称为扶壁式挡土墙，如图 5-9（c）所示。适用条件同悬臂式挡土墙，墙高不宜超过 15m。

4. 锚杆式与锚定板式挡土墙

锚杆式与锚定板式挡土墙结构，如图 5-10 所示，由预制钢筋混凝土立柱、墙面板、钢锚杆或锚定板，在现场拼装而成。与墙面连接的底部锚杆锚固在稳定地层中，上部通过位于压实填土层的锚定板来稳定墙面。锚定板挡土墙每级墙高不宜超过 6m，锚杆挡土墙每级墙高不宜超过 8m，主要适用于重要工程，已建工程的最高总墙高已达 27m。这种挡土墙具有结构轻、柔性大、工程量小、造价低、施工方便等优点，但技术要求较高。

5. 加筋土挡土墙

加筋土挡土墙由墙面板、拉筋和填土组成，如图 5-11 所示。借助拉筋与填土间的摩擦作用把土压力传给拉筋，从而稳定土体。加筋土挡土墙既是柔性结构，可承受地基较大的变形，又是重力式结构，可承受荷载的冲击、振动作用。加筋土挡土墙施工方便、外形美观、占地少、对地基的适应性强，适用于缺乏石料的地区和大型填方工程。

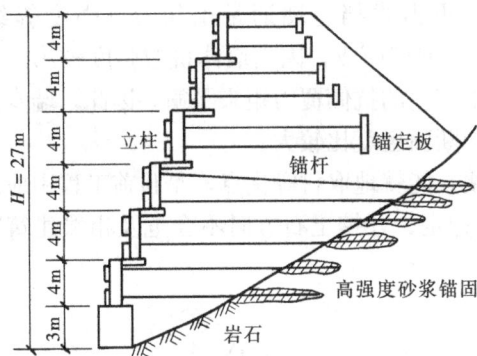

图 5-10 锚杆式和锚定板式挡土墙

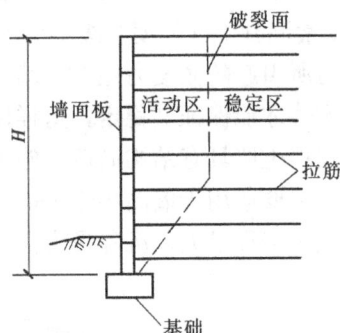

图 5-11 加筋土挡土墙

二、重力式挡土墙验算

挡土墙的截面一般按试算法确定，即先根据挡土墙所处的条件（工程性质、填土性质以及墙体材料和施工条件等）初步拟定截面尺寸，然后进行挡土墙的验算，如不满足要求，则应改变截面尺寸或采用其他措施。

挡土墙的验算通常包括下列内容：

（1）稳定性验算，包括抗倾覆和抗滑移稳定验算；

（2）地基的承载力验算；

（3）墙身强度验算。

在以上计算内容中，地基的承载力验算，一般与偏心荷载作用下基础的计算方法相同，即要求同时满足基底平均应力 $p_k \leqslant f_a$ 和基底最大应力 $p_{kmax} \leqslant 1.2 f_a$（$f_a$ 为修正后的地基承载力特征值），基底合力的偏心距不应大于 0.25 倍的基础宽度。当基底下有软弱下卧层时，尚应进行软弱下卧层承载力验算。墙身强度验算应根据墙身材料分别按砌体结构、素混凝土结构或钢筋混凝土结构的有关计算方法进行。

挡土墙的稳定性破坏通常有两种形式，一种是在主动土压力作用下向外倾斜，对此应进行抗倾覆稳定性验算；另一种是在主动土压力作用下向外滑移，需进行抗滑移稳定性验算。

1. 抗倾覆稳定性验算

一个具有倾斜基底的挡土墙，如图 5-12（a）所示。假设其在挡土墙自重 G 和主动土压力 E_a 作用下，绕墙趾 O 点倾覆，抗倾覆力矩与倾覆力矩之比称为抗倾覆稳定系数 K_t，应符合式（5-18）要求

$$K_t = \frac{G x_0 + E_{az} x_f}{E_{ax} z_f} \geqslant 1.6 \quad\quad (5-18)$$

$$E_{az} = E_a \cos(\alpha' - \delta)$$
$$E_{ax} = E_a \sin(\alpha' - \delta)$$
$$x_f = b - z\cot\alpha'$$
$$z_f = z - b\tan\alpha_0$$

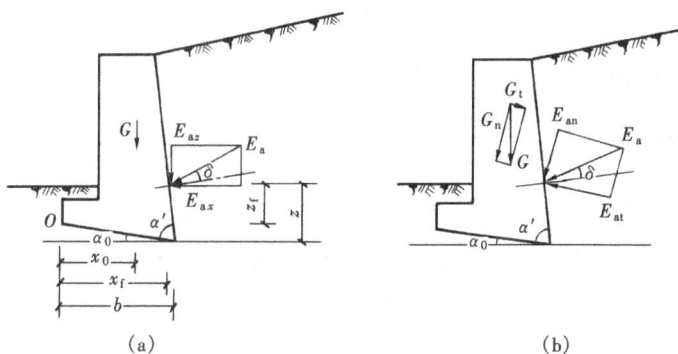

图 5-12　挡土墙的稳定性验算

（a）倾覆稳定验算；（b）滑动稳定验算

式中　E_{az}、E_{ax}——主动土压力 E_a 的垂直和水平分力，kN/m；

　　　　G——挡土墙每延长米自重，kN/m；

　　　　x_0——挡土墙重心离墙趾的水平距离，m；

　　　　α'——挡土墙墙背与水平面的倾角，（°）；

　　　　α_0——挡土墙基底的倾角，（°）；

　　　　δ——土对挡土墙墙背的摩擦角，（°）；

　　　　z——土压力作用点离墙踵的高度，m；

　　　　b——基底的水平投影宽度，m；

　　　　x_f——土压力作用点离 O 点的水平距离，m；

　　　　z_f——土压力作用点离 O 点的高度，m。

如果地基软弱，在倾覆的同时，墙趾可能陷入土中，力矩中心 O 点向内移动，抗倾覆安全系数就会降低，因此在运用式（5-18）时要注意地基土的压缩性。

2. 抗滑移稳定性验算

在抗滑移稳定性验算中，将挡土墙的自重 G 和土压力 E_a 都分解为垂直和平行于基底的分力，抗滑力与滑动力之比为抗滑移稳定系数 K_s，应符合下式要求

$$K_s = \frac{(G_n + E_{an})\mu}{E_{at} - G_t} \geqslant 1.3 \tag{5-19}$$

$$E_{an} = E_a \cos(\alpha' - \alpha_0 - \delta)$$

$$E_{at} = E_a \sin(\alpha' - \alpha_0 - \delta)$$

$$G_n = G\cos\alpha_0$$

$$G_t = G\sin\alpha_0$$

式中 E_{an}、E_{at}——主动土压力 E_a 在垂直和平行与基底平面方向的分力，kN/m；

G_n、G_t——挡土墙每延长米自重在垂直和平行与基底平面方向的分力，kN/m；

μ——土对挡土墙基底的摩擦系数，按表 5-2 采用。

表 5-2   **土对挡土墙基底的摩擦系数 μ**

土 的 类 别		摩 擦 系 数 μ	土 的 类 别	摩 擦 系 数 μ
黏性土	可塑	0.20~0.25	中砂粗砂砾砂	0.35~0.40
	硬塑	0.25~0.30	碎石土	0.40~0.50
	坚硬	0.30~0.40	软质岩	0.40~0.60
粉土		0.25~0.35	表面粗糙的硬质岩	0.65~0.75

注   1. 对易风化的软质岩和塑性指数 I_p 大于 22 的黏性土，基底摩擦系数应通过试验确定。

2. 对碎石土，可根据密实程度、填充物状况、风化程度等确定。

如果地基软弱承载力不足，可能在地基持力层中发生整体滑动，对于这种情况应对地基作加固处理或修改设计。

【例 5-4】 挡土墙高 $H = 6.0\text{m}$，墙背直立（$\alpha = 0°$），基底水平（$\alpha_0 = 0°$），墙后填土面水平（$\beta = 0°$），墙背光滑（$\delta = 0°$），用素混凝土砌块和 M7.5 水泥砂浆砌筑，砌体重度 $\gamma_k = 22\text{kN/m}^3$，墙后填土的内摩擦角 $\varphi = 40°$，$c = 0$，填土重度 $\gamma = 19\text{kN/m}^3$，基底摩擦系数 $\mu = 0.5$，修正的地基承载力特征值 $f_a = 180\text{kPa}$，试设计此挡土墙。

解   （1）挡土墙断面尺寸的选择。

重力式挡土墙的顶面宽度不宜小于 $\frac{1}{12}H$，底宽可取 $\left(\frac{1}{2} \sim \frac{1}{3}\right)H$，初步选择顶面宽度为 0.7m，底面宽度为 $b = 2.5\text{m}$。

（2）土压力计算

$$E_a = \frac{1}{2}\gamma H^2 \tan^2\left(45° - \frac{\varphi}{2}\right) = \frac{1}{2} \times 19 \times 6^2 \times \tan^2\left(45° - \frac{40°}{2}\right) = 74.4(\text{kN/m})$$

土压力作用点离墙底的距离为

$$z = \frac{1}{3}H = \frac{1}{3} \times 6 = 2(\text{m})$$

（3）挡土墙自重及重心。

将挡土墙截面分成一个三角形和一个矩形，如图 5-13 所示，分别计算其自重

$$G_1 = \frac{1}{2}(2.5 - 0.7) \times 6 \times 22 = 119(\text{kN/m})$$

$$G_2 = 0.7 \times 6 \times 22 = 92.4(\text{kN/m})$$

G_1 和 G_2 的作用点离 O 点的距离分别为

$$a_1 = \frac{2}{3} \times 1.8 = 1.2(\text{m})$$

$$a_2 = 1.8 + \frac{1}{2} \times 0.7 = 2.15(\text{m})$$

（4）抗倾覆验算

$$K_t = \frac{G_1 a_1 + G_2 a_2}{E_{ax} z_f} = \frac{119 \times 1.2 + 92.4 \times 2.15}{74.4 \times 2} = 2.29 > 1.6$$

（5）抗滑移验算

$$K_s = \frac{(G_1 + G_2)\mu}{E_a} = \frac{(119 + 92.4) \times 0.5}{74.4} = 1.42 > 1.3$$

（6）地基承载力验算，如图 5-14 所示。

作用在基底的总垂直力

$$N_k = G_1 + G_2 = 119 + 92.4 = 211.4(\text{kN/m})$$

合力作用点离 O 点的距离

$$c = \frac{G_1 a_1 + G_2 a_2 - E_a z}{N_k} = \frac{119 \times 1.2 + 92.4 \times 2.15 - 74.4 \times 2}{211.4} = 0.915(\text{m})$$

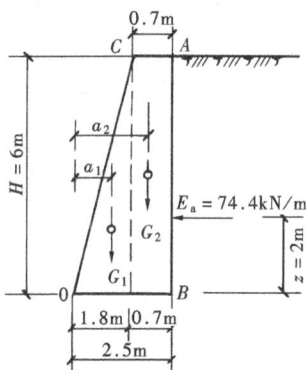

图 5-13 ［例 5-4］挡土墙稳定性验算   图 5-14 ［例 5-4］地基承载力验算

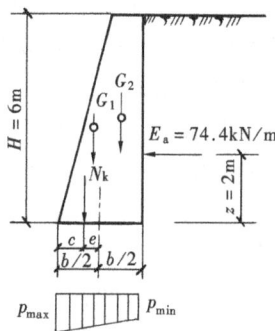

偏心距 $\quad e = \frac{b}{2} - c = \frac{2.5}{2} - 0.915 = 0.335(\text{m}) < 0.25b$

基底压力 $\quad p_k = \frac{N_k}{b} = \frac{211.4}{2.5} = 84.6 \text{ (kPa)} < f = 180 \text{ (kPa)}$，满足要求。

$$p_{kmin}^{max} = \frac{N_k}{b}\left(1 \pm \frac{6e}{b}\right) = \frac{211.4}{2.5} \times \left(1 \pm \frac{6 \times 0.335}{2.5}\right) = 84.6 \times (1 \pm 0.804) = \genfrac{}{}{0pt}{}{152.6}{16.6}(\text{kPa})$$

$p_{kmax} < 1.2 f_a = 1.2 \times 180 = 216$ （kPa），满足要求。

（7）墙身强度验算略。

三、重力式挡土墙的构造措施

挡土墙的构造必须满足强度和稳定性的要求，同时应考虑就地取材、经济合理、施工养护的方便。

1. 墙背的倾斜形式

重力式挡土墙按墙背倾斜方向可分为仰斜、直立、俯斜、凸形折线式和衡重式 5 种形式，如图 5-15 所示。

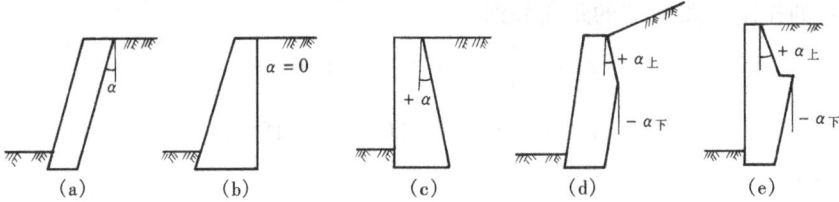

图 5-15　重力式挡土墙的断面形式

(a) 仰斜；(b) 垂直；(c) 俯斜；(d) 凸形折线式；(e) 衡重式

对于墙背不同倾斜方向的挡土墙，其主动土压力以仰斜为最小，直立居中，俯斜最大。因此，就墙背所受的主动土压力而言，仰斜墙背较为合理。

如果在开挖临时边坡以后筑墙，采用仰斜墙背可与边坡紧密贴合，而俯斜墙则必须在墙背回填土，因此，仰斜墙背比较合理。反之，如果在填方地段筑墙，仰斜墙背填土的夯实比俯斜墙或直立墙困难，此时，俯斜墙和直立墙比较合理。凸形墙可合理减少墙体断面积，衡重式可增大抗倾覆稳定性。

从墙前地形的缓陡看，当较为平坦时，用仰斜墙背较为合理。当墙前地形较陡时，则宜采用直立墙，因为俯斜墙的土压力较大，而采用仰斜墙时，为了保证墙趾与墙前土坡面之间保持一定距离，就要加高墙身，使砌筑工程量增加。

总之，墙背的倾斜形式应根据使用要求、地形和施工等综合考虑确定。

2. 墙背墙面坡度的选择

仰斜墙背坡度越缓，主动土压力越小，但为了避免施工困难，仰斜墙背坡度一般不宜缓于1：0.3，一般采用1：0.25；俯斜墙背坡度一般为1：0.25～0.4；衡重式上下墙高度比一

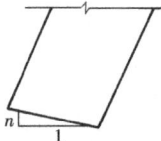

土质地基 $n:1=0.1:1$
岩石地基 $n:1=0.2:1$

图 5-16　基底逆坡坡度

般采用4：6。当墙前地面较陡时，墙面坡可取 1：0.05～1：0.2，矮墙亦可采用直立。当墙前地形较为平坦时，墙面坡度可较缓，但不宜缓于1：0.35，以免增加墙身截面面积或增加开挖宽度。

3. 基底逆坡坡度

在墙体稳定性验算时，抗滑移稳定通常比抗倾覆稳定不易满足要求，为了增加墙身的抗滑移稳定性，可将基底做成逆坡，如图 5-16 所示。但基底逆坡坡度过大，可能使墙身连同基底下的一块三角形土体一起滑动，因此，对于土质地基的基底逆坡坡度不宜大于 1：10，对于岩石地基不宜大于 1：5。

4. 墙趾台阶和墙顶宽度

当墙高较大时，基底压力常常是控制墙身截面的主要因素。为了使基底压力不超过地基承载力特征值，可加墙趾台阶，如图 5-17 所示，以便扩大基底宽度，这对墙体的抗倾覆稳定性也是有利的。墙趾台阶的高宽比可取 $h:a=2:1$，a 不得小于20cm。此外，基底法向反力的偏心距应满足 $e\leqslant\dfrac{b_1}{4}$ 的条件（b_1 为无台阶时基底宽度）。

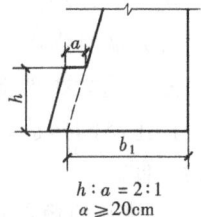

$h:a=2:1$
$a\geqslant20cm$

图 5-17　墙趾台阶尺寸

挡土墙的墙顶宽度，浆砌块石时不宜小于400mm；干砌块石时不宜小于600mm，且墙顶0.5m高度范围内宜采用浆砌来提高墙身的稳定性。对于混凝土挡土墙，顶宽不宜小于200mm。

5. 排水措施

挡土墙所在地段往往由于排水不良，大量雨水经墙后填土下渗，造成墙后的土体抗剪强度降低，重度增高，土压力增大，有的还要受水的渗流或静水压力影响。在一定条件下，或因土压力过大，或因地基软化，造成挡土墙破坏。因此挡土墙必须有排水设计。挡土墙的排水措施可采用设置截水沟或泄水孔实现。

（1）截水沟。凡是挡土墙后有较大面积的填土面或有斜坡时，则应在填土顶面、离挡土墙水平距离 5m 以上处设截水沟，将坡上、外部径流截断排除。截水沟的剖面尺寸要根据暴雨集水面积计算确定，并应用混凝土衬砌。截水沟纵向设适当坡度。截水沟出口应远离挡土墙，如图 5-18（a）所示。

（2）泄水孔。对于已渗入墙后填土中的水，则应将其迅速排出，通常在挡土墙的下部设置坡度 5% 的泄水孔。当墙较高时，可在墙的中部增设一排泄水孔，泄水孔的直径不宜小于 10cm，间距为 2～3m。泄水孔应高于墙前水位，以免倒灌。此外在泄水孔入口处，应用易渗的粗粒材料做反滤层，并在泄水孔入口下方铺设黏土夯实层，防止积水渗入地基，不利于墙的稳定性。同时，墙前还应做散水、排水沟或黏土夯实隔水层，避免墙前水渗入地基，泄水孔的布设如图 5-18 所示。当不允许设泄水孔向外排水时，应在墙背设置排水暗沟。

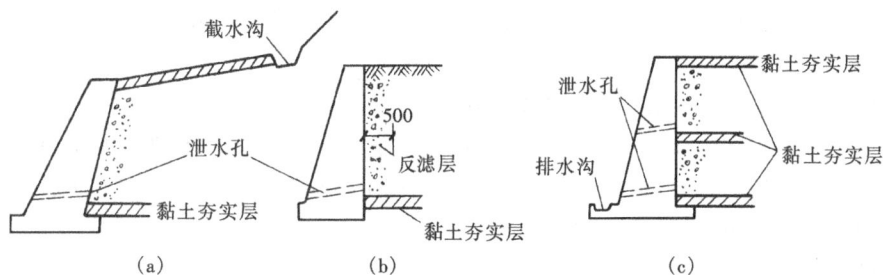

图 5-18　挡土墙的排水措施

6. 基础埋置深度

重力式挡土墙的基础埋置深度，应根据地基承载力、水流冲刷、岩石裂隙发育及风化程度等因素进行确定。在特强冻胀、强冻胀地区应考虑冻胀的影响。在土质地基中，基础埋置深度不宜小于 0.5m；在软质岩地基中，基础埋置深度不宜小于 0.3m。

7. 设置沉降缝和伸缩缝

为避免因地基不均匀沉陷而引起墙身开裂，需设置沉降缝；为防止圬工砌体因收缩硬化和温度变化而产生的裂缝，需设置伸缩缝。设计时一般将沉降缝和伸缩缝合并设置，每隔 10～20m 设置一道，缝宽 2～3cm，缝内用沥青麻筋、涂以沥青的软木板或刨花板、塑料泡沫板等具有弹性的材料填塞，沿墙内、外、顶三个方向的填塞深度不宜小于 15cm。

8. 填土质量要求

挡土墙的回填土料应尽量选择透水性较大的土，例如砂土、砾石、碎石等，因为这类土的抗剪强度较稳定，易于排水。不应采用淤泥、坚硬黏土块、耕植土、膨胀性黏土等作为填料，填土料中还不应夹杂有大的冻结土块、木块或其他杂物。

实际上工程中遇到的大多数回填土都多少含有一定的黏性土，这时应适当混以砂石。对于重要的、高度较大的挡土墙，用黏土作回填土是不合适的，因为黏性土的性能不稳定，在干燥时体积收缩，而在雨季时体积膨胀，由于回填土的交错收缩膨胀可在挡土墙上产生较大的侧向压力。这种侧向压力在设计中往往无法考虑，其数值还可能比计算土压力大很多倍，它可使挡土墙外移，甚至使挡土墙失去作用。在工程中曾有因黏性土作为填料而引起的事故。

填土压实质量是挡土墙施工中的一个关键问题。填土时应分层夯实。

第五节　土坡稳定分析

土坡可分为天然土坡和人工土坡，由于某些外界不利因素，土坡可能发生局部土体滑动而失去稳定性，土坡的坍塌常造成严重的工程事故，危及人身安全。因此土坡的稳定性分析，具有重要的实际意义。

滑坡是指土坡失去原有的稳定状态，沿某一滑动面顺坡而下的整体滑移现象。滑坡是土体内某一个面（滑动面）上的剪应力达到土体抗剪强度而引起的。起因有以下几种：

（1）土坡作用力发生变化。例如由于在坡顶堆放材料或建造建筑物时坡顶受荷，或由于打桩、车辆行驶、爆破、地震等引起的振动改变了原来的平衡状态。

（2）土体抗剪强度的降低。例如土体中含水率或孔隙水压力的增加引起抗剪强度降低。

（3）静水压力的作用。例如雨水或地面水流入土坡中的竖向裂缝，对土坡产生侧向压力，从而促进土坡的滑动。

土坡稳定性分析属于土力学中的稳定问题，也是工程中非常重要而实际的问题。在此主要介绍简单土坡的稳定性分析方法。所谓简单土坡是指一坡到顶，土坡的顶面和底面都是水平的，且伸至无穷远，由均质土组成的土坡。工程上的多数边坡都可近似为简单边坡，图5-19所示为简单土坡的各部分名称。

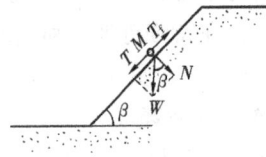

一、无黏性土坡的稳定分析

由于无黏性土颗粒间无黏聚力存在，只有摩擦力，因此，只要坡面不滑动，土坡就能保持稳定，其稳定平衡条件如图5-20所示。

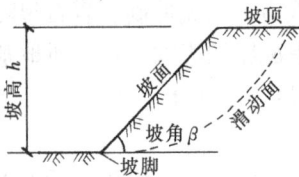

图5-19　简单土坡各部分名称　　　　图5-20　无黏性土坡的稳定分析

设坡面上某颗粒 M 所受重力为 W，砂的内摩擦角为 φ、坡角为 β、重力 W 沿坡面的切向和法向分力分别为

$$T = W\sin\beta$$
$$N = W\cos\beta$$

分力 T 将使土颗粒 M 向下滑动，是滑动力，而阻止土颗粒下滑的抗滑力则是由法向分力 N 引起的摩擦力（抗滑力）

$$T_f = N\tan\varphi = W\cos\beta\tan\varphi$$

抗滑力和滑动力的比值称为稳定安全系数，用 K 表示，即

$$K = \frac{T_f}{T} = \frac{W\cos\beta\tan\varphi}{W\sin\beta} = \frac{\tan\varphi}{\tan\beta} \qquad (5-20)$$

由上式可知，当 $\beta = \varphi$ 时，$K = 1$ 即抗滑力等于滑动力，土坡处于极限平衡状态。因此土坡稳定的极限坡角等于砂土的内摩擦角 φ，此坡角称为自然休止角。从式（5-20）还可以看出，无黏性土坡的稳定性与坡高无关，而仅与坡角 β 有关，只要 $\beta < \varphi$（$K > 1$），土坡就是稳定的。为了保证土坡具有足够的安全储备，根据坡高及破坏后果的严重性，可取 $K = 1.25$、1.30 或 1.35。

二、黏性土坡的条分法稳定分析

均质黏性土坡发生滑坡时，其滑动面形状大多数为一近似于圆弧面的曲面，如图 5-21 所示。为了简化，在进行理论分析时通常采用圆弧面计算。

黏性土坡稳定分析的常用方法是瑞典条分法。条分法是一种试算法，其计算比较简单合理，在工程中应用较广，具体分析步骤如下：

（1）按比例绘制土坡剖面图（图 5-22）。

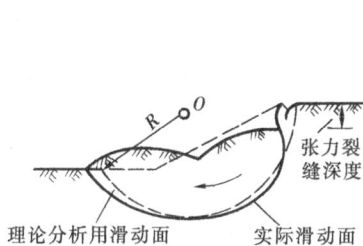

图 5-21　均质黏性土坡滑动面

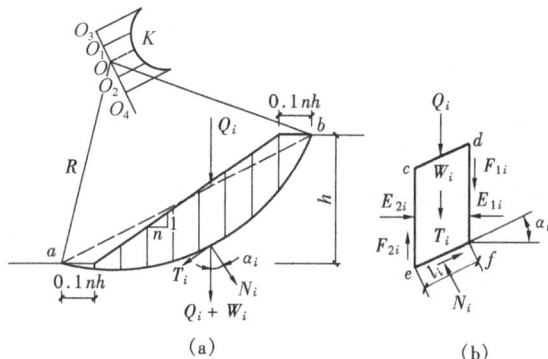

图 5-22　土坡稳定分析的条分法

（a）土坡剖面；（b）作用在 i 土条上的力

（2）任选一点 O 为圆心，以 Oa 为半径（R）作圆弧 ab，ab 即为滑动圆弧面。

（3）将滑动面以上土体竖直分成宽度相等的若干土条并编号。编号时可以圆心 O 的铅垂线为 0 条，图中向右为正，向左为负。为使计算方便，可取各分条宽度 $b = R/10$，则 $\sin\alpha_1 = 0.1$，$\sin\alpha_2 = 0.2$，…，$\sin\alpha_i = 0.1i$，$\cos\alpha_i = \sqrt{1-\sin^2\alpha_i}$ 等，这样可以减少大量三角函数计算。

（4）计算作用在第 i 土条 $cdfe$ 上的剪切力 T_i 和抗剪力 S_i。土条自重 W_i 和荷载 Q_i 在滑动面 ef 上的法向反力 N_i 和切向反力 T_i 分别为

$$N_i = (W_i + Q_i)\cos\alpha_i$$
$$T_i = (W_i + Q_i)\sin\alpha_i$$

抗剪力 S_i 为　　　　　　　$S_i = c_i l_i + (W_i + Q_i)\cos\alpha_i\tan\varphi_i$

（5）计算稳定安全系数（沿整个滑动面上的抗剪力与剪切力之比）K。当不计图 5-22（b）所示土条两侧法向力 E_i 和剪切力 F_i 的影响时，得到瑞典条分法的边坡稳定安全系数计算公式为

$$K = \frac{S}{T} = \frac{\sum[c_i l_i + (W_i + Q_i)\cos\alpha_i\tan\varphi_i]}{\sum(W_i + Q_i)\sin\alpha_i} \qquad (5-21)$$

瑞典条分法得到的稳定安全系数误差随滑弧圆心角及孔隙水压力的增大而增大，计算值

一般偏低 $5\%\sim20\%$，因此偏于安全。

如果考虑土条两侧法向力 E_i 和剪切力 F_i 的影响，可以提高分析精度，此时可由图 5-22（b）中单元体的静力平衡条件求得作用在 ef 土条上的法向力 N_i，将其代入上式可得毕肖普条分法的边坡稳定安全系数计算公式为

$$K = \frac{\sum \dfrac{c_i l_i \cos\alpha_i + (W_i + Q_i + F_{1i} - F_{2i})\tan\varphi_i}{\cos\alpha_i + \tan\varphi_i \sin\alpha_i / K}}{\sum(W_i + Q_i)\sin\alpha_i} \qquad (5\text{-}22)$$

为了求得安全系数 K 值，$F_{1i} - F_{2i}$ 值必须采用逐次逼近法计算。可用满足每一土条的静力平衡条件的 E_{1i} 和 F_{1i} 的试算值及下列条件求得

$$\Sigma(E_{1i} - E_{2i}) = 0 \qquad \Sigma(F_{1i} - F_{2i}) = 0$$

如果假定 $\Sigma(F_{1i} - F_{2i})\tan\varphi_i = 0$，则式（5-22）的计算大大简化。计算时首先任意假定 $K=1$，把这个假定值连同土的性质 c_i 和 φ_i 以及土坡的几何形状 α_i、滑动面长度 l_i 一并代入式（5-22）右端，即可算出一新的 K 值，把算得的新 K 值作为假定值连同 c_i、φ_i 以及 α_i、l_i 再代入式（5-22）右端，又求得一个新的 K 值，如此反复迭代，直至 K 的计算值与假定值相符为止。经验表明，一般迭代 3、4 次即可满足工程精度要求。毕肖普简化法得到的稳定安全系数较精确，一般比瑞典条分法得到的值要大。

（6）由于滑动圆心是任意选定的，因此所选取的滑动圆弧就不一定是真正的或最危险的滑动圆弧。为此必须用试算法，选择若干个滑弧圆心，按上述方法分别算出相应的稳定安全系数 K，确定最小安全系数 $K_{\min}$，与 $K_{\min}$ 对应的滑动圆弧面就是最危险的滑动圆弧面。$K_{\min} > 1$ 时，土坡是稳定的。根据坡高及破坏后果的严重性，一般工程可取 $K_{\min} = 1.25$、1.30、1.35，临时边坡可取 $K_{\min} = 1.15$、1.20、1.25。

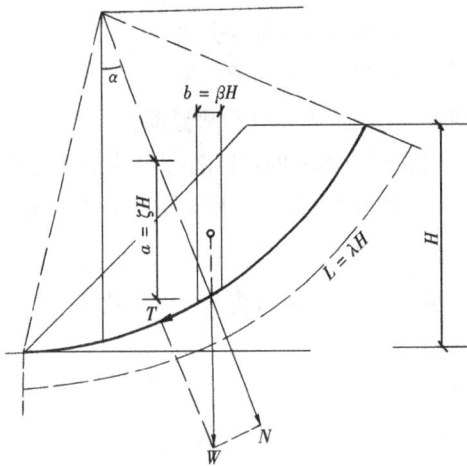

图 5-23　表解法验算边坡稳定性原理

这种试算法工作量很大，可用计算机进行计算。陈惠发（美国肯塔基州立大学，1980）根据大量计算经验指出，最危险的滑动圆弧两端距坡顶点和坡脚点各为 $0.1nh$ 处（坡高 h，坡度 1：n），且最危险的滑动圆弧中心在 ab 线的垂直平分线上，如图 5-22（a）所示。因此，只需在此垂直平分线上取若干点作为滑动圆弧圆心，按上述方法分别计算相应的稳定安全系数 K，作出光滑的 K 值—圆心位置曲线，就可求得最小稳定安全系数 $K_{\min}$ 及对应的圆心位置 O。

三、简单土坡稳定分析的简易方法（表解法）

在图解和计算的基础上经过分析研究，可制定一些表，并按式（5-23）来计算稳定系数。

如图 5-23 所示，将土体划分成等宽小条，其宽度为 b，高为 a，滑动弧全长为 L，此三者比照边坡高度 H 来表示，即

$$b = \beta H, a = \xi H, L = \lambda H$$

坡长每 1 延米的土条重量为

$$W = ab1\gamma = \xi\beta\gamma H^2$$

其法向和切向分力为

$$N = W\cos\alpha = \xi\beta\gamma H^2\cos\alpha$$
$$T = W\sin\alpha = \xi\beta\gamma H^2\sin\alpha$$

稳定系数为

$$K = \frac{\sum\mu N + cL}{\sum T} = \frac{\mu\sum\xi\beta\gamma H^2\cos\alpha + c\lambda H}{\sum\xi\beta\gamma H^2\sin\alpha}$$

取 b 为等宽，并令 $A = \frac{\sum\xi\cos\alpha}{\sum\xi\sin\alpha}$，$B = \frac{\lambda}{\beta\sum\xi\sin\alpha}$，可得

$$K = \mu A + \frac{c}{\gamma H}B \tag{5-23}$$

式中 H——边坡高度，m；

A 和 B——取决于几何尺寸的系数，见表 5-3；

c——土的黏聚力，kPa；

μ——土的内摩擦系数，$\mu = \tan\varphi$，其中 φ 为土的内摩擦角，(°)。

表 5-3   滑动圆弧通过坡角的 A、B 值

边坡坡度 i_0	滑动圆弧的圆心									
	O_1		O_2		O_3		O_4		O_5	
	A	B	A	B	A	B	A	B	A	B
1∶1	2.34	5.79	1.87	6.00	1.57	6.57	1.40	7.50	1.24	8.20
1∶1.25	2.64	6.05	2.16	6.35	1.82	7.03	1.66	8.02	1.48	9.65
1∶1.50	3.04	6.25	2.54	6.50	2.15	7.15	1.90	8.33	1.71	10.10
1∶1.75	3.44	6.35	2.87	6.58	2.50	7.22	2.18	8.50	1.96	10.41
1∶2	3.84	6.50	3.23	6.70	2.80	7.26	2.45	8.45	2.21	10.10
1∶2.25	4.25	6.64	3.58	6.80	3.19	7.27	2.84	8.30	2.53	9.80
1∶2.50	4.67	6.65	3.98	6.78	3.53	7.30	3.21	8.15	2.85	9.50
1∶2.75	4.99	6.64	4.33	6.78	3.86	7.24	3.59	8.02	3.20	9.21
1∶3	5.32	6.60	4.69	6.75	4.24	7.23	3.97	7.87	3.59	8.81

当最危险的圆弧通过坡脚时，如图 5-24 所示，A、B 值由表 5-3 查得。

表解法适用于一坡到顶，且坡顶为水平并延伸至无限远者。如果边坡为折线形或台阶形，查表时可采用边坡斜度的平均值（即坡顶点与坡脚点连线的坡度）。如果边坡由多层土体组成，则式（5-23）中的 c、μ、γ 可近似地采用下面公式计算

$$c = \frac{c_1 h_1 + c_2 h_2 + \cdots + c_n h_n}{h_1 + h_2 + \cdots + h_n}$$

$$= \frac{\sum_{i=1}^{n} c_i h_i}{H} \tag{5-24a}$$

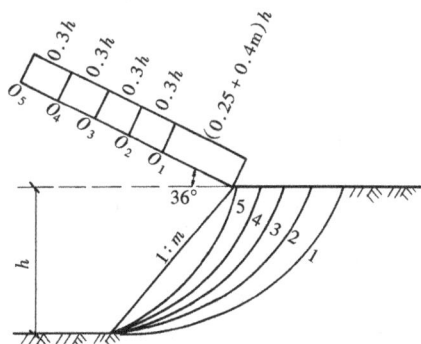

图 5-24 滑动圆弧通过坡脚图

$$\tan\varphi = \frac{h_1\tan\varphi_1 + h_2\tan\varphi_2 + \cdots + h_n\tan\varphi_n}{h_1 + h_2 + \cdots + h_n} = \frac{\sum_{i=1}^{n} h_i\tan\varphi_i}{H} \tag{5-24b}$$

$$\gamma = \frac{\gamma_1 h_1 + \gamma_2 h_2 + \cdots + \gamma_n h_n}{h_1 + h_2 + \cdots + h_n} = \frac{\sum\limits_{i=1}^{n} \gamma_i h_i}{H} \qquad (5-24c)$$

式中　c_i、φ_i、γ_i——各层土的单位黏聚力、内摩擦角、重度；

　　　　h_i——各层土的厚度；

　　　　H——土层总厚度。

上述土坡稳定性分析方法中，表解法精度较低，主要用于初步设计；条分法主要用于施工图设计。

【例 5-5】 已知某土坡土体，$c = 15\text{kPa}$，$\varphi = 22°$，$\gamma = 17.5\text{kN/m}^3$，土坡总高度 $H = 15\text{m}$（其上部土高 7.0m、边坡 1：1.5，下部土高 8.0m、边坡 1：2），验算其稳定性。

解　边坡平均斜度

$$i = \frac{1}{m} = \frac{H}{\sum m_i h_i} = \frac{15}{1.5 \times 7.0 + 2 \times 8.0} \approx \frac{1}{1.75}$$

$$\mu = \tan\varphi = \tan22° = 0.404$$

$$\frac{c}{\gamma h} = \frac{15}{17.5 \times 15} = 0.057\,1$$

由表 5-3 查出 A、B 值，按照式（5-23）计算，得最小稳定系数为

$$K_{\min} = 1.37 > 1.25，稳定。$$

计算结果列于表 5-4 中。

表 5-4　　　　　　　　　　　　表 解 法 示 例

圆心	A	B	$K = \mu A + \dfrac{c}{\gamma H}B$	圆心	A	B	$K = \mu A + \dfrac{c}{\gamma H}B$
O_1	3.44	6.35	1.75	O_4	2.18	8.50	1.37
O_2	2.87	6.58	1.54	O_5	1.96	10.41	1.39
O_3	2.50	7.22	1.42				

第六节　基 坑 开 挖 与 支 护

基坑开挖是建筑物基础施工的重要过程，基坑支护应保证岩土开挖、地下结构施工的安全，并使周围环境不受损害。基坑开挖与支护应进行稳定性验算，同时应根据工程需要、周边环境及水文地质条件，采用降低地下水位、隔离地下水、坑内明排等方式对地下水进行控制，以保证基坑不发生破坏。

一、基坑降水

降低地下水位的方法有集水坑降水、井点降水，也可两种方法结合使用。选择降水方案的原则一般为：当基坑（槽）开挖的降水深度较浅且地层中无流砂时，可采用集水坑降水；如降水深度较大，或地层中有流砂，或在软土地区，应尽量采用井点降水。当采用井点降水，仍有局部地段降深不够时，可辅以集水坑降水。

1. 集水坑降水

集水坑降水是目前一种常用的降水方法，它是在基坑开挖过程中，在基坑底设置集水坑

并沿基坑底的周围或中央开挖排水沟，使水流入集水坑中，然后用水泵抽走。

（1）水泵的性能与选用。在建筑工地，基坑抽水用的水泵主要有：离心泵、潜水泵和泥浆泵等。水泵的主要性能包括：流量、总扬程（包括吸水扬程和出水扬程）和功率等。流量是指水泵单位时间内的出水量。扬程是指水泵能扬水的高度。选择水泵主要是根据流量与扬程而定，水泵的流量应满足基坑涌水量要求，水泵的总排水量 V 一般应为基坑总涌水量的 1.5～2.0 倍。

（2）集水坑的设置。排水明沟一般设置在基坑四周，集水坑一般设置在基坑四角或每隔 30～40m 设置，做到"挖干土、排清水"。集水坑的断面不应小于 80cm×80cm。集水坑坑底应铺设碎石作为滤水层，以免因抽水时间较长，将泥砂抽走，并防止集水坑坑底被扰动。

2. 井点降水

井点降水，就是在基坑开挖前，预先沿基坑周边按等距离，沉入一定数量的滤水管或管井于地下含水层中，以总管连接，利用抽水设备抽水，使地下水位降落到基坑底以下，保证挖土在无水状态下进行，不但防止了流砂上涌，且便于施工。

（1）井点降水的优越性。采用井点系统降低地下水位，其主要优点如下：

1）地下水位降低后，使所挖的土始终保持干燥，改善了工作条件；

2）可以防止流砂现象，确保施工安全；

3）地下水位降低后，土中水分已被疏干，增加了边坡的稳定，边坡可改陡，减少挖土量，同时可省去大量支撑材料，提高工效和降低施工费用；

4）井点系统不需特殊设备，施工简便，操作者经短时间培训就可以很熟练地进行施工；

5）可以大规模地进行机械化施工，大型土方施工机械在水抽干了的条件下作业，更能发挥其机械性能。

（2）井点降水的方法种类。井点降水有真空井点、喷射井点、电渗井点、管井井点和深井泵井点等：

1）真空井点。真空井点又称轻型井点，就是将许多井点管沿基坑四周埋入地下蓄水层内，井点管的上端通过弯管与总管相连接，利用抽水设备将地下水从井点管内不断抽出，这样便可将原有地下水位降至基坑以下。降水深度一般为 3～6m，若一级井点降水深度不够，可用多级井点降水。真空井点适用于渗透系数为 0.005～20m/d 的黏性、粉土、砂土层，特别是土层中含有粉细砂易引起流砂塌方的情况。

2）喷射井点。喷射井点降水是在井点管内部装设特制的喷射器，用高压水泵或空气压缩机通过井点管中的内管向喷射器输出高压水（喷水井点）或压缩空气（喷气井点）形成水汽射流，将地下水经井点外管与内管之间的间隙抽出排走。本法设备简单、排水深度大，可达 8～20m，比多层真空井点降水设备少，施工快，费用低。主要适用于降水深度大于 6m，渗透系数为 0.005～20m/d 的黏性土、粉土、砂土层。

3）电渗井点。在黏性土尤其是饱和软黏土（淤泥和淤泥质土）中，由于土的透水性差（渗透系数小于 0.1m/d），以重力或真空作用排水，效果很差。采用电渗排水，对透水性差的土能疏干，对软土地基能使土体密实。电渗井点系统能抽出在直流电作用下释放出来的结合水，提高了降低地下水位的效率，使得土体达到疏干和密实，保证了边坡的稳定性，使坑（槽）或沟壕间的挖土工作条件得到改善。电渗井点阴、阳极的一般距离：利用轻型井点时，为0.8～1.0m；利用喷射井点时，为 1.2～1.5m。工作电压为 45～65V，土中通电时的电流密度为 0.1～1.0A/m²，抽干每立方米地下水消耗的电能为 2～10kWh。

4）管井井点。管井井点由滤水井管、吸水管和抽水机械组成。管井井点设备较为简单，排水量大，降水深度可达 10m。管井井点为大口径井点，直径为 150～250mm，适用于渗透系数为 0.1～200m/d、地下水丰富的粉土、砂土、碎石土层，或用集水坑降水易造成土粒大量流失、引起边坡塌方及用真空井点不易解决问题的场合。由于它排水量大、降水较深，较真空井点具有更好的降水效果，可代替多级真空井点。

5）深井泵井点。降低深层地下水位最广泛的方法，是采用深井泵井点降水。深井泵井点是将深井泵放置在预定的钻孔中进行抽水，钻孔的下端都有较长的滤管，将水流滤清后，由深井泵抽出，排出坑槽以外。井点制作、降水设备及操作工艺、维护均较简单，施工速度快。本法排水量大，降水深（可达 15～50m），井距大，适用于渗透系数较大（10～250m/d）的砂类土，对有流砂的地区和重复挖填土方的地区，效果尤佳。

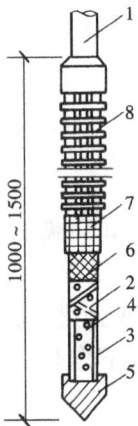

图 5-25　滤管构造
1—井点管；2—缠绕的塑料管；3—钢管；4—管壁上的井水孔眼；5—铸铁头；6—细滤网；7—粗滤网；8—粗铁丝保护

井点降水选择的井点装置和降水方法，应根据含水层中土的类别及其渗透系数、要求降水深度、工程特点、施工设备条件和施工期限等因素进行技术经济比较后确定。

采用井点降水时，应考虑对在降水影响范围内原有建筑物或构筑物的影响，例如可能产生的附加沉降或水平位移。必须对邻近建筑物和管线做好沉降观测和采取保护措施，必要时采取回灌井点技术避免附加沉降，或采用水泥土搅拌墙、混凝土地下连续墙等形成止水帷幕，切断基坑外地下水与降水井点之间的水力联系，使基坑外地下水位基本保持原有水平。

（3）真空井点简介。这里介绍真空井点的设备组成、平面和高程布置：

1）滤管（图 5-25）是进水设备，为长 1.0～1.5m，直径 38 或 51mm 的不锈钢管，管壁钻有直径为 12～18mm 的呈星棋状排列的滤孔，滤孔面积为滤管表面积的 20%～25%。管壁外面包以两层孔径不同的金属丝或尼龙丝布滤网。为使流水畅通，在管壁与滤网之间用铅丝绕成螺旋状隔开。滤网外面再绕一层粗铁丝保护网，滤管下端为一铸铁塞头，滤管上端与井点管连接。

2）井点管为直径 38 或 51mm、长 5～7m 的钢管，可整根或分节组成。井点管的上端用弯连管与总管相连。

3）集水总管为直径 75～100mm 的钢管，每节长 4m，其上装有与井点管连接的短接头，间距 0.8～1.5m。

4）抽水设备是由真空泵、离心泵和水汽分离器（又称集水箱）等组成。一套抽水设备的负荷长度（即集水总管长度）约为 100～120m。

5）井点平面布置：当基坑或沟槽宽度小于 6m，且降水深度不超过 6m 时，可用单排线状井点，布置在地下水流的上游一侧，两端延伸长度以不小于槽宽为宜，如图 5-26 所示。如宽度大于 6m 或土质不良，则用双排线状井点。面积较大的基坑宜用环状井点，如图 5-27 所示，有时亦可布置成 U 形，以利挖掘机和运土车辆进入基坑。井点管距离基坑壁一般可取 1.0～1.5m，以防止局部发生漏气。

6）高程布置：井点降水深度，在管壁处一般可达 6～7m。井点管需要的埋设深度 H

（图 5-26、图 5-27）按式（5-25）计算

$$H = H_1 + h + iL + l \qquad (5-25)$$

式中　H_1——井点管埋设面至基坑底面的距离，m；

　　　　h——基坑底面至降低后的地下水位线的距离，一般取 0.5～1.5，m；

　　　　i——降水坡度，根据实测。环状井点为 1/10 左右，单排井点为 1/4～1/5；

　　　　L——井点管至基坑中心的水平距离，m；

　　　　l——滤管长度，m。

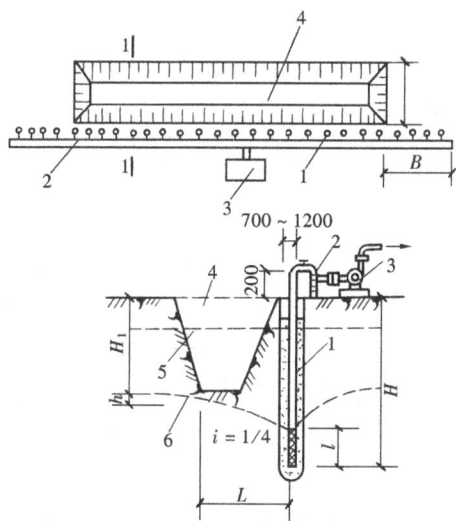

图 5-26　单排线状井点布置图

1—井点管；2—集水总管；3—抽水设备；4—基坑；
5—原地下水位线；6—降低后地下水位线；H—井
点管长度；H_1—井点埋设面至基础底面的距离；
h—降低后地下水位至基坑底面的安全距离，一般取
0.5～1.5m；L—井点管中心至基坑外边的水平距
离；l—滤管长度；B—开挖基坑上口宽度

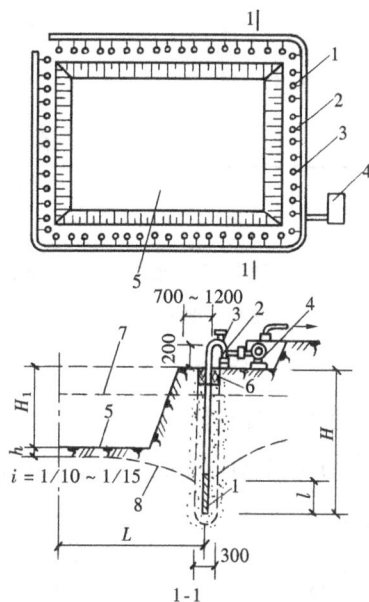

图 5-27　环状井点布置图

1—井点；2—集水总管；3—弯联管；4—抽水设备；5—
基坑；6—填黏土；7—原地下水位线；8—降低后地下水
位线；H—井点管埋置深度；H_1—井点管埋设面至基坑底
的距离；h—降低后地下水位至基坑底面的安全距离，一
般取 0.5～1.5m；L—井点管中心至基坑中心的水平距离；
l—滤管长度

　　根据式（5-25）算出的 H 值，如大于 6m，则应降低井点管和抽水设备的埋置面，以适应降水深度要求。将井点系统的埋置面（布置标高）接近原有地下水位（要事先挖槽），个别情况下甚至稍低于地下水位（当上层土的土质较好时，先用明排水法挖去一层土，再布置井点系统），就能充分利用抽吸能力，使降水深度增加。

　　当一级井点系统达不到降水深度要求时，可采用二级井点，即先挖去第一级井点所疏干的土，然后再在其底部装设第二级井点。

二、土方开挖工艺

　　基坑开挖前应根据施工区域的土质、地下水位和周边环境、地下管线分布、支护结构状况、土方运输出口、当地政府部门对土方外运的要求等确定合理、便捷、安全经济的挖土方案，方案包括降水措施、边坡稳定分析或围护支撑体系分析、挖土施工组织以及基坑和邻近

建筑物稳定性监控措施、突发事件的应急措施等。

深基坑开挖的施工组织中应设计好分层挖土顺序，机械、车辆行走线路，围护支撑建立时间等。最后的 20cm 土应采取人工挖土，以免扰动坑底土层。

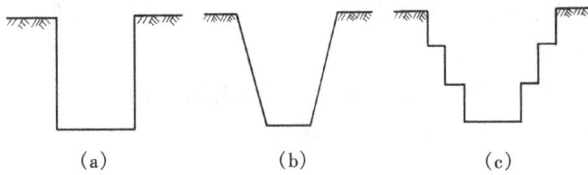

图 5-28 土质边坡形式

(a) 直坡式；(b) 斜坡式；(c) 踏步式

土质边坡的形式有直坡式、斜坡式和踏步式，如图 5-28 所示。

（1）当基坑土质密实坚硬、地下水位在基坑底面以下，挖土深度不超过表 5-5 规定时可取不设支撑的直坡。

表 5-5　　　　　　　　直坡挖方深度

项　次	土　质　情　况	挖方深度极限值（m）
1	密实、中密的砂土和碎石土类（充填物为砂土）	1.00
2	硬塑、可塑的粉质黏土及粉土	1.25
3	硬塑、可塑的黏土和碎石土类（充填物为黏性土）	1.50
4	坚硬的黏土	2.00

（2）当挖土深度超过可以不放坡的限值时，边坡坡度的允许值，应根据当地经验，参照同类土层的稳定坡度确定。当土质良好且均匀、地下水位不丰富时，可按表 5-6 确定。

表 5-6　　　　　　　　土质边坡坡度允许值

土的类别	密实度或状态	坡度允许度（高宽比）	
		坡高在 5m 以内	坡高为 5～10m
碎石土	密实	1:0.35～1:0.50	1:0.50～1:0.75
	中密	1:0.50～1:0.75	1:0.75～1:1.00
	稍密	1:0.75～1:1.00	1:1.00～1:1.25
黏性土	坚硬	1:0.75～1:1.00	1:1.00～1:1.25
	硬塑	1:1.00～1:1.25	1:1.25～1:1.50

注　1. 表中碎石土的充填物为坚硬或硬塑状态的黏性土。

　　2. 对于砂土或填充物为砂土的碎石土，其边坡坡度允许值均按自然休止角确定。

为保证挖土过程中边坡的稳定，应随时注意气候、风雨对边坡土方的影响，预防因槽坑边堆土过多或因汽车行驶的震动，造成土壁坍塌或溜坍。当必须在坡顶或坡面设置弃土转运站时，应进行坡体稳定性验算，严格控制堆栈的土方量。

（3）当基坑较深或晾槽时间长时，为防止边坡因失水过多而松散，或因地面水冲刷而产生溜坡现象，应根据实际条件采取护面措施，常用的坡面保护方法有：砂浆或塑料膜覆盖法，坡面挂网法或挂网抹浆法，土袋压坡法等，如图 5-29 所示。

（4）对有支撑结构的基坑，其挖土方式有盆式挖土和中心岛式挖土两种。

1）盆式挖土是先开挖基坑中间部分的土，周围四边留土坡，土坡最后挖除。这种挖土方式的优点是周边土坡对围护有支撑作用，有利于减小围护的变形；缺点是大量土方不能直接外运，需要集中提升后装车外运。盆式挖土适用于中小型基坑。

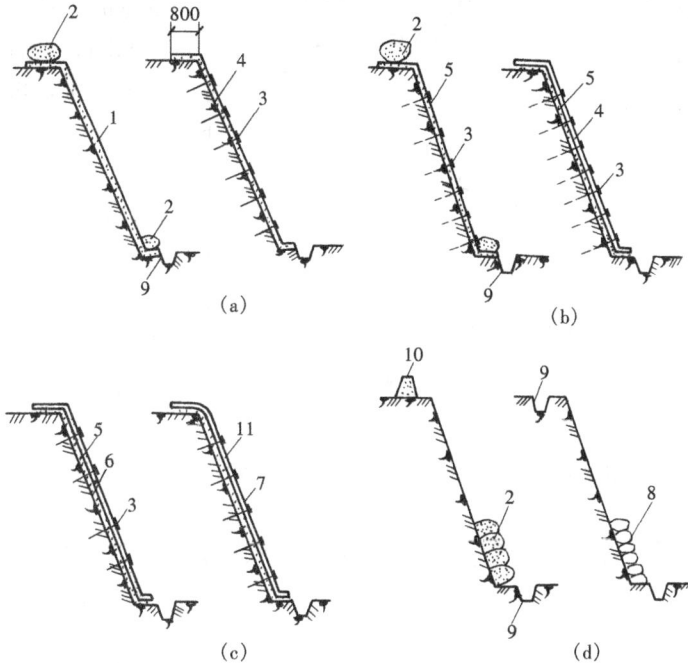

图 5 - 29　基坑边坡护面的方法

（a）薄膜或砂浆覆盖；（b）挂网或挂网抹面；（c）喷射

混凝土或混凝土护面；（d）土袋或砌石压坡

1—塑料薄膜；2—草袋或编织袋装土；3—插筋 ϕ10～12mm；4—抹 M5 水泥砂浆；

5—20 号钢丝网；6—C15 喷射混凝土；7—C15 细石混凝土；8—M5 砂浆砌石；

9—排水沟；10—土堤；11—ϕ4～6mm 钢筋网片，纵横间距 250～300mm

2）中心岛式挖土适用于大中型基坑，支护结构的支撑形式为角撑、环梁式或边桁（框）架式，中间具有较大空间。此法采取环形挖土，在基坑中部留下土墩（中心岛），利用土墩作支撑搭设栈桥连接基坑内外，挖土机械和运土车利用栈桥进入基坑作业，可以加快挖土和运土速度。最后挖除中心岛，拆除栈桥，吊出挖土机械。

（5）当基坑挖土结束后应立即组织坑槽检验（验槽）。

三、基坑支护结构

开挖基坑（槽）时，如地质和周围条件允许，可放坡开挖，比较经济。但在建筑稠密地区施工，有时不允许按要求放坡的宽度开挖，或有防止地下水渗入基坑要求时，就需要进行坑壁支撑，以保证施工顺利、安全地进行，并减少对相邻已有建筑物的不利影响。坑壁支撑主要有钢（木）支撑、钢（木）板桩、水泥土搅拌桩、钢筋混凝土桩和钢筋混凝土地下连续墙等。

坑壁支撑的形式，应根据开挖深度、土质条件、地下水位、开挖方法、相邻建筑物或构筑物等情况进行选择和设计。必要时还应经试验后确定。基坑（槽）的支撑方法有：断续式水平支撑、连续式水平支撑、连续式垂直支撑、板桩支撑、短桩横隔支撑、临时挡土墙支撑、钢筋混凝土地下连续墙等。

1. 断续式水平支撑

断续式水平支撑如图 5 - 30（a）所示。对于挖掘湿度小的黏性土及挖土深度小于 3m 时可采

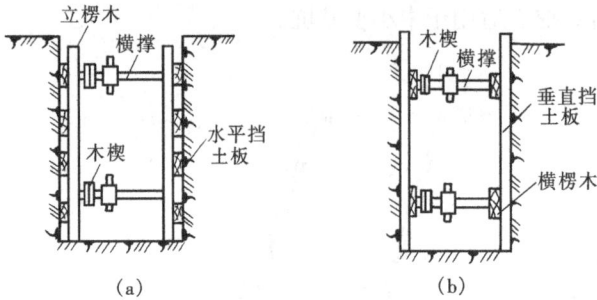

图 5 - 30　横撑式支撑

（a）断续式挡土板水平支撑；（b）垂直挡土板支撑

用断续式水平支撑。

支撑时，挡土板水平放置，中间留出间隔，然后，两侧同时对称立上竖向枋木，再用工具式横撑上下顶紧。

2. 连续式水平支撑

挖掘较潮湿的或散粒的土或挖土深度 3～5m 时，可采用连续式水平支撑。

支撑时，挡土板水平放置，相互靠紧，不留间隔，然后两侧同时对称立上竖向枋木，上下各顶一根撑木，端尖加木楔楔紧。

3. 连续式垂直支撑

挖掘松散的或湿度很高的土（挖土深度不限），可采用连续式垂直支撑。如图 5 - 30（b）所示。

支撑时，挡土板垂直放置，然后每侧上下各水平放置横枋木一根用撑木顶紧，再用木楔楔紧。

4. 板桩支撑

板桩为一种支护结构，既挡土又防水。当开挖较大基坑或使用较大的机械挖土，而不能安装横撑时，或地下水位较高且有出现流砂的危险时，如未采用降低地下水位的方法，则可用板桩打入土中，使地下水在土中渗流的路线延长，降低水力坡度，从而防止流砂产生。在靠近原有建筑物开挖基坑时，为了防止原建筑物基础的下沉，也应打设板桩支护。

板桩有木板桩、钢筋混凝土板桩、钢筋混凝土护坡桩、钢板桩和钢木混合板桩式支护结构等。钢板桩在临时工程中可多次重复使用。钢筋混凝土板桩一般不重复使用。

5. 短桩横隔支撑

开挖宽度大的基坑，当部分地段下部放坡不足时可采用短桩横隔支撑，如图 5 - 31(a)所示。支撑时，打入小短木桩，一半在地上，一半在地下，地上部分背面钉上横板填土即可。

6. 临时挡土墙支撑

开挖宽度大的基坑，当部分地段下部放坡不足时，也可用临时挡土墙支撑，如图 5 - 31（b）所示。支撑时，沿坡脚用砖、石或草袋装土叠砌即可。

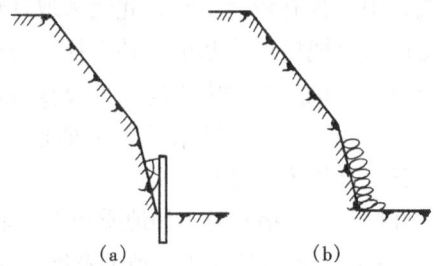

图 5 - 31　挡土支撑

（a）短桩横隔支撑；（b）临时挡土墙支撑

7. 地下连续墙、水泥土搅拌墙及型钢水泥土搅拌墙

钢筋混凝土制作的地下连续墙、水泥土搅拌墙及型钢水泥土搅拌墙在基坑开挖中形成挡土墙支挡结构和止水帷幕结构。其中地下连续墙不但可以是基坑开挖时的围护结构，又可以作为永久性建筑物的地下结构（如地下室的侧墙），能节约大量投资，因此地下连续墙与水平支撑体系相结合是城市中大型深基坑最主要的围护体系之一。关于地下连续墙见第七章，水泥土搅拌墙及型钢水泥土搅拌墙见第八章。

8. 钻孔灌注桩排桩

大型深基坑的挡土结构不具备采用地下连续墙的实施条件时，可考虑钻孔灌注桩排桩挡土结构结合水平支撑体系，有地下水时，止水帷幕可采用水泥土搅拌墙。钻孔灌注桩见第七章。

四、悬臂式支护结构设计要点

对于桩式、墙式悬臂式支护结构抗倾覆稳定性应满足以下条件（图 5 - 32），即

$$\frac{M_p}{M_a} = \frac{E_p b_p}{E_a b_a} \geqslant K_t \qquad (5 - 26)$$

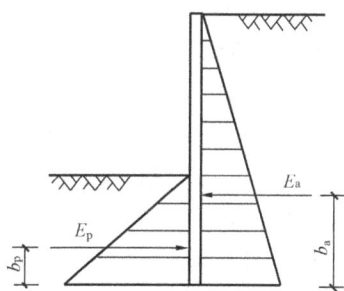

图 5 - 32　悬臂式结构稳定性
计算示意

式中　E_a、E_p——分别为基坑外侧主动土压力、基坑内侧被动土压力，kN。

　　　b_a、b_p——分别为基坑外侧主动土压力、基坑内侧被动土压力合力作用点至挡土构件底端的距离，m。

　　　K_t——《建筑地基基础设计规范》称为抗倾覆稳定安全系数，取 1.30；《建筑基坑支护技术规程》称为嵌固稳定安全系数，当基坑内侧被动土压力按平面杆系结构弹性支点法确定时，根据支护结构的安全等级不同，分别取 1.25、1.20、1.15。

在悬臂式支护结构设计中，桩式、墙式悬臂式支护结构的最大弯矩位置在基坑面以下，可根据剪力为零的条件确定。

第七节　基槽检验与地基局部处理

一、基槽（坑）检验

基槽（坑）检验就是基础施工时常说的验槽。当基槽（坑）开挖至设计标高时，施工单位应会同勘察、设计、监理、建设、质量监督等单位共同验槽，检查槽底土层是否与勘察设计资料相符，是否存在局部异常土质或坑穴、古井、暗沟、老地基等不良地质情况，以及核对建筑物位置、平面尺寸、槽底标高是否与设计图纸一致。

天然地基验槽前，应在基槽（坑）底普遍进行轻型动力触探检验，检验数据作为验槽依据。验槽以细致观察为主，并辅以袖珍贯入仪或钎探、夯、拍等其他辅助手段。

验槽首先要检查核对基槽（坑）的施工位置及槽（坑）底标高是否与设计相符，然后观察槽帮土层分布情况及走向，检查槽（坑）底刚开挖的且结构没有受到破坏的原状土的结构、孔隙、湿度、含有物等，确定是否为原设计的持力层土层。当验槽揭露的岩土条件与勘察报告有较大差别或施工中地基土受严重扰动，以及验槽人员认为必要时，可有针对性地补充进行专门的施工勘察工作。当遇有下列情况时，应列为验槽的重点：

（1）当持力土层的顶面标高有较大的起伏变化时；

（2）基础范围内存在两种以上不同成因类型的地层时；

（3）基础范围内存在局部异常土质或坑穴、古井、老地基或古迹遗址时；

（4）基础范围内遇有断层破碎带、软弱岩脉以及湮废河、湖、沟、坑等不良地质条件时；

（5）在雨季或冬季等不良气候条件下施工，基底土质可能受到影响时。

总之，凡有异常现象的部位，都应对其原因和范围调查清楚，以便为地基处理或变更结构设计提供详细的资料。

钎探是将一定长度的钢钎打入槽底的土层中，根据每打入一定深度的锤击数来判断土质情况的一种简易勘探方法。钢钎由直径 $\phi22 \sim \phi25$ 的钢筋制成，钎头呈 $60°$ 尖锥状，长度视钎探深度而定。锤采用 $4 \sim 5kg$ 的手锤，每一工程采用的锤重应该一致。打锤时，举锤离钎顶 $50 \sim 70cm$，将钢钎竖直打入土中，并记录每打入土层 $30cm$（通常称为一步）的锤击数。钎孔布置和深度应根据地基土质的复杂程度、基槽宽度、形状等情况而定。当一幢建筑物钎探完成后，要全面地从上到下，逐步逐层地分析钎探记录，将锤击数过多或过少的钎孔，在钎探平面图上圈定，以备现场重点检查。

验槽结果应填写验槽记录，并由参加验槽的各方面负责人签字，作为施工处理的依据。验槽记录应长期保存，若工程发生质量事故，验槽记录是分析事故原因的重要线索。

二、地基的局部处理

基槽检验查明的局部异常地基，需妥善处理。处理方法可根据具体情况有所不同，但均应符合使建筑物各个部位的沉降尽量趋于一致，减少地基不均匀沉降的处理原则。

1. 局部松土坑（填土、墓穴、淤泥等）的处理

当坑的范围较小时，可将坑中松软土挖除，使坑底及坑壁均见自然土，然后采用与天然土层压缩性相近的材料回填。例如：当天然土为砂土时，用砂或级配砂石分层回填夯实；当天然土为较密实的黏性土时，用 3:7 灰土分层夯实回填；如为中密的可塑的黏性土时，则可用 2:8 灰土分层夯实回填。

当松土坑的范围较大，宽度方向大于基槽宽度，槽壁挖不到天然土层时，则应将该范围内的基槽适当加宽，如用砂土或砂石回填时，基槽每边放宽不少于挖土深度；如用灰土回填时，每边按 0.5 倍挖土深度放宽。当松土坑较浅时，应将松土全部挖去；当松土坑较深时，可将一定深度范围内的松土挖除，采用与天然土压缩性相近的材料回填（详见第八章换填垫层法）。

对于较深的松土坑（如深度大于槽宽或 1.5m）处理后，还应考虑是否适当加强上部结构，以抵抗由于可能发生的不均匀沉降而引起的内力。

2. 局部硬土（或其他硬物）的处理

当基础范围内存在局部较其他部分过于坚硬的土质时，例如：基岩、旧房基、老灰土、大树根等，均应尽可能挖除，采用与其他部分压缩性相近的材料分层回填夯实，以防建筑物由于受硌产生不均匀沉降，造成上部结构开裂。

对于废弃的砖井等较深的局部硬物，当井内填土已较密实，可将井的砖圈拆除至基槽底以下 1m 或更多些，采用 2:8 或 3:7 灰土分层夯实至基槽底；若井内填土不密实，甚至还是软土时，可用石块将下面软土挤紧，或在砖圈上加钢筋混凝土盖封口，上部再回填处理。

根据局部硬土层的范围及所处的位置不同，也可采用基础梁跨越或悬挑等方法解决。

3. 弹簧土的处理

当黏性土含水率很高，趋于饱和时，碾压（夯拍）施工扰动后会使地基土变成踩上去有一种颤动感觉的"弹簧土"。所以，当发现地基土含水率很高，趋于饱和时，要避免直接碾压（夯拍），可采用晾槽或掺石灰粉的办法降低土的含水率，然后再根据具体情况选择施工方法。如果地基土已成为弹簧土，则应将弹簧土全部挖去，填以砂土或级配砂石，或插片石将泥挤紧。

4. 管道的处理

当管道位于基底以下时，最好拆迁或将基础局部落低，否则应采取防护措施，避免管道被基础压坏。当管道穿过基础，而基础又不允许切断时，也应将这部分基础局部落深。当管道穿过基础墙时，必须在基础墙上管道周围，特别是上部留出足够尺寸的空隙（大于房屋预估的沉降量），使建筑物产生沉降后不致引起管道的变形或破坏。

另外，管道应该采取防漏措施，以免漏水浸湿地基造成不均匀沉降。当地基为湿陷性黄土时，尤应注意这个问题。

5. 其他

如在地基内遇有古墓、文物或发现未经说明的电缆、管道时，切勿自行处理，应及时与有关部门取得联系，共同商定处理方法。

思 考 题

1. 土压力有哪几种？影响土压力大小的因素有哪些？

2. 何谓主动土压力？产生主动土压力的条件是什么？适用于什么范围？

3. 何谓被动土压力？

4. 库仑土压力的基本假设是什么？适用于什么范围？主动土压力系数 K_a 如何计算？

5. 挡土墙有哪几种类型？各有什么特点？适用于什么条件？

6. 重力式挡土墙的尺寸如何初步确定？如何最终确定？

7. 挡土墙设计中需要进行哪些验算？要求稳定安全系数多大？采取什么措施可以提高稳定安全系数？

8. 挡土墙排水设施如何设置？

9. 土坡稳定有何实际意义？影响土坡稳定的因素有哪些？

10. 无黏性土坡的稳定性与哪些因素有关？

11. 黏性土坡稳定分析的条分法原理是什么？如何确定最危险圆弧滑动面？

12. 基坑降水措施有哪几种？

13. 土壁支撑有哪几种形式？各自的适用条件如何？

14. 验槽的目的是什么？如何进行验槽？

15. 什么是钎探？钎探时为什么采用同一种锤重？

16. 地基局部处理的方法是根据什么原则确定的？

1. 某挡土墙高 5m，墙背垂直、光滑，填土面水平，$\gamma = 19 \text{kN/m}^3$，$\varphi = 30°$，$c = 0$，$\delta = 0$，试确定：

(1) 该挡土墙的静止土压力分布、合力大小及其作用点位置；

(2) 该挡土墙的主动土压力分布、合力大小及其作用点位置。

2. 如图 5-33 所示，某挡土墙高 4m，墙背俯斜角 $\alpha = 20°$，填土面倾角 $\beta = 10°$，填土的重度 $\gamma = 20 \text{kN/m}^3$，$\varphi = 30°$，$c = 0$，填土与墙背的摩擦角 $\delta = 15°$，试确定：该挡土墙的主动土压力的大小、作用点位置和方向。

3. 某挡土墙高 5m，墙背垂直、光滑，填土面水平，作用有连续均布荷载 $q = 20 \text{kPa}$，填土的物理力学指标如图 5-34 所示，试计算主动土压力。

4. 如图 5-35 所示的挡土墙，墙身砌体重度 $\gamma_k = 22 \text{kN/m}^3$，试验算挡土墙的稳定性。

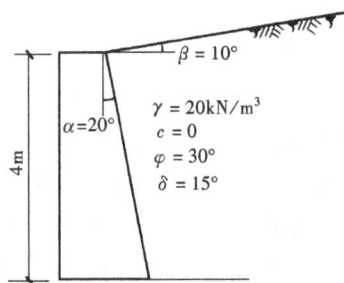

图 5-33　习题 2 附图

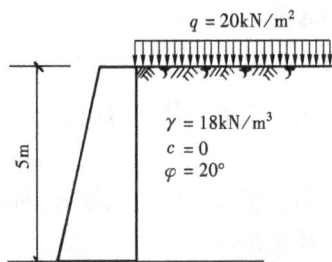

图 5-34　习题 3 附图

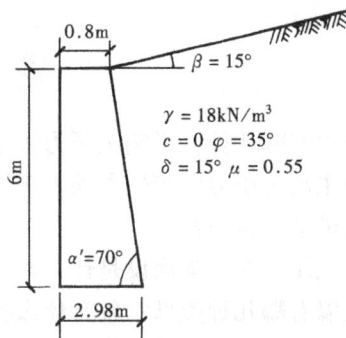

图 5-35　习题 4 附图

第六章　天然地基上的浅基础

地基分为天然地基和人工地基两类，按基础埋置深度的不同又分为浅基础和深基础两类。一般在天然地基上修筑浅基础技术简单、施工方便，不需要复杂的施工设备，因而可以缩短工期，降低工程造价；而人工地基和深基础往往施工比较复杂、工期较长、造价较高。因此在保证建筑物的安全和正常使用的前提下，应优先选用天然地基上浅基础的设计方案。

第一节　概　　述

一、地基基础的重要性及设计所需资料

地基基础对整个建筑物的安全、使用、工程量、造价和施工工期的影响很大，并且属于地下隐蔽工程，一旦失事，补救困难，因此在设计和施工时应当引起高度重视。

地基基础的设计不能孤立地进行，既要考虑上部结构的形式、规模、荷载大小与性质、对不均匀沉降的敏感性；又要研究下部地质条件、土层分布、土的性质、地下水等情况，因地制宜进行设计。一般情况下，进行地基基础设计时，需具备下列资料：

（1）建筑场地的地形图；

（2）建筑场地的工程地质与水文地质勘察报告；

（3）建筑物的平面、立面、剖面图，作用在基础上的荷载，设备基础及各种设备管道的布置与标高；

（4）建筑材料的供应情况，施工技术和设备力量；

（5）建筑场地环境，邻近建筑物基础类型与埋深，地下管线分布；

（6）工程投资与工期要求。

二、天然地基上浅基础设计内容与步骤

（1）根据上部结构形式、荷载、工程地质及水文地质条件等选择基础结构形式和材料，进行平面布置；

（2）确定基础的埋置深度；

（3）按地基承载力和作用在地基上的荷载，计算确定基础的底面尺寸；

（4）若持力层下存在软弱下卧层时，需验算软弱下卧层的承载力；

（5）验算地基的变形；

（6）基础结构和构造设计；

（7）绘制基础施工图，编制施工说明。

三、浅基础的类型

基础可以按照使用的材料和结构形式分类。分类的目的是更好地了解各种类型基础的特点及适用范围，以便设计时合理地选择。

浅基础按使用的材料可分为：砖基础、毛石基础、混凝土或毛石混凝土基础、灰土或三合土基础、钢筋混凝土基础等。按结构形式可分为：无筋扩展基础、扩展基础、柱下条形基

础、柱下十字形基础、筏形基础等。

（一）无筋扩展基础

无筋扩展基础系指由砖、毛石、混凝土或毛石混凝土、灰土和三合土等材料构筑，且不需配置钢筋的墙下条形基础或柱下独立基础。这些基础具有就地取材、价格较低、施工方便的特点，但也有一个共同的弱点，就是材料的抗拉、抗弯强度较低，在地基反力作用下，基础下部的扩大部分像倒悬臂梁一样向上弯曲，如悬臂过长，则易产生弯曲破坏。因此需要用台阶宽高比的允许值来限制其悬臂长度。

1. 砖基础

砖基础的剖面为阶梯形如图 6-1 所示，称为大放脚。各部分的尺寸应符合砖的模数，其砌筑方式有"两皮一收"和"二、一间隔收"两种。两皮一收是每砌两皮砖，收进 1/4 砖长（即 60mm）；二、一间隔收是底层砌两皮砖，收进 1/4 砖长，再砌一皮砖，收进 1/4 砖长，以上各层依此类推。

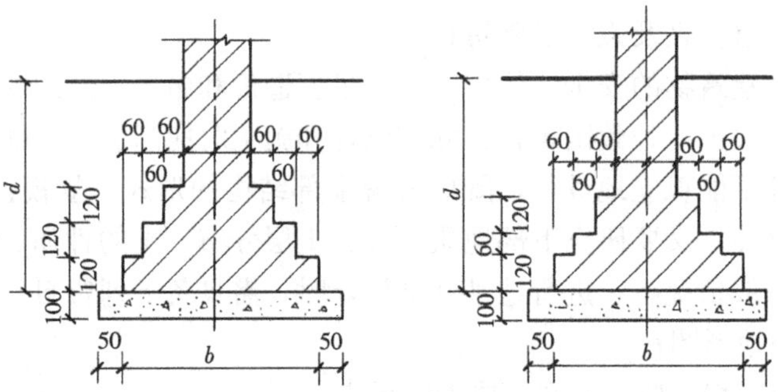

图 6-1　砖基础剖面图
(a) "二皮一收" 砌法；(b) "二、一间隔收" 砌法

砖基础所采用材料的强度应满足砖不低于 MU10，砂浆不低于 M5 的规定。基础底面以下需设垫层，垫层材料可选用灰土、素混凝土等，每边扩出基础底面 50mm。

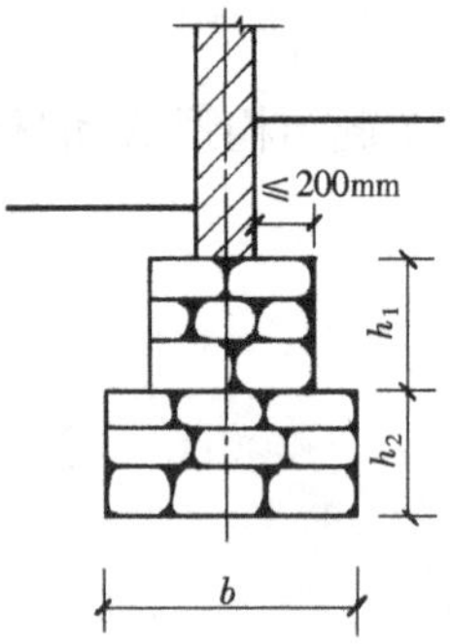

图 6-2　毛石基础图

2. 毛石基础

毛石基础是采用强度较高而未经风化的毛石砌筑而成，如图 6-2 所示。由于毛石之间间隙较大，如果砂浆黏结性能较差，则不能用于层数较多的建筑物。为了保证锁结作用，每一阶梯宜用二皮或二皮以上的毛石，每一阶梯伸出宽度不宜大于 200mm。

3. 灰土基础和三合土基础

灰土是用石灰和黏性土混合而成。石灰经熟化 1~2 天后，过 5~10mm 筛即可使用。土料应以有机质含量低的黏性土为宜，使用前也应过 10~20mm 的筛。石灰和土按其体积比为 3：7 或 2：8 加适量水拌匀，每层虚铺 220~250mm，夯至 150mm 为一步，一般可铺 2~3 步。压实后的灰土应满足设计压实系数的质量要求。灰土基础，如图 6-3 所示，一般适用于地下水位较低，层数较少的建筑。

三合土是由石灰、砂、碎砖或碎石按体积比为 1：2：4~1：3：6 配置而成。在我国南方地区常用，一般只用于低层民用建筑。

4. 混凝土基础和毛石混凝土基础

如图6-4所示，混凝土基础的强度、耐久性、抗冻性都较好，适用于荷载较大或位于地下水位以下的基础。混凝土基础水泥用量较大，造价比砖、石基础高。为了节约混凝土用量，可掺入少于基础体积30%的毛石做成毛石混凝土基础。掺入的毛石尺寸不得大于300mm，使用前须冲洗干净。

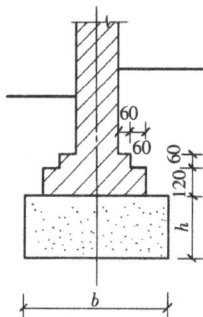

图6-3　灰土基础和三合土基础　　　　　　图6-4　混凝土基础

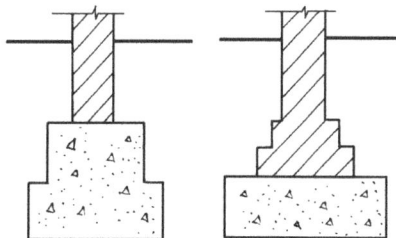

（二）扩展基础

扩展基础系指通过向侧边扩展成一定底面积，能起到应力扩散作用的柱下钢筋混凝土独立基础和墙下钢筋混凝土条形基础。这种基础整体性较好，抗剪强度大，在基础设计中广泛采用，特别适用于需要"宽基浅埋"的场合。当采用HPB300热轧光圆钢筋时，端部应有朝上弯钩。

墙下钢筋混凝土条形基础一般做成无肋式，当地基的压缩性不均匀时，为了增加基础的整体性，减少不均匀沉降也可采用带肋式的条形基础，如图6-5所示。

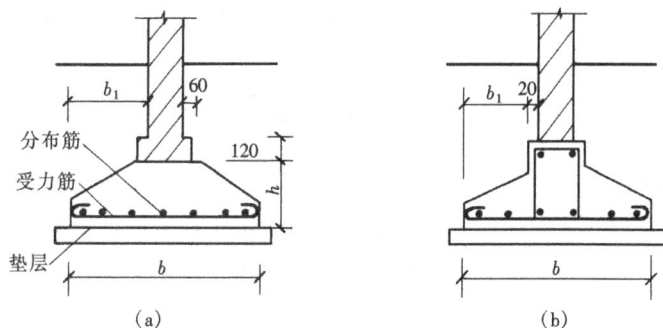

图6-5　墙下钢筋混凝土条形基础

（a）无肋式；（b）有肋式

现浇柱下常采用钢筋混凝土锥形或阶梯形单独基础，预制柱下一般采用杯口基础如图6-6所示。

（三）柱下条形基础

当地基较软弱而荷载较大，若采用柱下单独基础，基础底面积必须很大因而互相靠近或重叠，为增强基础的整体性，可将同一排柱基础连通，就成为柱下条形基础，如图6-7所示。柱下条形基础常在框架结构中采用，一般设在房屋的纵向，由肋梁及翼板组成，截面成

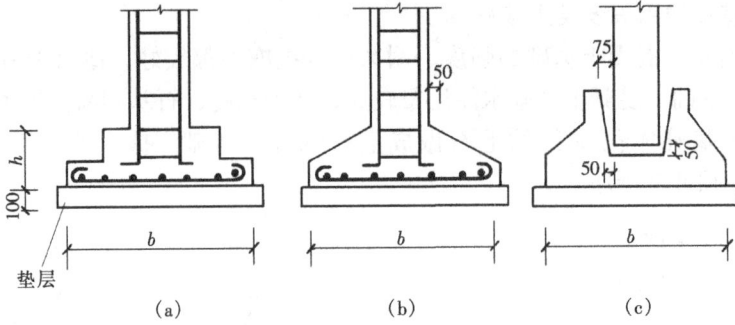

图 6-6 柱下钢筋混凝土独立基础

(a) 阶梯形；(b) 锥形；(c) 杯形

倒 T 形。若荷载较大且土质较弱时，为了增强基础的整体刚度，减小不均匀沉降，可在柱网下纵横方向均设置条形基础，形成柱下十字形基础。

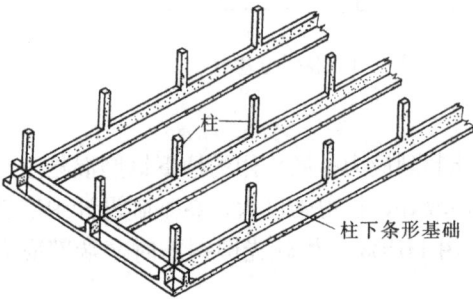

图 6-7 柱下条形基础

（四）筏形基础

当地基软弱而荷载较大，采用十字形基础仍不能满足要求，或者十字交叉基础宽度较大而又相互接近时，可将基础底板连成一片而成为筏形基础。筏形基础的整体性好，能调整基础各部分的不均匀沉降。

筏形基础分为平板式和梁板式两种类型，其类型应根据工程地质、上部结构体系、柱距、荷载大小以及施工条件等因素确定。平板式是在地基上做一整块钢筋混凝土底板，柱子直接支立在底板上（柱下筏板）或在底板上直接砌墙（墙下筏板）。梁板式如倒置的肋形楼盖，若梁在底板的上方称上梁式，在底板的下方称下梁式。

第二节　地基基础设计的基本规定

一、地基基础设计等级

根据地基复杂程度、建筑物规模和功能特征以及由于地基问题可能造成建筑物破坏或影响正常使用的程度，将地基基础设计分为三个设计等级，见表 6-1。

表 6-1　　　　　　　　　　　　　　　　地基基础设计等级

设计等级	建筑和地基类型
甲　级	重要的工业与民用建筑物 30 层以上的高层建筑 体型复杂、层数相差超过 10 层的高低层连成一体的建筑物 大面积的多层地下建筑物（如地下车库、商场、运动场等） 对地基变形有特殊要求的建筑物 复杂地质条件下的坡上建筑物（包括高边坡） 对原有工程影响较大的新建建筑物 场地和地基条件复杂的一般建筑物 位于复杂地质条件及软土地区的二层及二层以上地下室的基坑工程 开挖深度大于 15m 的基坑工程 周边环境条件复杂、环境保护要求高的基坑工程

设计等级	建筑和地基类型
乙　级	除甲级、丙级以外的工业与民用建筑物 除甲级、丙级以外的基坑工程
丙　级	场地和地基条件简单、荷载分布均匀的七层及七层以下民用建筑及一般工业建筑物；次要的轻型建筑物 非软土地区且场地地质条件简单、基坑周边环境条件简单、环境保护要求不高且开挖深度小于 5.0m 的基坑工程

二、地基基础设计的一般要求

为了保证建筑物的安全与正常使用，根据建筑物地基基础设计等级及长期荷载作用下地基变形对上部结构的影响程度，地基基础设计应符合下列规定：

（1）所有建筑物的地基计算均应满足承载力计算的有关规定。

（2）设计等级为甲级、乙级的建筑物，均应按地基变形设计。

（3）表 6-2 所列范围内设计等级为丙级的建筑物可不作变形验算，但若有下列情况之一时，仍应作变形验算：

表 6-2　　　　　可不作地基变形计算设计等级为丙级的建筑物范围

地基主要受力层情况			$80 \leqslant f_{ak}$ <100	$100 \leqslant f_{ak}$ <130	$130 \leqslant f_{ak}$ <160	$160 \leqslant f_{ak}$ <200	$200 \leqslant f_{ak}$ <300
	地基承载力特征值 f_{ak}（kPa）						
	各土层坡度（％）		$\leqslant 5$	$\leqslant 10$	$\leqslant 10$	$\leqslant 10$	$\leqslant 10$
建筑类型	砌体承重结构、框架结构 （层数）		$\leqslant 5$	$\leqslant 5$	$\leqslant 6$	$\leqslant 6$	$\leqslant 7$
	单层排架结构 （6m 柱距）	单跨　吊车额定起重量（t）	10～15	15～20	20～30	30～50	50～100
		单跨　厂房跨度（m）	$\leqslant 18$	$\leqslant 24$	$\leqslant 30$	$\leqslant 30$	$\leqslant 30$
		多跨　吊车额定起重量（t）	5～10	10～15	15～20	20～30	30～75
		多跨　厂房跨度（m）	$\leqslant 18$	$\leqslant 24$	$\leqslant 30$	$\leqslant 30$	$\leqslant 30$
	烟囱	高度（m）	$\leqslant 40$	$\leqslant 50$	$\leqslant 75$		$\leqslant 100$
	水塔	高度（m）	$\leqslant 20$	$\leqslant 30$	$\leqslant 30$		$\leqslant 30$
		容积（m³）	50～100	100～200	200～300	300～500	500～1000

注　1. 地基主要受力层系指条形基础底面下深度为 $3b$（b 为基础底面宽度），独立基础下为 $1.5b$，且厚度均不小于 5m 的范围（二层以下一般的民用建筑除外）；

2. 地基主要受力层中如有承载力特征值小于 130kPa 的土层时，表中砌体承重结构的设计，应符合《建筑地基基础设计规范》第七章的有关要求；

3. 表中砌体承重结构和框架结构均指民用建筑，对于工业建筑可按厂房高度、荷载情况折合成与其相当的民用建筑层数；

4. 表中吊车额定起重量、烟囱高度和水塔容积的数值系指最大值。

1）地基承载力特征值小于 130kPa，且体型复杂的建筑；

2）在基础上及其附近有地面堆载或相邻基础荷载差异较大，可能引起地基产生过大的不均匀沉降时；

3）软弱地基上的建筑物存在偏心荷载时；

4）相邻建筑距离过近，可能发生倾斜时；

5）地基内有厚度较大或厚薄不均的填土，其自重固结未完成时。

（4）对经常受水平荷载作用的高层建筑、高耸结构和挡土墙等，以及建造在斜坡上或边坡附近的建筑物和构筑物，尚应验算其稳定性。

（5）基坑工程应进行稳定性验算。

（6）当地下水埋藏较浅，建筑地下室或地下构筑物存在上浮问题时，尚应进行抗浮验算。

三、岩土工程勘察

地基基础设计前应进行岩土工程勘察，其报告应提供下列资料：

（1）有无影响建筑场地稳定性的不良地质条件及其危害程度；

（2）建筑物范围内的地层结构及其均匀性，各岩土层的物理力学性质，以及对建筑物的腐蚀程度；

（3）地下水埋藏情况、类型和水位变化幅度及规律，以及对建筑材料的腐蚀性；

（4）在抗震设防区应划分场地类别，并对饱和砂土及粉土进行液化判别；

（5）对可供采用的地基基础设计方案进行论证分析，提出经济合理的设计方案建议，提供与设计要求相对应的地基承载力及变形计算参数，并对设计与施工应注意的问题提出建议；

（6）当工程需要时，尚应提供：①深基坑开挖的边坡稳定计算和支护设计所需的岩土技术参数，论证其对周边环境的影响；②基坑施工降水的有关技术参数及地下水控制方法的建议；③提供用于计算地下水浮力的设防水位。

地基评价宜采用钻探取样、室内土工试验、触探、并结合其他原位测试方法进行。设计等级为甲级的建筑物应提供载荷试验指标、抗剪强度指标、变形参数指标和触探资料；设计等级为乙级的建筑物应提供抗剪强度指标、变形参数指标和触探资料；设计等级为丙级的建筑物应提供触探及必要的钻探和土工试验资料。

另外，基坑开挖后，建筑物地基均应进行施工验槽。如地基条件与原勘察报告不符时，应进行施工勘察。

四、荷载取值

地基基础设计时，荷载取值应遵循下列规定：

（1）按地基承载力确定基础底面积及埋深或按单桩承载力确定桩数时，传至基础或承台底面上的作用效应应按正常使用极限状态下作用的标准组合。相应的抗力应采用地基承载力特征值或单桩承载力特征值。

（2）计算地基变形时，传至基础底面上的作用效应应按正常使用极限状态下作用的准永久组合，不应计入风荷载和地震作用。相应的限值应为地基变形允许值。

（3）计算挡土墙、地基或滑坡稳定以及基础抗浮稳定时，作用效应应按承载能力极限状态下作用的基本组合，但其分项系数均为1.0。

（4）在确定基础或桩基承台高度、支挡结构截面、计算基础或支挡结构内力、确定配筋和验算材料强度时，上部结构传来的作用效应和相应的基底反力、挡土墙土压力以及滑坡推力，应按承载能力极限状态下作用的基本组合，采用相应的分项系数；对由永久作用控制的基本组合，也可采用简化规则，取标准组合效应值的 1.35 倍；当需要验算基础裂缝宽度时，应按正常使用极限状态下作用效应的标准组合。

（5）基础设计安全等级、结构设计使用年限、结构重要性系数应按有关规范的规定采用，但结构重要性系数 γ_0 不应小于 1.0。

第三节　基础埋置深度

基础的埋置深度一般是指室外设计地面至基础底面的距离。

基础埋置深度的大小与建筑物的安全和正常使用、施工技术、施工周期及工程造价有着密切的关系。设计时必须综合分析建筑物自身的条件及所处环境的影响，按技术和经济的最佳方案确定。下面分别介绍基础埋置深度的影响因素及规范有关规定。

一、建筑物用途及基础构造

确定基础埋置深度时，应考虑建筑物有无地下室、设备基础和地下设施的影响，必须结合建筑物地下部分的设计标高来选定。如果在基础范围内有管道等地下设施通过时，原则上基础的底板应低于这些设施的底面，否则应采取措施消除对地下设施的不利影响。

高层建筑筏形和箱形基础的埋置深度应满足地基承载力、变形和稳定性要求。在抗震设防区，除岩石地基外，天然地基上的箱形和筏形基础埋置深度不宜小于建筑物高度的 1/15；桩箱或桩筏基础的埋置深度（不计桩长）不宜小于建筑物高度的 1/18。位于岩石地基上的高层建筑，其埋置深度应满足抗滑移要求。

二、作用在地基上的荷载大小和性质

荷载大小及性质不同，对持力层的要求也不同。当上部结构荷载较大，则基础应埋置于较好的土层上，以满足基础设计的要求。对于承受水平荷载的基础，必须有足够的埋置深度以保证结构的稳定性。对于承受上拔力的基础，必须有足够的埋置深度以保证抗拔阻力。对于承受动荷载的基础，则不宜选择饱和疏松的粉细砂作为持力层，以免地基液化而丧失承载力。

三、工程地质和水文地质条件

选择基础埋置深度也就是选择合适的地基持力层。在满足地基稳定和变形要求下，地基宜浅埋，一般当上层土的承载力能满足要求时，宜利用上层土作为持力层，以节省投资，方便施工。若其下有软弱下卧层时，则应验算其承载力是否满足要求。从保护基础不受人类和生物活动的影响考虑，基础顶面宜低于室外设计地面 0.1m，且除岩石地基外，基础埋深不宜小于 0.5m。

对于有地下水的场地，宜将基础埋置在地下水位以上，以免施工时排水困难。当必须埋在地下水位以下时，应采取措施保证地基土在施工时不受扰动。当地下水有侵蚀性时，应对基础采取保护措施。

四、相邻建筑物的影响

从保证原有建筑物的安全和正常使用考虑，新建建筑物的基础埋深不宜大于原有建筑基础。当埋深大于原有建筑基础时，两基础间应保持一定净距，其数值应根据原有建筑荷载大小、基础形式和土质情况确定。当上述要求不能满足时，应采取分段施工、设临时加固支撑、打板桩、地下连续墙等施工措施，或加固原有建筑物地基。

五、地基土冻胀和融陷的影响

土中水分冻结后，使土体积增大的现象称为冻胀。若冻胀产生的上抬力大于作用在基底的竖向力时，则基础隆起。土中冰晶体融化后，含水率增大，使土体软化，强度降低，将产生附加沉降，称为融陷。

冻土分为季节性冻土和常年冻土两类。季节性冻土是指一年内冻结与解冻交替出现的土层，反复出现冻融现象，会引起建筑物开裂甚至破坏。因此在季节性冻土地区，确定基础埋置深度时应考虑地基土冻胀和融陷的影响。

由于冻胀与融陷是相互关联的，故常以冻胀性加以概括。《建筑地基基础设计规范》根据土的类别、天然含水率的大小、地下水位高低和平均冻胀率（最大地面冻胀量与设计冻深之比，可由实测取得）将地基土分为不冻胀、弱冻胀、冻胀、强冻胀和特强冻胀 5 类（表 6-3）。

季节性冻土地基的设计冻深应按下式计算

$$z_d = z_0 \psi_{zs} \psi_{zw} \psi_{ze} \tag{6-1}$$

式中　z_d——场地冻结深度，m；当有实测资料时，按 $z_d = h' - \Delta z$ 计算，h' 和 Δz 分别为最大冻深出现时场地最大实测冻土层厚度、场地地表冻胀量，m；

　　　z_0——标准冻结深度，m；当无实测资料时，可按《建筑地基基础设计规范》附录 F 标准冻深图采用；

　　　ψ_{zs}——土的类别对冻深的影响系数，按表 6-4 查取；

　　　ψ_{zw}——土的冻胀性对冻深的影响系数，按表 6-5 查取；

　　　ψ_{ze}——环境对冻深的影响系数，按表 6-6 查取。

表 6-3　　　　　　　　　　　　　地基土的冻胀性分类

土的名称	冻前天然含水率 w（%）	冻结期间地下水位距冻结面的最小距离 h_w（m）	平均冻胀率 η（%）	冻胀等级	冻胀类别
碎（卵）石，砾、粗、中砂（粒径小于 0.075mm 颗粒含量大于 15%），细砂（粒径小于 0.075mm 颗粒含量大于 10%）	$w \leqslant 12$	>1.0	$\eta \leqslant 1$	I	不冻胀
		≤1.0	$1 < \eta \leqslant 3.5$	II	弱冻胀
	$12 < w \leqslant 18$	>1.0			
		≤1.0	$3.5 < \eta \leqslant 6$	III	冻胀
	$w > 18$	>0.5			
		≤0.5	$6 < \eta \leqslant 12$	IV	强冻胀
粉砂	$w \leqslant 14$	>1.0	$\eta \leqslant 1$	I	不冻胀
		≤1.0	$1 < \eta \leqslant 3.5$	II	弱冻胀
	$14 < w \leqslant 19$	>1.0			
		≤1.0	$3.5 < \eta \leqslant 6$	III	冻胀
	$19 < w \leqslant 23$	>1.0			
		≤1.0	$6 < \eta \leqslant 12$	IV	强冻胀
	$w > 23$	不考虑	$\eta > 12$	V	特强冻胀

土的名称	冻前天然含水量 w（%）	冻结期间地下水位距冻结面的最小距离 h_w（m）	平均冻胀率 η（%）	冻胀等级	冻胀类别
粉土	$w \leqslant 19$	>1.5	$\eta \leqslant 1$	I	不冻胀
		≤1.5	$1 < \eta \leqslant 3.5$	II	弱冻胀
	$19 < w \leqslant 22$	>1.5			
		≤1.5	$3.5 < \eta \leqslant 6$	III	冻胀
	$22 < w \leqslant 26$	>1.5			
		≤1.5	$6 < \eta \leqslant 12$	IV	强冻胀
	$26 < w \leqslant 30$	>1.5			
		≤1.5	$\eta \leqslant 12$	V	特强冻胀
	$w > 30$	不考虑			
黏性土	$w \leqslant w_p + 2$	>2.0	$\eta \leqslant 1$	I	不冻胀
		≤2.0	$1 < \eta \leqslant 3.5$	II	弱冻胀
	$w_p + 2 < w \leqslant w_p + 5$	>2.0			
		≤2.0	$3.5 < \eta \leqslant 6$	III	冻胀
	$w_p + 5 < w \leqslant w_p + 9$	>2.0			
		≤2.0	$6 < \eta \leqslant 12$	IV	强冻胀
	$w_p + 9 < w \leqslant w_p + 15$	>2.0			
		≤2.0	$\eta > 12$	V	特强冻胀
	$w > w_p + 15$	不考虑			

注　1. w_p—塑限含水率（%）；w—在冻土层内冻前天然含水率的平均值。

　　2. 盐渍化冻土不在表列。

　　3. 塑性指数大于 22 时，冻胀性降低一级。

　　4. 粒径小于 0.005mm 的颗粒含量大于 60% 时，为不冻胀土。

　　5. 碎石类土当充填物大于全部质量的 40% 时，其冻胀性按充填物土的类别判断。

　　6. 碎石土、砾砂、粗砂、中砂（粒径小于 0.075mm 颗粒含量不大于 15%）、细砂（粒径小于 0.075mm 颗粒含量不大于 10%）均按不冻胀考虑。

表 6-4　　　　　　　　土的类别对冻深的影响系数

土的类别	影响系数 ψ_{zs}	土的类别	影响系数 ψ_{zs}
黏性土	1.00	中、粗、砾砂	1.30
细砂、粉砂、粉土	1.20	碎石土	1.40

表 6-5　　　　　　　　土的冻胀性对冻深的影响系数

冻胀性	影响系数 ψ_{zw}	冻胀性	影响系数 ψ_{zw}
不冻胀	1.00	强冻胀	0.85
弱冻胀	0.95	特强冻胀	0.80
冻胀	0.90		

表 6 - 6   环境对冻深的影响系数

周围环境	影响系数 ψ_{ze}	周围环境	影响系数 ψ_{ze}
村、镇、旷野	1.00	城市市区	0.90
城市近郊	0.95		

注 1. 环境影响系数一项，当城市市区人口为 20 万～50 万时，按城市近郊取值；

2. 当城市市区人口大于 50 万小于或等于 100 万时，只计入市区影响；

3. 当城市市区人口超过 100 万时，除计入市区影响外，尚应考虑 5km 以内郊区的近郊影响系数。

当建筑基础底面之下允许有一定厚度的冻土层，可用下式计算基础的最小埋深 d_{min}，则

$$d_{min} = z_d - h_{max} \tag{6-2}$$

式中 h_{max}——基础底面下允许残留冻土层的最大厚度，按表 6 - 7 查取，m。

表 6 - 7   建筑基底下允许残留冻土层厚度 h_{max} m

基底平均压力（kPa）			110	130	150	170	190	210
弱冻胀土	方形基础	采暖	0.90	0.95	1.00	1.10	1.15	1.20
		不采暖	0.70	0.80	0.95	1.00	1.05	1.10
	条形基础	采暖	>2.50	>2.50	>2.50	>2.50	>2.50	>2.50
		不采暖	2.20	2.50	>2.50	>2.50	>2.50	>2.50
冻胀土	方形基础	采暖	0.65	0.70	0.75	0.80	0.85	—
		不采暖	0.55	0.60	0.65	0.70	0.75	—
	条形基础	采暖	1.55	1.80	2.00	2.20	2.50	—
		不采暖	1.15	1.35	1.55	1.75	1.95	—

注 1. 本表只计算法向冻胀力，如果基侧存在切向冻胀力，应采取防切向力措施；

2. 基础宽度小于 0.6m 时不适用，矩形基础可取短边尺寸按方形基础计算；

3. 表中数据不适用于淤泥、淤泥质土和欠固结土；

4. 计算基底平均压力时取永久作用的标准组合值乘以 0.9，可以内插。

第四节 基础底面尺寸的确定

在确定了基础类型和埋置深度后，就可以根据修正后的地基承载力特征值计算基础底面的尺寸。如果地基受力层范围内存在软弱下卧层时，尚应对下卧层进行承载力验算。

一、轴心受压基础底面积

基础底面的压力，应符合下式要求（图 6 - 8）

$$p_k = \frac{F_k + G_k}{A} \leqslant f_a \tag{6-3}$$

$$G_k = \bar{\gamma} A \bar{d}$$

式中 f_a——修正后的地基承载力特征值，kPa；

p_k——相应于作用的标准组合时，基础底面处的平均
压力值，kPa；

F_k——相应于作用的标准组合时，上部结构传至基础
顶面的竖向力值，kN；

A——基础底面面积，m^2；

G_k——基础自重和基础上的土重，kN；

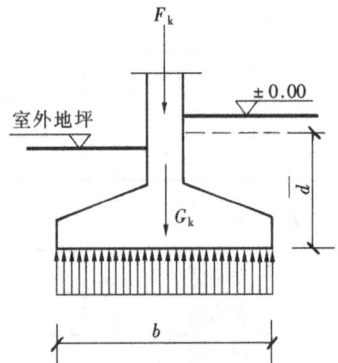

图 6 - 8 轴心受压基础

$\overline{\gamma}$——基础及其上部填土的平均重度，一般取 $\overline{\gamma}=20\mathrm{kN/m^3}$；

$\overline{d}$——基础平均埋深，m。

由式（6-3）可得基础底面积

$$A \geqslant \frac{F_\mathrm{k}}{f_\mathrm{a}-\overline{\gamma}\cdot\overline{d}} \qquad (6-4\mathrm{a})$$

按上式计算出 A 后，再确定基础边长 $b\times l$，通常采用正方形基础，如需采用矩形基础时，应使 $b/l \leqslant 2$（本书基础工程部分对矩形基础取弯矩作用方向的边长即长边长度为 b，短边长度为 l，使得矩形基础与条形基础的公式统一。这与本书第三章土力学部分正好相反，《建筑地基基础设计规范》也是这样处理的，请读者注意）。

对于条形基础，沿基础长度方向取 1m 为计算单元，则基底宽度为

$$b \geqslant \frac{F_\mathrm{k}}{f_\mathrm{a}-\overline{\gamma}\overline{d}} \qquad (6-4\mathrm{b})$$

式中　b——条形基础宽度，m；

F_k——沿长度方向 1m 范围内相应于作用的标准组合时，上部结构传至基础顶面的竖向力值，kN/m。

在上面的计算中可以看出，要求基础底面积，需先确定修正后的地基承载力特征值 f_a，而 f_a 又与基础宽度 b 有关。因此必须采用试算法计算，即先假设基础宽度小于或等于 3m，仅进行深度修正确定 f_a，然后按公式求出基础底面积或宽度，如宽度小于或等于 3m，表示假设正确，否则需再进行计算。

二、偏心受压基础底面积

如图 6-9 所示，在荷载 F_k、G_k、M_k 的共同作用下，在满足 $p_\mathrm{kmin}>0$ 的条件下，基底压力为梯形分布。对于矩形基础和条形基础（沿条形基础长度方向取 1 延米作为计算单元）

$$p_\mathrm{k\,min}^\mathrm{max} = \frac{F_\mathrm{k}+G_\mathrm{k}}{b} \pm \frac{M_\mathrm{k}}{W} = \frac{F_\mathrm{k}+G_\mathrm{k}}{b}\left(1\pm\frac{6e}{b}\right) \qquad (6-5\mathrm{a})$$

$$e = \frac{M_\mathrm{k}}{F_\mathrm{k}+G_\mathrm{k}} \qquad (6-5\mathrm{b})$$

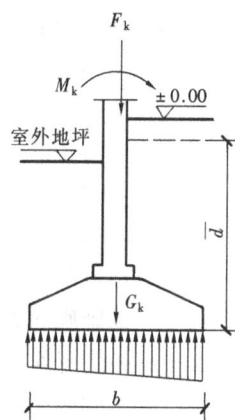

图 6-9　偏心受压基础

式中　p_kmax——相应于作用的标准组合时，基础底面边缘的最大压力值，kPa；

p_kmin——相应于作用的标准组合时，基础底面边缘的最小压力值，kPa；

M_k——相应于作用的标准组合时，作用于基础底面的力矩值，kN·m；

W——基础底面的抵抗矩，m³；

e——偏心距，宜控制 $e \leqslant b/6$（b 为基础底面偏心方向的边长），m。

当 $e>b/6$ 时，p_kmax 应按下式计算

$$p_\mathrm{kmax} = \frac{2(F_\mathrm{k}+G_\mathrm{k})}{3la} \qquad (6-6)$$

式中　l——垂直于力矩作用方向的基础底面边长，m；

a——合力作用点至基础底面最大压力边缘的距离，m。

在偏心荷载作用下，除满足式（6-3）外，尚应符合下式要求

$$p_\mathrm{kmax} \leqslant 1.2f_\mathrm{a} \qquad (6-7)$$

在计算偏心荷载作用下的基础底面尺寸时，通常采用试算方法确定，即先按轴心受压公式算出基础底面积，再根据偏心程度将算出的基础底面积增加 10%～40%，然后按式（6-5）、式（6-7）验算，直到合理为止。

三、地基软弱下卧层验算

当地基受力层范围内有软弱下卧层时还应按下式验算软弱下卧层顶面的承载力

$$p_z + p_{cz} \leqslant f_{az} \tag{6-8}$$

式中　　p_z——相应于作用的标准组合时，软弱下卧层顶面处的附加应力值，kPa；

p_{cz}——软弱下卧层顶面处土的自重应力值，kPa；

f_{az}——软弱下卧层顶面处经深度修正后地基承载力特征值，kPa。

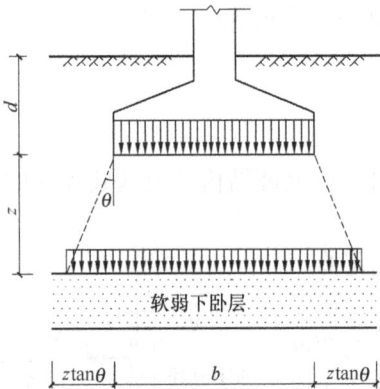

图 6-10　软弱下卧层验算简图

软弱下卧层顶面处附加应力 p_z 的计算见第三章，当上层土与软弱下卧层土的压缩模量比值大于或等于 3 时，对于条形基础和矩形基础，p_z 可按扩散角原理简化计算，如图 6-10 所示。

条形基础

$$p_z = \frac{b(p_k - p_c)}{b + 2z\tan\theta} \tag{6-9a}$$

矩形基础

$$p_z = \frac{lb(p_k - p_c)}{(b + 2z\tan\theta)(l + 2z\tan\theta)} \tag{6-9b}$$

式中　　b——矩形基础底面长边长度或条形基础底面的宽度，m；

l——矩形基础底面短边的长度，m；

p_c——基础底面处土的自重压力值，kPa；

p_k——相应于作用的标准组合时，基础底面处的平均压力值，kPa；

z——基础底面至软弱下卧层顶面的距离，m；

θ——地基压力扩散线与垂直线的夹角，按表 6-8 采用。

若软弱下卧层强度验算不满足式（6-8），需修改基础尺寸及基础埋深重新验算，或者对软弱地基进行加固处理。地基加固处理见第八章。

【例 6-1】　某单独基础，上部结构传来作用的标准组合设计值 $F_k = 490\text{kN}$，$M_k = 58.8\text{kN·m}$，基础埋深 1.5m，地基承载力特征值 $f_{ak} = 170\text{kN/m}^2$，已知地基为黏性土，$\eta_b = 0.3$，$\eta_d = 1.6$，$\gamma_m = 1.8\text{kN/m}^3$，试设计基底面积。

解　（1）修正地基承载力特征值（先不考虑对基础宽度的修正）

$$\begin{aligned}
f_a &= f_{ak} + \eta_d \gamma_m (d - 0.5) \\
&= 170 + 1.6 \times 18 \times (1.5 - 0.5) \\
&= 198.8\text{(kPa)}
\end{aligned}$$

表 6-8　　地基压力扩散角 θ

E_{s1}/E_{s2}	z/b	
	0.25	0.5
3	6°	23°
5	10°	25°
10	20°	30°

注　1. E_{s1} 为上层土压缩模量。E_{s2} 为下层土压缩模量。

2. $z/b < 0.25$ 时取 $\theta = 0°$，必要时，宜由试验确定；$z/b > 0.50$ 时，θ 值不变；$0.25 < z/b < 0.50$ 时，θ 值可采用内插法确定。

3. $3 < E_{s1}/E_{s2} < 5$ 或 $5 < E_{s1}/E_{s2} < 10$ 时，θ 值可采用内插法确定。

（2）初步选择基础底面积

先按轴心受压估算

$$A = \frac{F_k}{f_a - \gamma d} = \frac{490}{198.8 - 20 \times 1.5} = 2.9 (\text{m}^2)$$

考虑偏心力矩不大，将基础底面积增大 10%，则

$$A = 2.9 \times 1.1 = 3.19 \ (\text{m}^2)$$

控制 $b/l \leqslant 2$，取 $b = 2.6\text{m}$，$l = 1.3\text{m}$，$A = 2.6 \times 1.3 = 3.38 \ (\text{m}^2)$

（3）验算持力层的地基承载力

$$G_k = \bar{\gamma} A \bar{d} = 20 \times 3.38 \times 1.5 = 101.4 (\text{kN})$$

$$e = M_k / (F_k + G_k) = 58.8 / (490 + 101.4) = 0.1(\text{m}) < b/6$$

$$p_{k \ min}^{\ max} = \frac{F_k + G_k}{A} \times (1 \pm 6e/b) = \frac{490 + 101.4}{3.38} \times \left(1 \pm \frac{6 \times 0.1}{2.6}\right) = \frac{215.3}{134.6}(\text{kPa})$$

$$p_k = (F_k + G_k)/A = (490 + 101.4)/3.38 = 175(\text{kN}) < f_a = 198.8(\text{kN})$$

$$p_{kmax} = 215.3\text{kPa} < 1.2 f_a = 1.2 \times 198.8 = 238.6(\text{kPa})$$

故基底长宽分别取 $b = 2.6\text{m}$，$l = 1.3\text{m}$，不需要对地基承载力再作宽度修正，设计符合要求。

【例 6 - 2】　某办公楼外墙条形基础，上部结构传至基础顶面作用的标准组合轴心力 $F_k = 200\text{kN}$，从室外地面起算基础埋深 1.0m，室内外高差 0.3m，场地土层从上向下为：第一层填土 1.0m 厚，$\gamma = 16.6\text{kN/m}^3$；第二层黏土厚 2.0m，$\gamma = 18.6\text{kN/m}^3$，$E_s = 10\text{MPa}$，$f_{ak} = 185\text{kPa}$，$\eta_b = 0$，$\eta_d = 1.0$；第三层淤泥质土 $E_s = 2.0\text{MPa}$，$f_{ak} = 88\text{kPa}$，$\eta_b = 0$，$\eta_d = 1.0$。试确定基础底面宽度。

解　（1）修正后的地基承载力特征值

$$f_a = f_{ak} + \eta_d \gamma_m (d - 0.5) = 185 + 1.0 \times 16.6(1.0 - 0.5) = 193.3(\text{kPa})$$

（2）按持力层承载力确定基础宽度

计算基础自重和基础上的土重 G_k 时的基础埋深采用平均埋深 $\bar{d}$，即

$$\bar{d} = (1.0 + 1.3)/2 = 1.15(\text{m})$$

$$b \geqslant \frac{F_k}{f_a - \bar{\gamma} \bar{d}} = \frac{200}{193.3 - 20 \times 1.15} = 1.17(\text{m})$$

取 $b = 1.2\text{m}$。

（3）验算软弱下卧层承载力

$$\gamma_m = \frac{1.0 \times 16.6 + 2.0 \times 18.6}{1.0 + 2.0} = 17.9(\text{kN/m}^3)$$

$$f_a = 88 + 1.0 \times 17.9 \times (3.0 - 0.5) = 132.8(\text{kPa})$$

$$E_{s1}/E_{s2} = 10/2 = 5, z/b = 2/1.2 = 1.67$$

查表 6 - 8，得 $\theta = 25°$

$$p_{cz} = 16.6 \times 1.0 + 18.6 \times 2.0 = 53.8(\text{kPa})$$

$$p_c = 16.6 \times 1.0 = 16.6(\text{kPa})$$

$$p_k = (F_k + G_k)/A = (200 + 20 \times 1.2 \times 1.15)/1.2 = 189.7(\text{kPa})$$

$$p_z = \frac{b(p_k - p_c)}{b + 2z\text{tg}\theta} = \frac{1.2 \times (189.7 - 16.6)}{1.2 + 2 \times 2 \times 0.466} = 67.8(\text{kPa})$$

$$p_z + p_{cz} = 67.8 + 53.8 = 121.6(\text{kPa}) < f_a = 132.8(\text{kPa})$$

满足要求。

第五节　基础结构设计

一、无筋扩展基础

前述无筋扩展基础所用材料的抗压性能较好，抗拉、抗剪性能较差。为保证不因此而破坏，要求基础的宽度和高度之比不超过相应材料要求的允许值，即基础高度应符合下式要求（图 6 - 11）。

$$H_0 \geqslant \frac{b - b_0}{2\tan\alpha} \tag{6 - 10}$$

式中　b——基础底面宽度，m；

　　　b_0——基础顶面的墙体宽度或柱脚宽度，m；

　　　H_0——基础高度，m；

　　$\tan\alpha$——基础台阶宽高比 b_2/H_0，其允许值可按表 6 - 9 选用；

　　　b_2——基础台阶宽度，m。

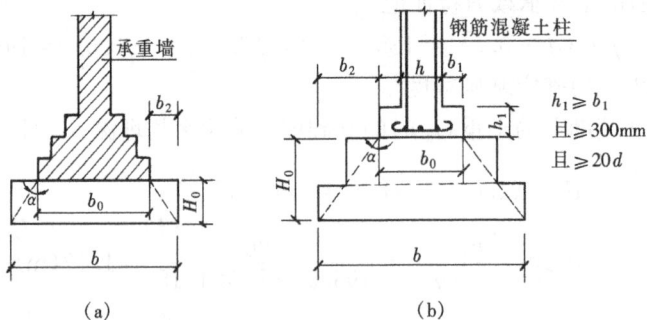

图 6 - 11　无筋扩展基础构造示意
d—柱中纵向钢筋直径

设计时先确定基础埋深，计算基础宽度（按前述第四节方法）。再根据基础所用材料，按宽高比允许值确定基础台阶的宽度与高度，从基底开始向上逐步收小尺寸，使基础顶面至少低于室外地面 0.1m，否则应修改设计。

表 6-9　　　　　　　　　　　无筋扩展基础台阶宽高比的允许值

基础材料	质量要求	台阶宽高比的允许值		
		$p_k \leqslant 100$	$100 < p_k \leqslant 200$	$200 < p_k \leqslant 300$
混凝土基础	C15 混凝土	1：1.00	1：1.00	1：1.25
毛石混凝土基础	C15 混凝土	1：1.00	1：1.25	1：1.50
砖基础	砖不低于 MU10，砂浆不低于 M5	1：1.50	1：1.50	1：1.50
毛石基础	砂浆不低于 M5	1：1.25	1：1.50	—
灰土基础	体积比为 3：7 或 2：8 的灰土，其最小干密度： 粉土 1550kg/m³ 粉质黏土 1500kg/m³ 黏土 1450kg/m³	1：1.25	1：1.50	—
三合土基础	体积比 1：2：4～1：3：6（石灰：砂：骨料），每层约虚铺 220mm，夯至 150mm	1：1.50	1：2.00	—

注　1. p_k 为作用的标准组合时基础底面处的平均压力值，kPa；

2. 阶梯形毛石基础的每阶伸出宽度，不宜大于 200mm；

3. 当基础由不同材料叠合组成时，应对接触部分作抗压验算；

4. 混凝土基础单侧扩展范围内基础底面处的平均压力值超过 300kPa 时，尚应进行受剪切承载力验算；对基底反力集中于立柱附近的岩石地基，应进行局部受压承载力验算。

【例 6-3】　某承重墙厚 240mm，基础埋置深度 0.8m，$p_k < 200$kPa，经计算基础底面宽度 1.2m，试设计此条形基础。

解　方案一：采用 MU10 砖，M10 水泥砂浆砌"二、一间隔收"砖基础，基底下做 100mm 厚 C10 素混凝土垫层。

基础所需台阶数　　　　　　　$n = \dfrac{b - b_0}{2b_1} = \dfrac{1200 - 240}{2 \times 60} = 8$（阶）

基础高度　　　　　　　　$H_0 = 120 \times 4 + 60 \times 4 = 720$（mm）

不满足基础顶面至少低于室外地面 0.1m 的要求，所以方案一不合理。

方案二：基础下层采用 300mm 厚的 C15 素混凝土，其上采用"二、一间隔收"砖基础。

由表 6-9 查得台阶宽高比的允许值为 1：1，所以混凝土层收进 300mm。

砖基础所需台阶数　　　　　$n = \dfrac{1200 - 240 - 2 \times 300}{2 \times 60} = 3$（阶）

基础高度　　　　　　$H_0 = 120 \times 2 + 60 \times 1 + 300 = 600$（mm）

满足要求。

绘制基础剖面如图 6-12 所示。

二、墙下钢筋混凝土条形基础

墙下钢筋混凝土条形基础通常受均布线荷载 F（kN/m）作用，计算时沿墙长度方向取 1m 为计算单元，其设计包括确定基础底板宽度 b，基础底板高度 h（设计时可初选基础底板高度 $h=b/8$）及基础底板配筋。

（一）基础底板宽度

基础底板宽度 b 按本章第四节有关规定确定。注意在墙下条形基础相交处，不应重复计入基础面积。

（二）基础底板高度

如图 6-13 所示，基础底板的受力情况如同受 p_j 作用的倒置悬臂板。由于基础及基础上填土自重 G 所产生的均布压力与其相应的地基反力相抵消，故基础底板仅受到上部结构传来作用的基本组合设计值在基底产生的净反力 p_j 的作用。在 p_j 作用下，将在底板内产生弯矩 M 和剪力 V。

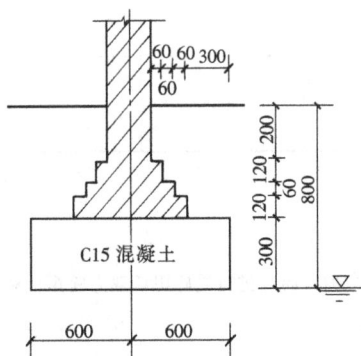

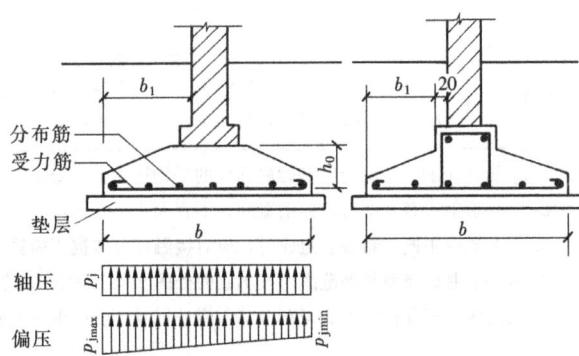

图 6-12　［例 6-3］附图　　　　　图 6-13　墙下钢筋混凝土条形基础

基础底板的高度，应满足混凝土受剪切承载力的要求，即

$$V \leqslant 0.7\beta_{hs}f_t h_0 \qquad (6-11a)$$

或

$$h_0 \geqslant \frac{V}{0.7\beta_{hs}f_t} \qquad (6-11b)$$

式中　V——相应于作用的基本组合时，基础底板最大剪力设计值（悬臂板支座截面），$V=p_j b_1$，kN/m；

　　　　β_{hs}——截面高度影响系数，$\beta_{hs}=(800/h_0)^{1/4}$，当 $h_0<800$mm 时，取 $h_0=800$mm，当 $h_0>2000$mm 时，取 $h_0=2000$mm；

　　　　f_t——混凝土轴心抗拉强度设计值，kPa，按表 6-10 采用；

　　　　h_0——基础底板的有效高度，m；$h_0=h-a$，底板下设垫层时 $a=50$mm，底板下无垫层时 $a=80$mm。

如图 6-13 所示，若沿墙长度方向取 $l=1$m 为计算单元来分析，则

轴心受压时　　　　　　　　　　　$$p_j=\frac{F_k}{b} \qquad (6-12)$$

偏心受压时，应计算基础边缘最大净反力 p_{jmax} 与接近最大净反力一侧墙（梁）边的净反力 p_{j1}，即

$$p_{j\min}^{j\max} = \frac{F_k}{b} \pm \frac{6M_k}{b^2} \qquad (6-13a)$$

$$p_{j1} = p_{j\min} + \frac{b-b_1}{b}(p_{j\max} - p_{j\min}) \qquad (6-13b)$$

式中　b_1——基础边缘至砖墙边或混凝土墙（梁）边的距离，m；

　　　p_j——扣除基础自重及其上填土自重后相应于作用的基本组合时的地基土单位面积净反力，kPa。

注意此处 F_k、M_k 均为扣除基础及其上填土自重后作用的基本组合设计值，并为单位长度数值。

表 6-10　　　　　　　　　　　混凝土轴心强度设计值　　　　　　　　　　MPa

混凝土强度等级	C15	C20	C25	C30	C35	C40	C45	C50	C55	C60	C65	C70	C75	C80
轴心抗压 f_c	7.2	9.6	11.9	14.3	16.7	19.1	21.1	23.1	25.3	27.5	29.7	31.8	33.8	35.9
轴心抗拉 f_t	0.91	1.10	1.27	1.43	1.57	1.71	1.80	1.89	1.96	2.04	2.09	2.14	2.18	2.22

（三）基础底板配筋

基础底板的最大弯矩

轴压
$$M_{\max} = \frac{1}{2} p_j b_1^2 \qquad (6-14a)$$

偏压
$$M_{\max} = \frac{2p_{j\max} + p_{j1}}{6} b_1^2 \qquad (6-14b)$$

钢筋面积近似按下式计算

$$A_s = \frac{M_{\max}}{0.9 f_y h_0} \qquad (6-15)$$

式中　A_s——每延米墙长的受力钢筋截面面积，mm²/m；

　　　f_y——钢筋抗拉强度设计值，N/mm²。

基础底板的受力钢筋沿基础宽度 b 方向设置，沿墙长方向设分布钢筋，放在受力钢筋上面。

（四）构造要求

（1）当基础高度 $h > 250$mm 时，可采用锥形截面，坡度 $i \le 1:3$，边缘高度不宜小于 200mm；当 $h \le 250$mm 时，可采用平板式；若为阶梯形基础，每阶高度宜为 300～500mm。当地基较软弱时，可采用带肋的板增加基础刚度，改善不均匀沉降，肋的纵向钢筋和箍筋一般按经验确定。

（2）垫层的厚度不宜小于 70mm；垫层混凝土强度等级不宜低于 C10。

（3）基础底板受力钢筋的最小直径不应小于 10mm，最小配筋率不应小于 0.15%；间距不应大于 200mm，也不应小于 100mm；受力钢筋两端宜做成 135°弯钩，弯曲内径 4d，弯后直线段长 5d。纵向分布钢筋的直径不小于 8mm；间距不大于 300mm；每延米分布钢筋的面积应不小于受力钢筋面积的 15%。当有垫层时钢筋保护层厚度不小于 40mm，无垫层时不小于 70mm。

（4）基础与地基土直接接触，根据《混凝土结构设计规范》，环境类别不低于二 a 类，按结构耐久性要求，混凝土强度等级不应低于 C25。

（5）钢筋混凝土条形基础底板在 T 形及十字形交接处，底板横向受力钢筋仅沿一个主要受力方向通长布置，另一方向的横向受力钢筋可布置到主要受力方向底板宽度 1/4 处；在拐角处底板横向受力钢筋应沿两个方向布置。

【例 6 - 4】 已知某厂房墙厚 240mm，墙下采用钢筋混凝土条形基础。传递到基础顶面的作用的标准组合轴心力 $F_k = 265$kN/m，基础底面弯矩 $M_k = 10.6$kN·m/m。基础底面宽度 b 已由地基承载力条件确定为 2.2m，试设计此基础的高度并配筋。

解 （1）选用材料及垫层

选用钢筋混凝土条形基础的混凝土强度等级为 C25，其下采用 100mm 厚 C10 素混凝土垫层，钢筋采用 HRB400，查得：$f_t = 1.27$N/mm²；$f_y = 360$N/mm²。

（2）基础边缘处的最大和最小地基净反力

$$p_{j\,min}^{\,max} = \frac{F_k}{b} \pm \frac{6M_k}{b^2} = \frac{265}{2.2} \pm \frac{6 \times 10.6}{2.2^2} = \frac{133.6}{107.3}(\text{kPa})$$

（3）验算截面距基础边缘的距离

$$b_1 = \frac{1}{2} \times (2.2 - 0.24) = 0.98(\text{m})$$

（4）验算截面的地基净反力

$$p_{j1} = p_{jmin} + \frac{b - b_1}{b}(p_{jmax} - p_{jmin}) = 107.4 + \frac{2.2 - 0.98}{2.2} \times (133.6 - 107.4) = 121.9(\text{kPa})$$

（5）p_{jmax} 与 p_{j1} 的平均值

$$p_j = \frac{1}{2}(p_{jmax} + p_{j1}) = \frac{1}{2} \times (133.6 + 121.9) = 127.8(\text{kPa})$$

（6）基础底板最大剪力设计值

$$V = p_j b_1 = 127.8 \times 0.98 = 125.2(\text{kN/m})$$

（7）截面高度影响系数

由式（6 - 11）知 $\qquad\qquad\qquad\qquad \beta_{hs} = 1.0$

（8）基础的计算有效高度

$$h_0 \geqslant \frac{V}{0.7\beta_{hs}f_t} = \frac{125.2}{0.7 \times 1 \times 1.27} = 141.0(\text{mm})$$

按构造要求，基础边缘高度取 200mm，基础高度 h 取 250mm，有效高度 $h_0 = 250 - 50 = 200\text{mm} > 141.0\text{mm}$，满足要求。

（9）基础底板最大弯矩值

$$M_{max} = \frac{2p_{jmax} + p_{j1}}{6}b_1^2 = \frac{2 \times 133.6 + 121.9}{6} \times 0.98^2 = 62.3(\text{kN·m/m})$$

（10）基础每延米的受力钢筋截面面积

$$A_s = \frac{M_{max}}{0.9 f_y h_0} = \frac{62.3 \times 10^6}{0.9 \times 360 \times 200} = 961 (mm^2)$$

受力钢筋实际选配 $\oplus$ 16@200（$A_s =$ 1005mm²）；分布钢筋按构造要求选用 $\oplus$ 8 @250。

基础配筋图如图 6-14 所示。

三、柱下钢筋混凝土独立基础

由试验可知，柱下钢筋混凝土独立基础有三种破坏形式。

第一种破坏形式：在基底净反力作用下，基础底面在两个方向均发生向上的弯曲，下部受拉，顶部受压。若危险截面内的弯矩超过底板的抗弯强度时，底板就会发生弯曲破坏。为了防止发生这种破坏，需在基础底板下部配置钢筋。

图 6-14　[例 6-4]附图

第二种破坏形式：当基础底面积较大而厚度较薄（即矩形基础底面短边尺寸大于柱宽加两倍基础有效高度）时，基础将发生冲切破坏。如图 6-15 所示，基础从柱的周边开始沿 45°斜面拉裂，形成冲切角锥体。为了防止发生这种破坏，基础底板要有足够的高度。

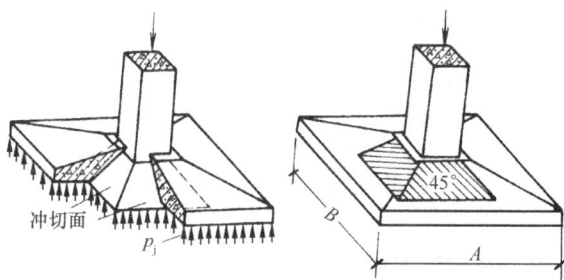

第三种破坏形式：当基础底面短边尺寸小于或等于柱宽加两倍基础有效高度时，柱与基础交接处的基础可能剪切破坏，为了防止这类破坏，基础底板要有足够高度。

因此，柱下钢筋混凝土独立基础的设计，除按承载力条件确定基础底面积外（见本章第四节），尚应按受冲切承载力或受剪切承载力验算基础底板高度并对基础底板配筋。

图 6-15　柱下钢筋混凝土独立基础的冲切破坏形式

（一）基础底板受冲切承载力设计

基础底板高度由受冲切承载力确定，使冲切破坏锥体以外的地基净反力所产生的冲切力不大于基础冲切面处混凝土的受冲切承载力。对矩形截面柱的矩形基础，受冲切承载力应按下列公式验算

$$F_l \leqslant 0.7 \beta_{hp} f_t a_m h_0 \tag{6-16a}$$

$$F_l = p_j A_l \tag{6-16b}$$

$$a_m = \frac{a_t + a_b}{2} \tag{6-16c}$$

式中　β_{hp}——受冲切承载力截面高度影响系数，当 h 不大于 800mm 时，β_{hp} 取 1.0，当 h 大于等于 2000mm 时，β_{hp} 取 0.9，其间按线性内插法取用；

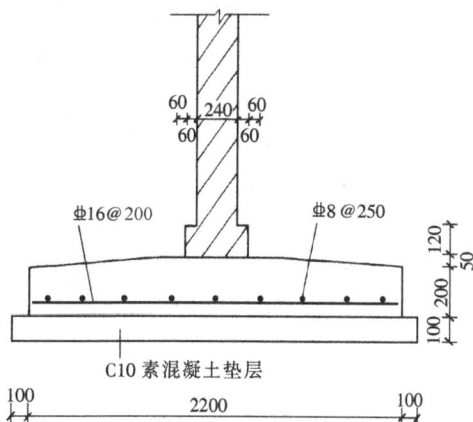

f_t——混凝土轴心抗拉强度设计值，kPa。

h_0——基础冲切破坏锥体的有效高度，m。

a_m——冲切破坏锥体最不利一侧计算长度，m。

a_t——冲切破坏最不利一侧斜截面的上边长，m；当计算柱与基础交接处的受冲切承载力时，取柱宽；当计算基础变阶处的受冲切承载力时，取上阶宽。

a_b——冲切破坏锥体最不利一侧斜截面在基础底面积范围内的下边长，m；当冲切破坏锥体的底面落在基础底面以内，如图 6-16 所示，计算柱与基础交接处的受冲切承载力时，取柱宽加两倍基础有效高度；当计算基础变阶处的受冲切承载力时，取上阶宽加两倍该处的基础有效高度。

p_j——扣除基础自重及其上填土自重后相应于作用的基本组合时的地基土单位面积净反力，kPa；对偏心受压基础可取基础边缘处最大地基土单位面积净反力。

A_l——冲切验算时取用的部分基底面积（图 6-16 中的阴影面积 $ABCDEF$），m^2。

F_l——相应于作用的基本组合时作用在 A_l 上的地基土净反力设计值，kN。

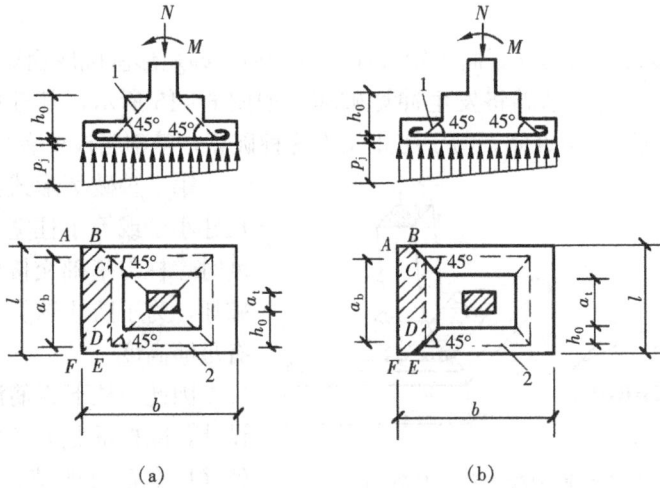

图 6-16 计算阶形基础的受冲切承载力截面位置
(a) 柱与基础交接处；(b) 基础变阶处
1—冲切破坏锥体最不利一侧的斜截面；
2—冲切破坏锥体的底面线

由于矩形基础的两个边长情况不同，为了计算受冲切验算时取用的面积 A_l 也不相同，可作图绘出距柱边各为 h_0 的矩形线及顶角斜线（图 6-16），设 a_t 及 a 分别为 l 及 b 方向的柱边长，则

当 $l \geqslant a_t + 2h_0$ 时
$$A_l = \left(\frac{b}{2} - \frac{a}{2} - h_0 \right) l - \left(\frac{l}{2} - \frac{a_t}{2} - h_0 \right)^2$$

确定基础高度时，可先按经验初步选定，然后进行验算，直到满足要求为止。

当基础为阶梯形时，除可能在柱周边开始沿 45°斜面拉裂，形成冲切角锥体外，还可能从变阶处开始沿 45°斜面拉裂，如图 6-16 (b) 所示。因此，尚需验算变阶处的受冲切承载力。验算方法与上述相同，仅需将变阶处台阶周边看作柱周边即可。

（二）基础底板受剪切承载力设计

当基础底面短边尺寸小于或等于柱宽加两倍基础有效高度时，应按下式验算柱与基础交接处截面受剪切承载力（图6-17）

$$V_s \leqslant 0.7\beta_{hs}f_t A_0 \tag{6-17a}$$

$$\beta_{hs} = (800/h_0)^{1/4} \tag{6-17b}$$

式中　V_s——相应于作用的基本组合时，柱与基础交接处的剪力设计值，即图6-17中的阴影面积乘以该面积基底平均净反力，kN；

　　　　β_{hs}——受剪切承载力截面高度影响系数，当$h_0<800$mm时，取$h_0=800$mm；当$h_0>2000$mm时，取$h_0=2000$mm；

　　　　A_0——验算截面处基础的有效截面面积，m^2。

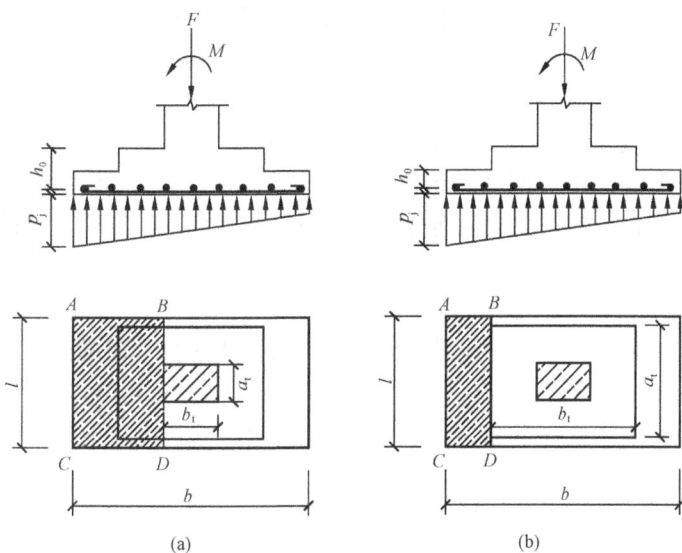

图6-17　验算阶型基础受剪切承载力示意
（a）柱与基础交接处；（b）基础变阶处

（三）基础底板受弯曲承载力设计

基础底板配筋由底板受弯曲承载力确定。在地基净反力作用下，基础底板沿柱周边向上弯曲，相当于固定在柱边的梯形悬臂板。

如图6-18所示，矩形基础在轴心荷载或单向偏心荷载作用下，当台阶的宽高比小于或等于2.5且偏心距小于或等于1/6基础宽度时，基础底板任意截面的弯矩可按下列公式计算

$$M_{\mathrm{I}} = \frac{1}{12}a_1^2\Big[(2l+a')\Big(p_{max}+p-\frac{2G}{A}\Big) + (p_{max}-p)l\Big] \tag{6-18a}$$

$$M_{\mathrm{II}} = \frac{1}{48}(l-a')^2(2b+b')\Big(p_{max}+p_{min}-\frac{2G}{A}\Big) \tag{6-18b}$$

式中　M_{I}、M_{II}——任意截面Ⅰ—Ⅰ、Ⅱ—Ⅱ处相应于作用的基本组合时的弯矩设计值，kN·m；

a_1 —— 任意截面Ⅰ—Ⅰ至基底边缘最大反力处的距离，m；

l、b —— 基础底面的边长，m；

a'、b' —— 任意截面Ⅰ—Ⅰ、Ⅱ—Ⅱ处截面梯形部分的上底长度，m；

p_{max}、p_{min} —— 相应于作用的基本组合时的基础底面边缘最大和最小地基反力设计值，kPa；

p —— 相应于作用的基本组合时在任意截面Ⅰ—Ⅰ处基础底面地基反力设计值，kPa；

G —— 考虑作用分项系数的基础自重及其上的土自重，kN；当组合值由永久作用控制时，$G = 1.35G_k$，G_k 为基础及其上土的标准自重。

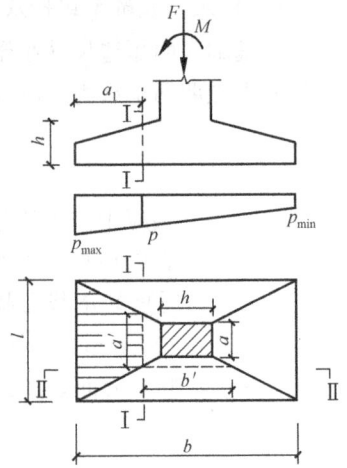

图 6-18　矩形基础底板的弯矩计算示意

由于独立基础底板在地基净反力作用下，在两个方向均发生弯曲，所以两个方向都要配受力钢筋。对于锥形基础控制截面可取柱边；对阶梯形基础，由于底板高度变化，除按柱边截面进行配筋计算外，尚应验算变阶处的钢筋。钢筋面积可近似按式（6-15）计算。

（四）构造要求

柱下钢筋混凝土独立基础，除应满足墙下钢筋混凝土条形基础的一般构造要求外，尚应满足如下要求：

（1）当基础边长大于或等于 2.5m 时，底板受力钢筋的长度可取边长的 0.9 倍，并宜交错布置，如图 6-19 所示。

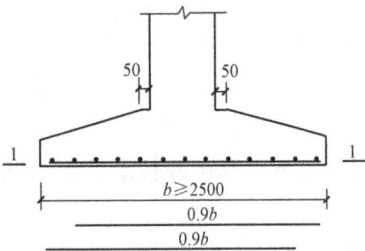

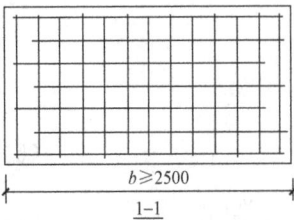

（2）当柱下独立基础底面长短边之比 $2 \leqslant \omega \leqslant 3$ 时，基础底板短向钢筋应按下述方法布置：将短向全部钢筋面积乘以 $\lambda = 1 - \omega/6$ 后求得的钢筋，均匀分布在与柱中心线重合的宽度等于基础短边的中间带宽范围内（如图 6-20 所示），其余的短向钢筋则均匀分布在中间带宽的两侧。长向钢筋应均匀分布在基础全宽范围内。

（3）锥形基础的顶部为安装柱模板，需每边放出

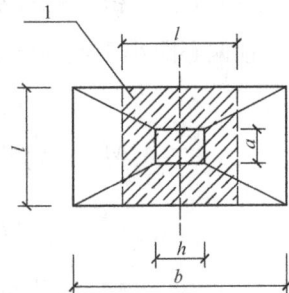

图 6-19　基础底板配筋构造

图 6-20　基础底板短向钢筋布置示意

1—λ 倍短向全部钢筋面积均匀配置在阴影范围内

50mm。对于现浇柱基础，若基础与柱不同时浇筑，在基础内需预留插筋，插筋的规格、根数和直径应与柱内纵向钢筋相同。插筋伸入基础内应有足够的锚固长度（详见《建筑地基基础设计规范》8.2.2 条），当基础高度小于锚固长度时，插筋应伸至基底钢筋网上面，端部弯直钩并上下至少应有二道箍筋固定，其最小直锚段长度不应小于 $20d$，弯折段的长度不应小于 150mm，如图 6-21 所示。插筋与柱的纵向受力钢筋的连接方式应符合《混凝土结构设计规范》要求。

（4）预制钢筋混凝土柱与杯口基础的连接，应符合下列要求，如图 6-22 所示。

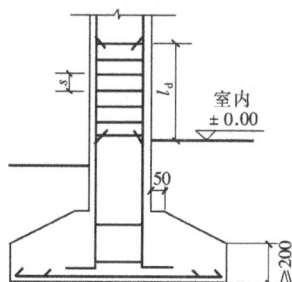

图 6-21 现浇柱基础构造   图 6-22 预制钢筋混凝土柱独立基础示意

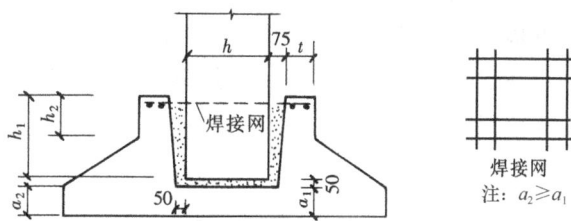

1）柱的插入深度，可按表 6-11 选用，并应满足钢筋锚固长度的要求及吊装时柱的稳定性。

表 6-11   **柱的插入深度 h_1**   mm

矩形或工字形柱				双肢柱
$h<500$	$500 \leqslant h<800$	$800 \leqslant h \leqslant 1000$	$h>1000$	
$h \sim 1.2h$	h	$0.9h$ 且 $\geqslant 800$	$0.8h$ 且 $\geqslant 1000$	$(1/3 \sim 2/3) \, h_a$ $(1.5 \sim 1.8) \, h_b$

注 1. h 为柱截面长边尺寸；h_a 为双肢柱全截面长边尺寸；h_b 为双肢柱全截面短边尺寸；
    2. 柱轴心受压或小偏心受压时，h_1 可适当减小，偏心距大于 $2h$ 时，h_1 应适当加大。

2）基础的杯底厚度和杯壁厚度，可按表 6-12 选用。

表 6-12   **基础的杯底厚度和杯壁厚度**   mm

柱截面长边尺寸 h	杯底厚度 a_1	杯壁厚度 t
$h<500$	$\geqslant 150$	$150 \sim 200$
$500 \leqslant h<800$	$\geqslant 200$	$\geqslant 200$
$800 \leqslant h<1000$	$\geqslant 200$	$\geqslant 300$
$1000 \leqslant h<1500$	$\geqslant 250$	$\geqslant 350$
$1500 \leqslant h<2000$	$\geqslant 300$	$\geqslant 400$

注 1. 双肢柱的杯底厚度值，可适当加大；
    2. 当有基础梁时，基础梁下的杯壁厚度，应满足其支承宽度的要求；
    3. 柱子插入杯口部分的表面应凿毛，柱子与杯口之间的空隙，应用比基础混凝土强度等级高一级的细石混凝土充填密实，当达到材料设计强度的 70% 以上时，方能进行上部吊装。

3）当柱为轴心受压或小偏心受压且 $t/h_2 \geqslant 0.65$ 时，或大偏心受压且 $t/h_2 \geqslant 0.75$ 时，杯壁可不配筋；当柱为轴心受压或小偏心受压且 $0.5 \leqslant t/h_2 < 0.65$ 时，杯壁可按表 6-13 构造配筋；其他情况下，应按计算配筋。

表 6 - 13	杯壁构造配筋		mm
柱截面长边尺寸	$h<1000$	$1000\leqslant h<1500$	$1500\leqslant h\leqslant2000$
钢筋直	$8\sim10$	$10\sim12$	$12\sim16$

注 表中钢筋置于杯口顶部，每边两根（图 6 - 22）。

【例 6 - 5】 某柱下锥形基础的底面尺寸按地基承载力条件确定为 2.2m×3.0m，基础埋深 1.5m，上部结构传来作用的基本组合设计值 $F=750$kN，$M=110$kN·m，柱截面尺寸 400mm×400mm，基础采用 C25 混凝土和 HRB400 钢筋。试确定基础高度和计算基础配筋。

解 （1）设计基本数据。

根据构造要求，在基础下设置 100mm 厚的混凝土垫层，强度等级为 C10。

假设基础高度为 $h=500$mm，则基础有效高度 $h_0=500-50=450$（mm）。

从规范中可查得 C25 混凝土 $f_t=1.27$N/mm²，HRB400 钢筋 $f_y=360$N/mm²。

（2）计算地基反力

$$G=1.35G_k=1.35\times20\times2.2\times3\times1.5=267.3\ (\text{kN})$$

$$p_{min}^{max}=\frac{F+G}{A}\pm\frac{M}{W}=\frac{750+267.3}{3\times2.2}\pm\frac{110}{\frac{1}{6}\times2.2\times3^2}=154.1\pm33.3=\frac{187.4}{128.8}\ (\text{kPa})$$

（3）基础高度验算

$$p_{jmax}=p_{max}-\frac{G}{A}=187.4-\frac{267.3}{3\times2.2}=146.9\ (\text{kPa})$$

矩形基础短边长度 $l=2.2$m，柱截面边长 $a_t=a=0.4$m，$a_t+2h_0=0.4+2\times0.450=1.30$（m）$<l$，则不用验算受剪切承载力，只按受冲切承载力验算

$$A_l=\left(\frac{b}{2}-\frac{a}{2}-h_0\right)l-\left(\frac{l}{2}-\frac{a_t}{2}-h_0\right)^2$$

$$=\left(\frac{3}{2}-\frac{0.4}{2}-0.450\right)\times2.2-\left(\frac{2.2}{2}-\frac{0.4}{2}-0.450\right)^2=1.67(\text{m}^2)$$

$$F_l=p_{jmax}A_l=146.9\times1.67=245(\text{kN})$$

$$a_m=\frac{a_t+a_b}{2}=\frac{0.4+(0.4+2\times0.450)}{2}=0.85(\text{m})$$

$$0.7\beta_{hp}f_ta_mh_0=0.7\times1.0\times1.27\times10^3\times0.85\times0.450=340(\text{kN})$$

满足 $F_l\leqslant0.7\beta_{hp}f_ta_mh_0$ 的条件，故选用基础高度 $h=500$mm，锥形基础边缘高度选用 200mm。

（4）基础底板配筋。

设计控制截面在柱边，此时相应的

$$a_1=(3-0.4)/2=1.3(\text{m})$$

$$a'=b'=0.5(\text{m})$$

$$p = p_{\min} + (p_{\max} - p_{\min})\frac{b-a_1}{b} = 128.8 + (187.4 - 128.8) \times \frac{3-1.3}{3} = 162(\text{kPa})$$

$$\begin{aligned}
M_{\text{I}\max} &= \frac{1}{12}a_1^2\Big[(2l+a')\Big(p_{\max}+p-\frac{2G}{A}\Big)+(p_{\max}-p)l\Big] \\
&= \frac{1}{12} \times 1.3^2\Big[(2\times2.2+0.5)\Big(187.4+162-\frac{2\times267.3}{3\times2.2}\Big) \\
&\qquad + (187.4-162.2)\times2.2\Big] \\
&= 193.0(\text{kN}\cdot\text{m})
\end{aligned}$$

$$A_{s\text{I}} = \frac{M_{\text{I}\max}}{0.9f_yh_0} = \frac{193\times10^6}{0.9\times360\times450} = 1324(\text{mm}^2)$$

考虑构造要求,选用 11 Φ 14@200($A_{s\text{I}} = 1693\text{mm}^2$),沿长边方向设置。

$$\begin{aligned}
M_{\text{II}\max} &= \frac{1}{48}(l-a')^2(2b+b')\Big(p_{\max}+p_{\min}-\frac{2G}{A}\Big) \\
&= \frac{1}{48}(2.2-0.5)^2(2\times3+0.5)\times\Big(187.4+128.8-\frac{2\times267.3}{3\times2.2}\Big) \\
&= 92(\text{kN}\cdot\text{m})
\end{aligned}$$

$$\begin{aligned}
A_{s\text{II}} &= \frac{M_{\text{II}\max}}{0.9f_yh_0} = \frac{92\times10^6}{0.9\times360\times(450-14)} \\
&= 651(\text{mm}^2)
\end{aligned}$$

根据最小配筋率计算的钢筋面积

$$A_{s\text{II}} = [(200-50-14)\times3000+300\times(3000+500)/2]\times0.15\% = 1400(\text{mm}^2)$$

选用 15 Φ 12@200 ($A_{s\text{II}} = 1696\text{mm}^2$),沿短边方向设置。

基础配筋见图 6-23。

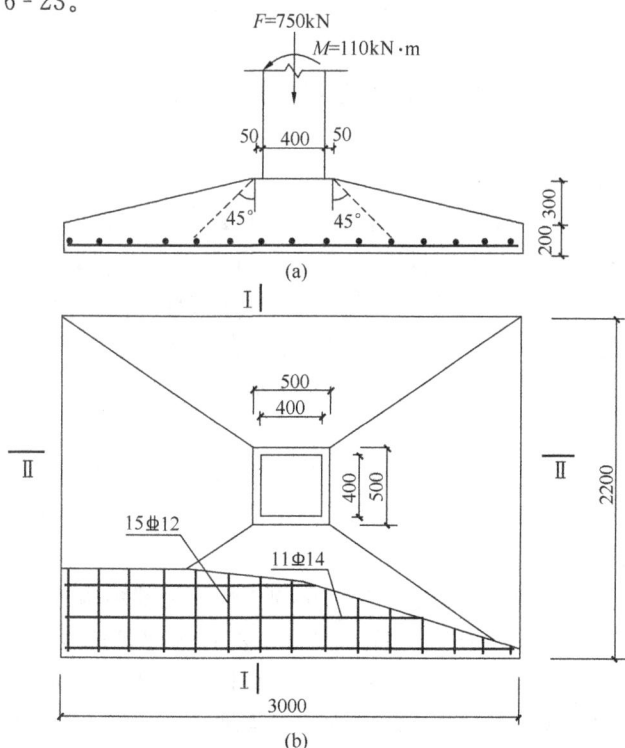

图 6-23　[例 6-5]附图

第六节　筏形基础简介

当荷载较大，地基土质软弱又不均匀，采用十字交叉条形基础不能满足要求时，可在整个建筑物下面采用整片钢筋混凝土板式基础，即成筏形基础。筏形基础由于扩大了基底面

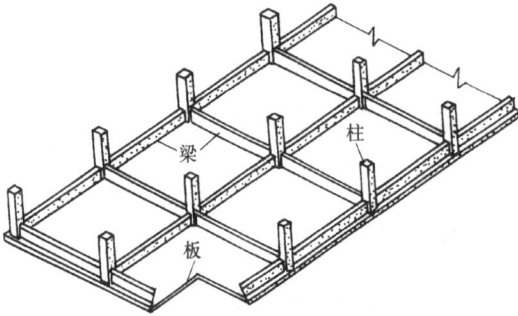

图 6-24　梁板式筏形基础

积，加强了基础的整体性，不仅能满足软弱地基承载力的要求，还能改善地基的不均匀沉降。筏形基础有梁板式和平板式两种类型。图 6-24 所示为梁板式筏形基础，如倒置的肋梁楼盖，平板式筏形基础是在地基上做一整块等厚度的钢筋混凝土平板。其选型应根据工程地质、上部结构体系、柱距、荷载大小、使用要求以及施工条件等因素确定。与梁板式筏基相比，平板式筏基具有抗冲切及抗剪切能力强的特点，且构造简单，施工便捷，经大量工程实践和部分工程事故分析，平板式筏基具有更好的适应性。框架－核心筒结构和筒中筒结构宜采用平板式筏形基础。

一、筏形基础平面尺寸的确定

筏形基础的平面尺寸，应根据地基土的承载力、上部结构的布置及荷载分布等因素按本章第四节的有关规定确定。对单幢建筑物，在地基土比较均匀的条件下，基底平面形心宜与结构竖向永久荷载重心重合。当不能重合时，在作用的准永久组合下，偏心距 e 宜符合下式要求

$$e \leqslant 0.1W/A \tag{6-19}$$

式中　W——与偏心距方向一致的基础底面边缘抵抗矩，m^3；

　　　A——基础底面积，m^2。

二、筏形基础内力的简化计算

当地基土比较均匀，地基压缩层范围内无软弱土层或可液化土层、上部结构刚度较好，柱网和荷载较均匀、相邻柱荷载及柱间距的变化不超过 20%，且梁板式筏基梁的高跨比或平板式筏基板的厚跨比不小于 1/6 时，筏形基础可仅考虑局部弯曲作用。筏形基础的内力可按基底反力直线分布进行计算，计算时基底反力应扣除底板自重及其上填土的自重，即将地基净反力作为荷载，按"倒楼盖"法计算。当不能满足上述要求时，筏基内力应按弹性地基梁板方法进行分析计算。

按基底反力直线分布计算的梁板式筏基，其基础梁的内力可按连续梁分析，边跨跨中弯矩以及第一内支座的弯矩值宜乘以 1.2 的系数。按基底反力直线分布计算的平板式筏基，可按柱下板带和跨中板带分别进行内力分析。

对有抗震设防要求的结构，当地下一层结构顶板作为上部结构嵌固端时，嵌固端处的底层框架柱下端截面组合弯矩设计值应按 GB 50011—2010《建筑抗震设计规范》的规定乘以与其抗震等级相应的增大系数。当平板式筏形基础板作为上部结构的嵌固端、计算柱下板带截面组合弯矩设计值时，底层框架柱下端内力应考虑地震作用组合及相应的增大系数。

地下室的抗震等级、构件的截面设计以及抗震构造措施应符合《建筑抗震设计规范》的

有关规定。剪力墙底部加强部位的高度应从地下室顶板算起；当结构嵌固在基础顶面时，剪力墙底部加强部位的范围应延伸至基础顶面。

三、筏基底板厚度的确定原则

梁板式筏基底板除计算正截面受弯曲承载力外，其厚度尚应满足受冲切承载力、受剪切承载力的要求。

平板式筏基的板厚应满足受冲切承载力的要求，计算时应考虑作用在冲切临界面重心上的不平衡弯矩产生的附加剪力。当柱荷载较大，等厚度筏板的受冲切承载力不能满足要求时，可在筏板上面增设柱墩或在筏板下局部增加板厚或采用抗冲切钢筋来满足受冲切承载力的要求。

平板式筏板除满足受冲切承载力外，尚应验算距内筒边缘或柱边缘 h_0 处筏板的受剪切承载力。当筏板变厚度时，尚应验算变厚度处筏板的受剪承载力。

筏板受冲切承载力、受剪切承载力的计算，按现行《建筑地基基础设计规范》有关规定进行。另外，筏型基础的截面验算与配筋计算、底层柱下基础梁顶面的局部受压承载力验算按现行《混凝土结构设计规范》有关规定进行，本节不再叙述。

四、筏形基础的构造与基本要求

（1）筏形基础的混凝土强度等级不应低于 C30。当有地下室时应采用防水混凝土，防水混凝土的抗渗等级应根据基础埋置深度按《建筑地基基础设计规范》8.4.4 条选用，对重要建筑宜采用自防水并设置架空排水层。

（2）平板式筏形基础的板厚不应小于 500mm，梁板式筏形基础的板厚不应小于 400mm。当筏板的厚度大于 2000mm 时，宜在板厚中间部位设置直径不小于 12mm、间距不大于 300mm 的双向钢筋网。

（3）采用筏形基础的地下室，其钢筋混凝土外墙厚度不应小于 250mm，内墙厚度不宜小于 200mm。墙的截面设计除满足承载力要求外，尚应考虑变形、抗裂及外墙防渗等要求。墙体内应设置双向钢筋，钢筋不宜采用光面圆钢筋，水平钢筋的直径不应小于 12mm，竖向钢筋的直径不应小于 10mm，间距不应大于 200mm。

（4）地下室底层柱、剪力墙与梁板式筏基的基础梁连接的构造应符合图 6 - 25 的要求。

（5）梁板式筏基的底板和基础梁的配筋除满足计算要求外，纵横方向的底部钢筋尚应有不少于 1/3 贯通全跨，顶部钢筋按计算配筋全部连通，底板上下贯通钢筋的配筋率不应小于 0.15％。

（6）平板式筏基的柱下板带中，柱宽及其两侧各 0.5 倍板厚且不大于 1/4 板跨的有效宽度范围内，其钢筋配置量不应小于柱下板带钢筋数量的一半，且应能承受部分不平衡弯矩。柱下板带和跨中板带的底部支座钢筋应有不少于 1/3 贯通全跨，顶部钢筋应按计算配筋全部连通，上下贯通钢筋的配筋率不应小于 0.15％。

（7）筏板与地下室外墙的接缝、地下室外墙沿高度处的水平接缝应严格按施工缝要求施工，必要时可设通长止水带。

（8）筏形基础地下室施工完毕后，应及时进行基坑回填工作。回填基坑时，应先清除基坑中的杂物，并应在相对的两侧或四周同时回填并分层夯实。回填土压实系数不应小于 0.94。

（9）采用筏形基础带地下室的高层和低层建筑、地下室四周外墙与土层紧密接触且土层为非松散填土、松散粉细砂土、软塑流塑黏性土，上部结构为框架、框剪或框架—核心筒结

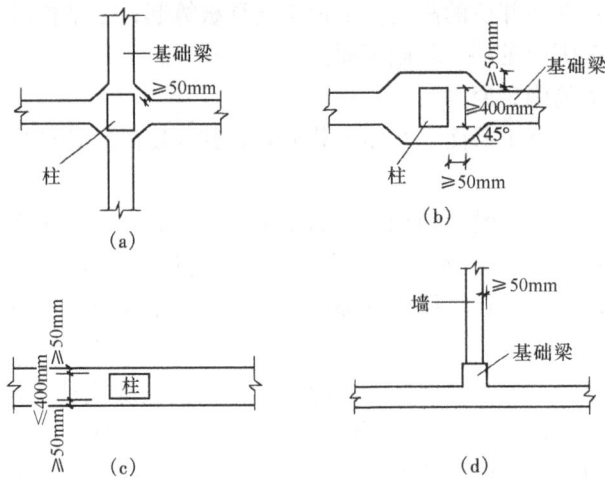

图 6-25　地下室底层柱或剪力墙与基础梁连接的构造要求

(a) 交叉基础梁与柱的连接；(b)、(c) 单向基础梁与柱的连接；(d) 基础梁与剪力墙的连接

构，当地下一层结构顶板作为上部结构嵌固部位时，应符合下列规定：

1）地下一层的结构侧向刚度大于或等于与其相连的上部结构底层楼层侧向刚度的 1.5 倍。

2）地下一层结构顶板应采用梁板式楼盖，板厚不应小于 180mm，其混凝土强度等级不宜小于 C30；楼面应采用双层双向配筋，且每层每个方向的配筋率不宜小于 0.25%。

3）地下室外墙与内墙边缘的板面不应有大洞口，以保证将上部结构的地震作用或水平力传递到地下室抗侧力构件中。

4）当地下室内、外墙与主体结构墙体之间的距离不大于 30m（抗震设防烈度 7 度、8 度）或 20m（抗震设防烈度 9 度）时，该范围内的地下室内、外墙可计入地下一层的侧向刚度，但此范围内的侧向刚度不能重叠使用于相邻建筑。当不符合上述要求时，建筑物的嵌固部位可设在筏形基础的顶面，此时宜考虑基侧土和基底土对地下室的抗力。

第七节　减轻不均匀沉降的措施

一、不均匀沉降的危害及产生原因分析

建筑物一般总会产生一定的沉降或不均匀沉降，在软弱地基上的建筑物更是如此。过大的不均匀沉降会严重影响建筑物的正常使用，易使上部结构开裂或破坏。如相邻柱基地基的不均匀沉降会造成桥式吊车轨面沿纵向或横向倾斜，导致吊车滑行或卡轨；混合结构地基的不均匀沉降会造成墙体开裂；框架结构柱基的不均匀沉降会造成构件受剪扭而损坏；高耸建筑物地基的不均匀沉降会造成建筑物的整体倾斜，影响其稳定性等。

地基的不均匀沉降与地基土层的不均匀、上部结构荷载的不均匀、上部结构刚度的大小、基础的型式等密切相关，也受邻近建筑物或基坑开挖的影响。因此在设计基础时，除了进行必要的地基处理外，尚应采取合理的建筑措施、结构措施及施工措施，以减轻不均匀沉降对建筑物的危害。

二、减轻不均匀沉降的建筑措施

1. 建筑物体型应力求简单

若建筑物的体型较为复杂，平面上转折较多，势必削弱建筑物的整体刚度；立面上高差悬殊，荷载就轻重不一；在纵横单元相交处，基础密集，地基附加应力互相影响叠加。这些都容易使建筑物产生不均匀沉降，因此设计时房屋平面应力求简单，立面高差尽可能小。

2. 控制建筑物的长高比

对于砖墙承重的建筑物，长度与高度的比值是衡量其刚度的重要指标。长高比小则整体刚度好，调整不均匀沉降的能力就强；相反，长高比大的建筑物其整体刚度小，容易产生不均匀沉降使墙体开裂。根据实践经验，建筑物的长高比一般不宜大于 2.5，当建筑物的长高比大于 2.5 而小于等于 3 时，宜做到纵墙不转折或少转折，并控制内横墙间距或增强基础刚度和强度。

3. 设置沉降缝

当建筑物体型较为复杂时，宜根据其平面形状、高度差异、荷载差异、结构类型等情况，在适当部位用沉降缝将建筑物划分成若干个刚度较好的单元。分割出的沉降单元一般应具备体型简单、长高比较小、结构类型单一、地基比较均匀等条件，从而可有效地减轻地基的不均匀沉降。通常建筑物的下列部位，宜设置沉降缝：

（1）建筑平面的转折部位；

（2）高度差异或荷载差异处；

（3）长高比过大的砌体承重结构或钢筋混凝土框架结构的适当部位；

（4）地基土的压缩性有显著差异处；

（5）建筑结构或基础类型不同处；

（6）分期建造房屋的交界处。

沉降缝应从基础至屋面将房屋垂直断开，并留有足够的缝宽，缝内一般不填塞材料，以免沉降缝两侧单元在互相倾斜时挤压。基础沉降缝一般有悬挑式、跨越式、平行式等做法，设计时一定要慎重考虑，认真对待。因为沉降缝并不能消除地基中应力重叠问题，如果处理不当，就会失去预期的效果。

沉降缝的宽度与建筑物的层数有关，可按表 6-14 采用。在地震区尚应符合抗震缝要求。

表 6-14　房屋沉降缝的宽度

房屋层数	沉降缝宽度（mm）
2～3	50～80
4～5	80～120
5 层以上	不小于 120

4. 控制相邻建筑物间的距离

由于地基中附加应力的扩散作用，使相邻建筑物的沉降相互影响。所以在软弱地基上同时建造的两座建筑物之间、新老建筑物之间应隔开一定距离，以避免引起相邻建筑物的附加沉降。间隔的距离可按表 6-15 选定。

相邻高耸结构或对倾斜要求严格的构筑物的外墙间隔距离，应根据倾斜允许值计算确定。

表 6 - 15 相邻建筑物基础间的净距 m

影响建筑的预估平均沉降量	被影响建筑的长高比	
S (mm)	$2.0{\leqslant}L/H_f{<}3.0$	$3.0{\leqslant}L/H_f{<}5.0$
70~150	2~3	3~6
160~250	3~6	6~9
260~400	6~9	9~12
>400	9~12	≥12

注 1. 表中 L 为建筑物长度或沉降缝分隔的单元长度，m；H_f 为自基础底面标高算起的建筑物高度，m；

2. 当被影响建筑的长高比 $1.5{<}L/H_f{<}2.0$ 时，其间隔净距可适当缩小。

5. 调整建筑物各部分的标高

建筑物不均匀沉降过大，使建筑物各组成部分的标高发生变化，严重时将影响建筑物的使用功能。根据具体情况，可采用如下相应措施：

（1）室内地坪和地下设施的标高，应根据预估沉降量予以提高。建筑物各部分（或设备之间）有联系时，可将沉降较大者标高提高；

（2）建筑物与设备之间，应留有净空。当建筑物有管道穿过时。应预留孔洞，或采用柔性的管道接头等。

三、减轻不均匀沉降的结构措施

1. 减轻建筑物的自重

在基底压力中，建筑物自重（包括基础及其上填土自重）所占的比例很大，减少建筑物自重，能有效地减少沉降和不均匀沉降。具体措施有：

（1）采用轻型结构。如采用预应力混凝土结构、轻钢结构及轻型屋面等；

（2）减轻墙体重量。如采用空心砌块、轻质砌块、多孔砖及其他轻质墙体材料；

（3）采用架空地板代替室内填土；

（4）设置地下室或半地下室，利用挖除的土重抵消（补偿）一部分建筑的重量，达到减少沉降的目的。

2. 调整基底附加压力

根据上部结构荷载分布情况，改变基底尺寸，通过采用不同的基底压力来调整不均匀沉降。

3. 加强上部结构的刚度

上部结构的整体刚度很大时，能改善基础的不均匀沉降，地基即使有些沉降，也不致产生过大的裂缝。因此在房屋设计中，必须加强房屋的整体刚度。

对于砌体承重结构的房屋，除加强各构件之间的连接外，应在墙体内设置钢筋混凝土圈梁或钢筋砖圈梁来增加其抵抗挠曲变形的能力。当地基不均匀沉降使墙体挠曲时，圈梁的作用就相当于钢筋混凝土梁一样承受拉力和剪力，弥补了砌体抗拉、抗剪强度低的弱点，增强了房屋的整体刚度，有效地防止墙体出现裂缝及阻止裂缝开展。

按《建筑地基基础设计规范》规定，在多层房屋的基础和顶层宜各设置一道圈梁，其他各层可隔层设置，必要时也可层层设置。单层工业厂房、仓库，可结合基础梁、连系梁、过梁等酌情设置。

圈梁应设置在外墙、内纵墙和主要内横墙上，并宜在平面内连成封闭系统。当墙体上开洞使墙体削弱时，宜在开洞部位配筋或采用构造柱及圈梁加强。

4．加强基础刚度

对于建筑体型复杂、荷载差异较大的框架结构，可采用箱基、桩基、筏基等加强基础整体刚度，减少不均匀沉降。

5．选用合适的结构形式

当发生不均匀沉降时，在静定结构体系中，构件不致引起很大的附加应力，故在软弱地基上的建筑物，可考虑采用静定结构体系，以减少不均匀沉降产生的不利后果。

四、减轻不均匀沉降的施工措施

（1）在施工程序上，先建重、高部分，后建轻、低部分；先主体建筑，后附属建筑，如果存在连接体时，应最后修建连接体；

（2）当高层建筑的主、裙楼下有地下室时，可在主、裙楼相交的裙楼一侧适当位置（一般为 1/3 跨度处）设置施工后浇带，采用先主楼后裙楼的施工顺序；

（3）在基坑开挖时，不要扰动基底土的原状结构。机械开挖时通常在坑底保留约 200mm 厚的原状土层，待垫层施工时再人工挖除；

（4）要注意打桩、井点降水、深基坑开挖对邻近建筑物的影响；

（5）对可变荷载较大的建筑物（如料仓或油罐等），在施工前有条件时可先堆载预压（见第八章）；在使用初期，应控制加载速率和加载范围，避免大量、迅速和集中堆载；

（6）在已建成的房屋周围不应堆放大量的地面荷载，以免引起附加沉降。

思　考　题

1．简述天然地基上浅基础的设计步骤。

2．何谓无筋扩展基础和扩展基础？它们的材料有何不同？计算时有什么共同点和不同点？

3．地基基础设计时，荷载应如何取值？

4．怎样选择基础的埋置深度？

5．基础底面尺寸如何确定？中心荷载与偏心荷载作用下有什么不同？

6．当有软弱下卧层时，如何确定基础底面尺寸？

7．当基础埋深较浅，而基底面积较大时，宜采用何种基础？

8．某无筋扩展基础台阶宽高比的允许值为 1：1.5，如台阶的宽度为 100mm、台阶的高度为 300mm 时，是否符合要求？

9．图 6-26 所示柱下钢筋混凝土独立基础，哪些柱边截面或变阶截面需要进行抗冲切验算？

10．地基不均匀沉降的产生原因一般有哪些方面？

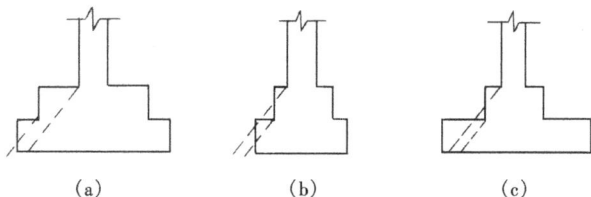

（a）　　　　　　（b）　　　　　　（c）

图 6-26　思考题 9 附图

11. 减轻不均匀沉降造成的危害应采取哪些有效措施？

习　题

1. 某柱基承受上部结构传来的作用的标准组合设计值 $F_k=2500kN$，基础埋深 3m，地基土质自上而下为：杂填土厚 1m，$\gamma=16kN/m^3$；粉质黏土厚 2m，$\gamma=17kN/m^3$；粉土厚 5m，$\gamma=18kN/m^3$，$f_{ak}=230kPa$。试计算基础底面积。

2. 某柱承受上部结构传来的作用的标准组合设计值 $F_k=750kN$，$M_k=80kN \cdot m$，已知地基土为均质粉土，$\gamma=18kN/m^3$，$f_{ak}=150kPa$，$\eta_b=0.3$，$\eta_d=1.5$，基础埋深 1.2m，试确定该基础的底面尺寸。

3. 某柱基础底面尺寸为 $2 \times 3m^2$，上部结构传来的作用的标准组合设计值 $F_k=1000kN$，基础埋深 $d=1.5m$，地基土质情况自上而下为：杂填土厚 1m，$\gamma=16.5kN/m^3$；黏土厚 2m，$\gamma=18.2kN/m^3$，$E_s=10MPa$，$f_{ak}=190kPa$，$e=0.8$，$I_L=0.75$；淤泥质土厚 3m，$\gamma=17kN/m^3$，$E_s=2MPa$，$f_{ak}=80kPa$；以下为密实砂土层。试验算基础底面尺寸是否满足要求。

4. 某承重墙厚 370mm，承受上部结构传来的作用的标准组合设计值 $F_k=120kN/m$，从室内设计地面起算的基础埋置深度 1.65m，室内外高差 0.45m。已知：地基土为均质黏土，$\gamma=18kN/m^3$，地基承载力特征值 $f_{ak}=80kPa$，$\eta_d=1.0$。试设计此无筋扩展基础并绘制基础剖面图。

5. 某承重墙厚 370mm，从室内设计地面起算的基础埋置深度 1.1m，室内外高差 0.3m。已知：基础顶面承受作用的基本组合设计值 $F=280kN/m$，基础底面宽度 b 已由地基承载力条件确定为 1.8m，试设计此基础底板高度，计算基础底板钢筋面积并绘制基础剖面图。

6. 某柱下锥形独立基础底面尺寸 $2m \times 2m$，柱截面尺寸 $400mm \times 400mm$，基础埋深 1.2m，承受上部结构传来作用的基本组合设计值 $F_k=500kN$，设基础采用 C25 混凝土和 HRB400 钢筋，垫层采用 100mm 厚 C10 素混凝土，试确定基础高度和基础配筋，并绘制基础剖面图。

第七章　桩基础及其他深基础

当浅层地基土无法满足建筑物对地基变形或承载力的要求时，可利用深层承载力较高的土层作为持力层，设计成深基础。常用的深基础有桩基础、墩基础、沉井、地下连续墙等，其中桩基础应用较多。本章主要讲述应用最广泛的钢筋混凝土桩基础，最后简单介绍其他深基础。

第一节　桩基础概述

桩基础由设置于土中的基桩（基础桩的简称）和承接结构荷载的承台共同组成如图7-1所示，根据承台的位置高低，可分为低承台桩基础和高承台桩基础两种。若桩身全部埋入土中，承台底面与土体接触则称为低承台桩基础；若桩身上部露出地面而承台底面位于地面以上则称为高承台桩基础。由于承台位置的不同，两种桩基础中基桩的受力、变形情况也不一样，因而其设计方法也不相同。建筑物桩基础通常为低承台桩基础，而码头、桥梁等构筑物经常采用高承台桩基础。基桩是指群桩基础中的单桩，群桩基础是由两根及两根以上基桩组成的桩基础；单桩基础是采用一根桩（通常为大直径桩）承受和传递上部结构（通常为柱）作用的独立基础。

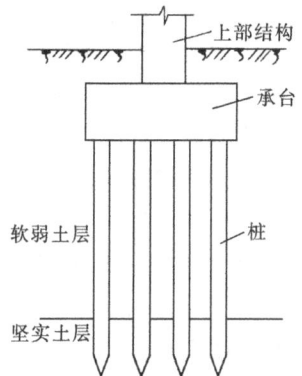

图7-1　低承台桩基础示意图

一、桩基础的功能及适用条件

1. 桩基础的功能

桩基础的主要功能是将上部结构的作用传至地下较深的密实或低压缩性的土层中，以满足承载力和沉降的要求。桩基础也可用来承受上拔力、水平力，或承受垂直、水平、上拔荷载的共同作用以及机器产生的振动和动力作用等。

2. 适用条件

桩基础的适用条件主要根据场地的工程地质条件、设计方案的技术经济比较以及施工条件而定。与其他深基础相比，桩基础的适用范围最广，一般来说，在下列情况下可考虑选用桩基础方案：

（1）高、重建筑物下的浅层地基土承载力与变形不能满足要求时；

（2）地基软弱，而采用地基加固措施在技术上不可行、经济上不合理或工期不允许时，或地基土性特殊，如液化土、湿陷性黄土、膨胀土、季节性冻土等特殊土时；

（3）除了存在较大的垂直荷载外，还有较大的偏心荷载、水平荷载、动力荷载及周期性荷载作用时；

（4）上部结构对基础的不均匀沉降相当敏感，或建筑物受相邻建筑或大面积地面荷载的影响时；

（5）对精密或大型的设备基础需要减少基础振幅，减弱基础振动对结构的影响，或应控制基础沉降和沉降速率时；

（6）地下水位很高，采用其他基础形式施工困难，或位于水中的构筑物基础，如桥梁、码头、采油钻井平台等；

（7）需要长期保存、具有重要历史意义的建筑物。

此外，桩还广泛用作深基坑的支挡结构、高边坡的抗滑移锚固结构。

二、桩基础的类型

根据桩的不同分类标准，桩基础有不同的分类。

1. 按承载性状分类

桩在竖向荷载作用下，桩顶荷载由桩侧摩阻力和桩端阻力共同承受。根据桩侧阻力和桩端阻力的发挥程度和荷载分担比，将桩分为摩擦型桩、端承型桩两大类和摩擦桩、端承摩擦桩、端承桩、摩擦端承桩四个亚类。

（1）摩擦型桩是指在承载能力极限状态下，桩顶荷载全部或主要由桩侧阻力承受。根据桩侧阻力分担荷载的程度，摩擦型桩分为摩擦桩和端承摩擦桩两类。

在实际工程中，纯粹的摩擦桩是没有的。在深厚的软弱土层中，当无较硬的土层作为桩端持力层或桩端持力层虽然较坚硬但桩的长径比 l/d 很大，传递到桩端的轴力很小，以致在极限荷载作用下，桩顶荷载绝大部分由桩侧阻力承受，桩端阻力很小，可忽略不计，这类桩可视作摩擦桩；而当桩的长径比 l/d 不大，且桩端持力层有较为坚硬的土层时，桩顶荷载由桩侧阻力和桩端阻力共同承担，但大部分荷载由桩侧阻力承受的桩，称为端承摩擦桩。

（2）端承型桩是指在承载能力极限状态下，桩顶荷载全部或主要由桩端阻力承受。根据桩端阻力分担荷载的程度，端承型桩可分为端承桩和摩擦端承桩两类。

若桩端进入较坚硬的土层如中密以上的砂土、碎石类土或中、微风化岩层中，桩顶荷载由桩侧阻力和桩端阻力共同承担，但主要由桩端阻力承受时，称为摩擦端承桩。而当桩的长径比 l/d 较小（一般小于 10），桩端坐落在坚硬的土层如密实砂层、碎石类土或中、微风化岩层中，桩顶荷载绝大部分由桩端阻力承受，桩侧阻力很小可忽略不计时，可视为端承桩。

2. 按使用功能分类

根据桩的使用功能可分为竖向抗压桩（抗压桩）、竖向抗拔桩（抗拔桩）、水平受荷桩及复合受荷桩等。

（1）竖向抗压桩主要承受上部结构传来的竖向荷载，一般建筑桩基在正常工作的条件下都属于此类桩。设计时要进行竖向承载力验算，必要时还要验算沉降量和软弱下卧层的承载力。

（2）竖向抗拔桩主要承受竖直向上拉拔荷载，如水下抗浮力的锚桩、静载荷试验的锚桩、输电塔和微波发射塔的桩基等，都属于此类桩。设计时一般应进行桩身强度和抗裂、抗拔承载力验算。

（3）水平受荷桩主要承受水平荷载，此类桩有港口工程的板桩、深基坑的护坡桩以及坡体抗滑桩等。设计时一般应进行桩身强度和抗裂、抗弯承载力及水平位移验算。

（4）复合受荷桩是指承受竖向、水平荷载均较大的桩，此类桩受力状态比较复杂，应同时按竖向抗压桩及水平受荷桩的要求进行验算。

3. 按桩身材料分类

根据桩身材料的不同，桩可分为混凝土桩、木桩、钢桩和组合材料桩。

（1）各种混凝土桩是目前使用最广泛的桩，分为预制混凝土桩（简称预制桩）和就地灌注混凝土桩（简称灌注桩）。预制桩是在工厂或现场预先制成，达到设计强度后，采用专用机械将桩沉入土中形成的桩。灌注桩是在现场的设计桩位上直接采用机械或人工成孔，然后灌注混凝土而成的桩，根据采用的成孔方法和手段不同，又分别称为钻孔灌注桩、沉管灌注桩、人工挖孔灌注桩等。

（2）木桩在当今已不常用，其承载力不大，寿命也不长，一般用于临时工程，使用时宜作防腐处理。

（3）常见的钢桩有型钢桩和钢管桩两类，型钢桩用的较多的是 H 型钢桩和工字型钢桩。由于成本高，我国只在少数重点工程中使用，如上海宝钢曾采用直径 914.4mm、壁厚 16mm、长 61m 等几种规格的钢管桩。

（4）组合材料桩是指用两种或两种以上材料组合而成的桩，如钢管内填充混凝土形成钢管混凝土桩、上部桩身和下部桩身采用不同的材料的桩等。

4. 按成桩过程中挤土效应分类

根据成桩过程中挤土效应将桩分为非挤土桩、部分挤土桩和挤土桩。

（1）非挤土桩是指在设置桩时，先将孔中土体取出，对桩周土不产生挤土作用的桩，如人工挖土灌注桩、钻孔灌注桩等。

（2）部分挤土桩是指在设置桩时孔中部分或小部分土体先取出，对桩周土有部分挤土作用的桩，如预钻孔打入式预制桩、底端开口预应力混凝土管桩等。

（3）挤土桩是指在设置桩时孔中土未曾取出，完全是挤入土中的桩，如沉管灌注桩、预制桩等。

5. 按桩径大小分类

根据桩身直径的大小可以分为小桩、中等直径桩、大直径桩。

（1）小桩是指桩径 $d \leqslant 250$mm 的桩，一般用于基础加固和复合基础。

（2）中等直径是指桩径 $250 < d < 800$mm 的桩，建筑桩基应用较多。

（3）大直径桩是指桩径 $d \geqslant 800$mm 的桩，特点是单桩承载力较高，常用于上部结构荷载特别大的基础。

三、基桩的构造

基桩的构造应符合下列要求：

（1）基桩的最小中心距应符合表 7-1 的规定。

表 7-1　　　　　　　　　　　　　　　　基桩的最小中心距

土类与成桩工艺		排数不少于 3 排且桩数不少于 9 根的摩擦型桩	其他情况
非挤土灌注桩		3.0d	3.0d
部分挤土桩	非饱和土、饱和非黏性土	3.5d	3.0d
	饱和黏性土	4.0d	3.5d
挤土桩	非饱和土、饱和非黏性土	4.0d	3.5d
	饱和黏性土	4.5d	4.0d

（2）桩进入持力层的深度，根据地质条件、荷载及施工工艺确定。桩端全断面进入持力

层的深度，对于黏性土和粉土不宜小于 $2d$，砂土不宜小于 $1.5d$，碎石类土不宜小于 d。当存在软弱下卧层时，桩端以下硬持力层厚度不宜小于 $3d$。嵌岩灌注桩全断面嵌入完整和较完整的未风化、微风化、中风化硬质岩体的深度不宜小于 0.5m。

（3）布置桩位时，宜使桩基承载力合力点与竖向永久荷载合力作用点重合。

（4）预制桩的混凝土强度等级不应低于 C30；灌注桩不应低于 C25，在寒冷地区不应低于 C30；预应力桩不应低于 C40。

（5）预制桩应通长配筋，打入式预制桩最小配筋率不宜小于 0.8%，静压预制桩的最小配筋率不宜小于 0.6%，预应力桩的最小配筋率不宜小于 0.5%。

（6）灌注桩主筋直径不应小于 12mm，腐蚀环境中主筋直径不宜小于 16mm。桩的主筋配置应经计算确定；灌注桩最小配筋率不宜小于 0.2%～0.65%，小直径桩取大值，如 $\phi377$mm 的沉管灌注桩的主筋配置不少于 6 Φ 12。

（7）灌注桩的主筋配筋长度应满足：

1）坡地岸边的桩、抗震设防烈度 8 度及 8 度以上地震区的桩、抗拔桩、嵌岩端承桩应沿桩身通长配筋；

2）摩擦型灌注桩配筋长度不应小于 2/3 桩长，桩基承台下存在淤泥、淤泥质土或液化土层时，配筋长度应穿过淤泥、淤泥质土或液化土层，桩施工在基坑开挖前完成时，其配筋长度不宜小于基坑深度的 1.5 倍；当受水平荷载作用时，配筋长度尚不宜小于 $4.0/\alpha$（α 为桩的水平变形系数）；

3）对于受地震作用的基桩，桩身长度应穿过可液化土层和软弱土层，进入稳定土层的深度应按计算确定，对于碎石土，砾、粗、中砂，密实粉土，坚硬黏土尚不应小于（2～3）d，对其他非岩石土尚不应小于（4～5）d；

4）受负摩阻力的桩、因先成桩后开挖基坑而随地基土回弹的桩，其配筋长度应穿过软弱土层并进入稳定土层，进入的深度不应小于（2～3）d；

（8）灌注桩主筋保护层厚度不应小于 50mm，腐蚀环境中的灌注桩不应小于 55mm；预制桩主筋保护层厚度不应小于 45mm，预应力管桩不应小于 35mm。

（9）灌注桩箍筋采用 $\phi6$～$\phi12$@200～300mm 的螺旋箍，且桩顶以下 $5d$ 范围内应加密，间距不大于 100mm。当钢筋笼长度超过 4m 时，应每隔 2m 设一道 $\phi12$～$\phi18$ 焊接加劲箍筋。

（10）桩顶嵌入承台内的长度对中等直径桩不应小于 50mm，对大直径桩不宜小于 100mm。主筋伸入承台内的锚固长度不应小于钢筋直径的 35 倍（HRB335 和 HRB400）或 30 倍（HPB300）；对大直径灌注桩，当采用一桩一柱且桩柱直接连接时，柱纵筋插入桩身的长度应满足锚固长度的要求。

第二节　桩基础的施工工艺简介

桩基础的施工工艺概括起来可分成两大类：一类是挤入法，即用锤击、静压或振动沉桩等方法把预制桩挤入土中；另一类是就地成孔灌注法，即在桩位成孔，在孔中放置钢筋笼，再灌注混凝土。本节简要介绍最常用的预制桩、沉管灌注桩、钻孔灌注桩的施工工艺。

一、混凝土预制桩及其沉桩工艺

混凝土预制桩的横截面有方、圆及实心、空心等多种形状。一般普通实心方桩的截面边长为 300～500mm，桩长在 25～30m 以内，工厂预制时分节长度≤15m，沉桩时在现场连接到所需桩长。分节接头应保证质量以满足桩身承受轴力、弯矩和剪力的要求，通常可用钢板、角钢焊接，必要时涂沥青以防腐蚀，也可采用钢板垂直插头加水平销连接，其施工快捷，不影响桩的强度和承载力。

大截面实心桩自重大，用钢量大，其配筋主要受起吊、运输、吊立和沉桩等各阶段的应力控制。采用预应力混凝土管桩，则可减轻自重、节约钢材、提高桩的承载力和抗裂性。

预应力混凝土管桩如图 7-2 所示，采用先张法预应力工艺和离心成型法制作。经高压蒸汽养护生产的为 PHC 管桩，桩身混凝土强度等级为 C80；未经高压蒸汽养护生产的为 PC 管桩（强度为 C60），其中壁厚 50～70mm 为 PTC 管桩。建筑工程中常用的 PHC、PC、PTC 管桩的外径为 400～600mm，壁厚 55～110mm，每节长 5～15m。最近几年又有预应力混凝土空心方桩 PS 和预应力高强混凝土空心方桩 PHS 出现。桩的下端设置开口的钢桩尖或封口十字刃钢桩尖，当采用开口桩尖时，沉桩过程中管内进土，减弱了挤土效应，特别适用软土地基。沉桩时桩节处通过焊接端头板接长。

预制桩的截面形状、尺寸和桩长可在一定范围内选择，桩尖可达坚硬黏性土或强风化基岩，具有承载能力高、耐久性好，且质量较易保证等优点。但其自重大，需大能量的打桩设备，并且由于桩端持力层起伏不平而导致桩长不一，施工中往往需要接长或截短，工艺比较复杂。

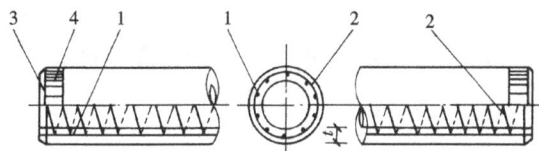

图 7-2　预应力混凝土管桩
1—预应力钢筋；2—螺旋箍筋；3—端头板；
4—钢套箍；t—壁厚

预制桩的沉桩工艺如下：①桩位探查，清除影响预制桩入土的障碍物；②桩架就位；③预制桩起吊就位，用两台经纬仪成 90°方向控制入土垂直度；④沉桩，当桩顶沉至高于地面 1m 左右时，起吊另一节预制桩准备接桩；⑤接桩，用经纬仪控制二节桩处于同一垂线上，当采用焊接桩时，需待焊缝冷却后（自然冷却时间锤击桩不少于 8min，静压桩不少于 6min）方可继续沉桩。

预制桩施工时，当桩顶设计标高低于地面时，可用钢制送桩器将桩沉至预定标高。停止沉桩的控制原则有：桩尖设计标高；最后贯入度（锤击、振动沉桩时）；压桩力（静压沉桩时）。最后贯入度指桩沉至某标高时，每次锤击的沉入量，通常以最后每阵的平均贯入量表示。锤击法以 10 击为一阵，振动沉桩以 1min 为一阵。最后贯入度一般根据试沉桩结果及当地经验确定，一般在 10～50mm/阵的范围内。

二、沉管灌注桩及其施工工艺

利用锤击或振动等方法沉管成孔，然后浇灌混凝土（混凝土坍落度宜为 80～100mm），拔出套管，其施工程序如图 7-3 所示。一般可分为单打、复打（浇灌混凝土并拔管后，立即在原位再次沉管及浇灌混凝土）和反插法（灌满混凝土后，先振动再拔管，一般拔 0.5～1.0m，再反插 0.3～0.5m）三种。复打后的桩横截面面积增大，承载力提高，但其造价也相应提高。复打法和反插法常用于饱和软土地基。

沉管灌注桩的常用桩管外径为 325、377、426mm 三种，桩长在 25m 以内，预制桩尖混

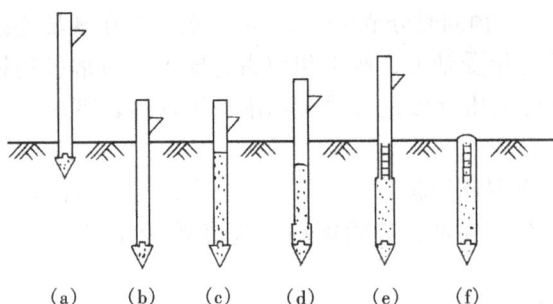

图 7-3 沉管灌注桩的施工程序示意

(a) 打桩机就位；(b) 沉管；(c) 浇灌混凝土；(d) 边拔管，边振动；(e) 安放钢筋笼，继续浇灌混凝土；(f) 成型

凝土强度等级不低于 C30，可打至硬塑黏土层或中、粗砂层。其优点是设备简单、打桩进度快、成本低。但在软、硬土层交界处或软弱土层处易发生缩颈（桩身截面局部缩小）现象，此时通常可放慢拔管速度，加大灌注管内混凝土量，充盈系数（混凝土实际用量与计算桩身体积之比）一般应达到 1.10～1.15。此外，也可能由于邻桩挤压或其他振动作用等各种原因使土体上隆，引起桩身受拉而出现的断桩现象，或出现局部夹土和吊脚、混凝土离析及强度不足等质量事故。

三、钻孔灌注桩及其施工工艺

钻孔灌注桩用钻机钻土成孔，然后清除孔底残渣，安放钢筋笼，浇灌混凝土。钻孔灌注桩的桩径不小于 600mm，常用桩径有 800、1000、1200mm 等。钻孔灌注桩的最大优点是入土深，能进入岩层，刚度大，承载力高，桩身变形小，并可方便地进行水下施工。

钻孔灌注桩的施工工艺如下：

1. 埋设护筒

护筒一般用钢板制作，内径比钻头直径大 10～20cm。埋设时，黏性土中埋深不宜小于 1m，砂土中不宜小于 1.5m，护筒下端外侧用黏土填实，筒顶应至少高出地面 0.2m。护筒的作用是：①固定桩位，并作钻孔导向；②保护孔口，防止孔口土层坍塌；③隔离孔内外表层水，使孔内水位高于地下水位或孔外水位 1.5～2.0m，以利于稳固钻孔孔壁。

2. 制备泥浆

钻孔一般用泥浆护壁以防止坍孔，并切断孔内外水流稳定孔内水位，泥浆也有利于沉渣排出。泥浆用高塑性黏土制成，一般比重 1.05～1.30，应根据土质护壁要求及排渣情况作适当调整。在较好的黏土层中钻孔时，也可灌清水，通过钻孔自造泥浆达到固壁效果。

3. 安装钻机

常用的回旋钻机按泥浆循环方式分为正循环钻机和反循环钻机。正循环钻机在钻进时，泵送泥浆通过钻杆中心孔从钻头喷入钻孔内，泥浆夹带钻渣从孔顶排入沉淀池，如图 7-4 所示。反循环钻机正好相反，泥浆泵送至孔口，然后从钻头的钻杆下口吸进，通过钻杆中心孔排出到沉淀池。反循环钻机配有专门的吸渣装置，钻进和排渣效率高，但当钻渣粒径较大时，易堵塞钻杆中心管路。

4. 清孔

清孔的目的是除去孔底钻渣，使测得的沉渣厚度满足设计要求，保证桩的承载力。清孔分两次进行：

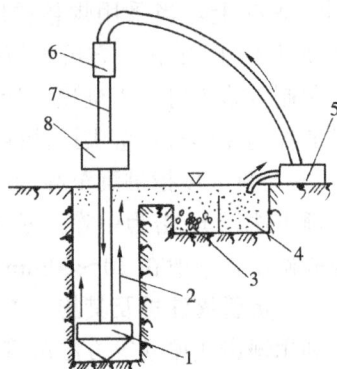

图 7-4 正循环钻成孔施工法

1—钻头；2—泥浆循环方向；3—沉淀池及沉渣；4—泥浆池及泥浆；5—泥浆泵；6—水龙头；7—钻杆；8—钻机回转装置

第一次清孔在钻孔深度达到要求时，钻头停钻提升 20～30cm（正循环）或 50～80cm 后（反循环），钻头空钻不进尺，继续换浆清渣 30min 以上（正循环）或 3～10min（反循环）；

第二次清孔在钢筋笼安装且导管放下后、混凝土灌注前，一般采用压风机（空气吸泥机）反循环方式，也可利用导管采用正循环方式，直到孔底沉渣厚度满足设计或规范要求。《建筑桩基技术规范》规定：端承型桩沉渣厚度不应大于 50mm；摩擦型桩不应大于 100mm；抗拔、抗水平力桩不应大于 200mm。

5. 吊装钢筋笼

钢筋笼可分节制作，吊装时焊接接长或采用直螺纹钢筋套筒机械连接接长。

6. 水下混凝土灌注

水下灌注混凝土坍落度以 180～220mm 为宜，采用导管法灌注，以密封连接的钢管作为灌注通道，如图 7-5 所示。导管内径 0.20～0.25m，每节长度 1～2m，最下面一节导管不宜短于 4m。灌注开始时导管底部距孔底距离宜为 300～500mm。灌注过程中，导管埋入混凝土深度宜为 2～6m，应随时测量导管底部标高及管外混凝土标高，严禁导管提出混凝土面导致断桩。

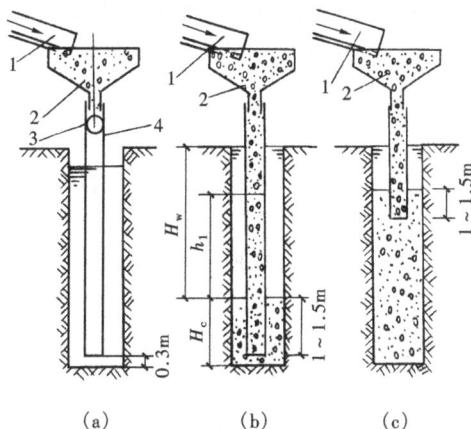

图 7-5　灌注水下混凝土
1—通混凝土储料槽；2—漏斗；3—隔水栓；4—导管

首批灌注的混凝土方量要保证将导管内水全部压出，并将导管埋入混凝土 0.8m 以上。为此初灌前应在漏斗与导管口之间设置隔水栓，放开隔水栓使混凝土与隔水栓一起向孔底猛落，将导管内水全部压出。目前也有采用在漏斗与导管接头处设置活门来代替隔水栓。初灌混凝土方量可按下式计算

$$V = \pi d^2(H+h+0.5t)/4 + \pi d_1^2(0.5L-H-h)/4 \qquad (7-1)$$

式中　V——混凝土初灌量，m^3；

　　　d——桩孔直径，m；

　　　d_1——导管内径，m；

　　　L——钻孔深度，m；

　　　H——导管埋入混凝土深度，取 $H=1m$；

　　　h——导管下端距孔底距离，一般取 $h=0.3～0.5m$；

　　　t——灌注前沉渣厚度，m。

灌注的混凝土桩顶标高应比设计值高出 0.5～1.0m，这一范围内浮浆和混凝土应凿除以保证桩顶混凝土质量。

四、桩的质量检测

桩基础属地下隐蔽工程，成桩的质量缺陷会影响桩身结构完整性和单桩承载力。因此成桩后必须根据设计等级对桩的承载力和完整性进行抽检。检测单桩承载力的方法有静载荷试

验和高应变动力测桩两种方法，其中高应变动力测桩还能给出桩身的完整性。检测桩身完整性的方法有钻孔抽芯法、声波透射法和低应变动力测桩法，最常用的是低应变动力测桩，它对浅部缺陷的判断优于高应变法。

工程桩应进行承载力检测。对地基基础设计等级为甲级及乙级的工程桩，应采用静载荷试验检测承载力，抽检桩数不少于总桩数的 1%，且不少于 3 根。高应变动力试桩法也可作为静载荷试验的补充，抽检数量不宜少于总桩数的 5% 且不得少于 5 根。对承受拔力或水平力较大的桩，应进行单桩竖向抗拔力或水平承载力检测，抽检数量不应少于总桩数的 1% 且不应少于 3 根。

桩身完整性应进行检测，检测桩数不应少于总桩数的 20%，且不少于 10 根，每个柱下承台至少 1 根。预制桩和沉管灌注桩采用低应变法检测。钻孔灌注桩可采用声波透射法、钻芯法或低应变法检测，其中大直径嵌岩桩必须有不少于总桩数 10% 的比例采用声波透射法或钻芯法检测。

第三节 桩的竖向承载力

一、桩基础设计原则

现行《建筑地基基础设计规范》规定，按单桩承载力确定桩数时，传至承台底面上的作用效应应按正常使用极限状态下的标准组合，相应的抗力应采用单桩承载力的特征值。

正常使用极限状态是指桩基达到建筑物正常使用所规定的变形限值或达到耐久性的某项限值时的状态，具体指竖向荷载引起的沉降和水平荷载引起的水平变位，可能导致建筑物标高的过大变化以及差异沉降和水平位移使建筑物倾斜过大、开裂，设备不能正常运转等，从而影响建筑物的正常使用功能，或者处于腐蚀介质环境中的桩身和承台应满足耐久性，以保持建筑物的正常使用功能。正常使用极限状态下，标准组合的效应设计值 S_k 用下式表示

$$S_k = S_{Gk} + S_{Q1k} + \psi_{C2} S_{Q2k} + \cdots + \psi_{cn} S_{Qnk} \tag{7-2}$$

式中　S_{Gk}——永久作用标准值 G_k 的效应；

　　　S_{Qik}——第 i 个可变作用标准值的 Q_{ik} 效应；

　　　ψ_{ci}——第 i 个可变作用 Q_i 的组合系数，按《建筑结构荷载规范》的规定取值。

上述公式中可变荷载 S_{Qik} 的组合值系数 ψ_{ci}（含 $\psi_{c1} = 1$）如被准永久值系数 ψ_{qi} 替换，就得到正常使用极限状态下作用的准永久组合的效应设计值，用于地基沉降计算。如将上述标准组合公式中的永久作用分项乘以分项系数 γ_G、各可变作用的组合分项乘以分项系数 γ_{Qi}，就得到承载能力极限状态下作用的基本组合的效应设计值，用于桩及承台的强度设计及配筋计算。

桩基础作为地基基础的一种形式，与其他形式的地基基础一样，根据地基复杂程度，建筑物规模和功能特征以及由于地基问题可能造成建筑物破坏或影响正常使用的程度，划分为甲、乙、丙三个设计等级，详见第六章表 6-1。对摩擦型桩基、设计等级为甲级的桩基，以及体型复杂荷载不均匀或桩端以下存在软弱土层的设计等级为乙级的建筑物桩基都应进行沉

降验算。

二、单桩竖向承载力特征值

单桩竖向承载力特征值是指单桩竖向静载荷试验中荷载——桩顶沉降曲线线性变形段内不超过比例界限点的荷载值，实际上就是单桩竖向承载力的允许值。

《建筑地基基础设计规范》规定：

（1）单桩竖向承载力特征值应通过单桩竖向静载荷试验确定。在同一条件下的试桩数量，不宜少于总桩数的 1%，且不少于 3 根。

（2）地基基础设计等级为丙级时，可采用静力触探及标贯试验参数确定单桩竖向承载力特征值。

（3）初步设计时单桩竖向承载力特征值 R_a 可按下式估算

$$R_a = q_{pa}A_p + U_p \Sigma q_{sia}l_i \tag{7-3}$$

式中　q_{pa}，q_{sia}——桩端阻力、桩侧阻力特征值，由当地静载荷试验结果统计分析算得，kPa；

　　　　A_p——桩底端横截面面积，m^2；

　　　　U_p——桩身周长，m；

　　　　l_i——第 i 层岩土的厚度，m。

（4）嵌岩桩在初步设计时可按下式估算单桩竖向承载力特征值

$$R_a = q_{pa}A_p \tag{7-4}$$

式中　q_{pa}——桩端岩石承载力特征值，kPa，可按岩石饱和单轴抗压强度标准值折减而得。

（5）桩身材料强度应满足桩的承载力设计要求。桩轴向受压时，桩身强度应符合下式要求

$$Q \leqslant A_p f_c \psi_c \tag{7-5}$$

式中　Q——相应于作用的基本组合时的单桩竖向力设计值，kN；

　　　　A_p——桩身横截面积，m^2；

　　　　f_c——混凝土轴心抗压强度设计值，见第六章表 6-10，kPa；

　　　　ψ_c——工作条件系数，非预应力预制桩取 0.75，预应力桩取 0.55～0.65，灌注桩取 0.6～0.8（水下灌注桩、长桩或混凝土等级高于 C35 时用低值）。

三、单桩竖向静载荷试验

静载荷试验是评价单桩承载力最为直观和可靠的方法，它除了考虑地基的支承能力外，也计入了桩身材料对承载力的影响。试验装置如图 7-6 所示，桩顶沉降用固定在基准梁上的百分表量测。

试桩、锚桩（压重平台支座）和基准桩之间的中心距离应符合表 7-2 的规定。

表 7-2　　　　　　　　　　试桩、锚桩和基准桩之间的中心距离

反力系统	试桩与锚桩（或压重平台支座墩边）	试桩与基准桩	基准桩与锚桩（或压重平台支座墩边）
锚桩横梁反力装置 压重平台反力装置	≥4d 且 >2.0m	≥4d 且 >2.0m	≥4d 且 >2.0m

注　d—试桩或锚桩的设计直径，取其较大者（如试桩或锚桩为扩底桩时，试桩与锚桩的中心距尚不应小于 2 倍扩大端直径）。

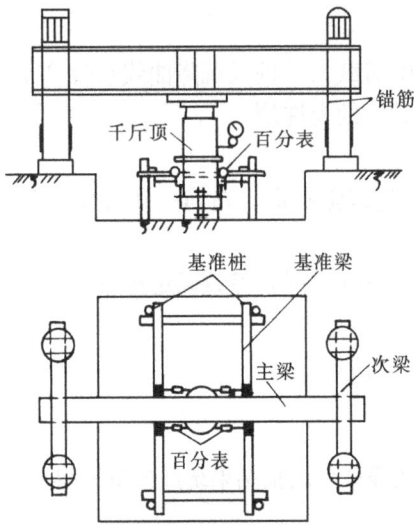

图 7-6　锚桩横梁反力装置

对于灌注桩，应在桩身强度达到设计强度后方能进行静载荷试验。对于预制桩，由于沉桩时挤土升高的孔隙水压力有待消散，土体受沉桩扰动强度下降有待恢复，因此在砂土中沉桩 7 天后，黏性土中沉桩 15 天后，饱和软黏土中沉桩 25 天后才能进行静载荷试验。

静载荷试验时，加荷分级不应小于 8 级，每级加载量宜为预估极限荷载的 $1/8 \sim 1/10$。

测读桩沉降量的间隔时间为：每级加载后，第 5、10、15min 时各测读一次，以后每 15min 测读一次，累计一小时后每隔半小时测读一次。

在每级荷载作用下，桩的沉降量连续两次在每小时内小于 0.1mm 时可视为稳定，稳定后即可加下一级荷载。

符合下列条件之一时可终止加载：

（1）当荷载—沉降曲线上有可判断极限承载力的陡降段，且桩顶总沉降量超过 40mm；

（2）后一级荷载产生的沉降增量超过前一级荷载沉降增量的 2 倍，且 24h 尚未达到稳定；

（3）桩长 25m 以上的非嵌岩桩，荷载—沉降曲线呈现缓变型时，桩顶总沉降量大于 60～80mm；

（4）在特殊条件下，可根据具体要求加载至桩顶总沉降量大于 100mm。

卸载时，每级卸载值为加载值的两倍，卸载后隔 15min 测读一次桩顶百分表读数，读二次后，隔半小时再读一次，即可卸下一级荷载。全部卸载后，隔 3h 再测读一次桩顶百分表读数。

单桩竖向极限承载力可以根据荷载—沉降（Q-s）曲线（图 7-7），按下列方法确定：

（1）当陡降段明显时，取相应于陡降段起点的荷载值为极限承载力；

（2）当 Q-s 曲线呈缓变型时，取桩顶总沉降量 $s = 40$mm 所对应的荷载作为极限承载力；

（3）当试验过程中，因最后一级荷载 24h 尚未稳定而终止加载时，取前一级荷载为极限承载力；

（4）按上述方法判断极限承载力有困难时，可取沉降-时间（s-$\lg t$）曲线（图 7-8）尾部出现明显弯曲的前一级荷载作为极限承载力；

（5）对桩基沉降有特殊要求时，应根据具体情况选取极限承载力。

参加统计的试桩，当满足其极差不超过平均值的 30% 时，取其平均值为单桩竖向极限承载力；极差超过 30% 时，宜增加试桩数量并分析极差过大原因，结合工程具体情况确定极限承载力。对桩数 3 根及 3 根以下的柱下桩台，取最小值。

将单桩竖向极限承载力除以安全系数 2，即得到单桩竖向承载力特征值 R_a。

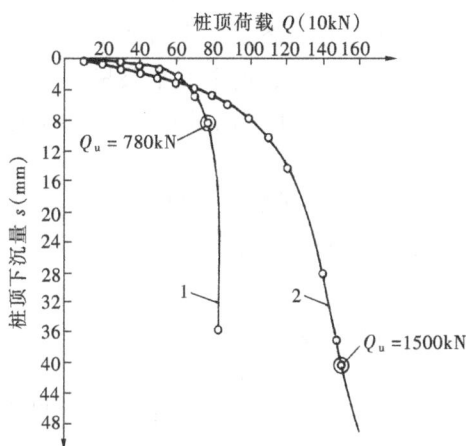

图 7-7　单桩 Q-s 曲线

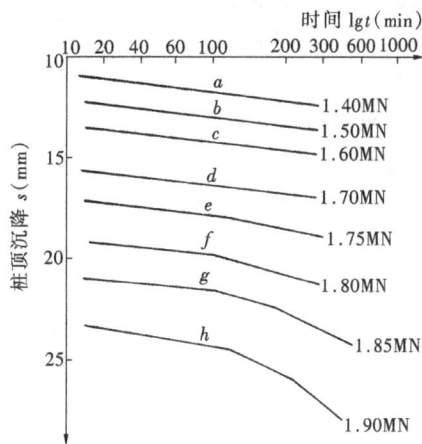

图 7-8　单桩 s-$\lg t$ 曲线

四、桩基础的沉降验算

《建筑地基基础设计规范》规定，桩基础的最终沉降量不得超过建筑物的沉降允许值，并不得超过第三章表 3-15 规定的地基变形允许值。规范还规定下列建筑物的桩基础必须进行沉降验算：

（1）地基基础设计等级为甲级的建筑物桩基；

（2）体型复杂、荷载不均匀或桩端以下存在软弱土层的设计等级为乙级的建筑物桩基；

（3）摩擦型桩基。

桩基础最终沉降量的计算方法很多，当群桩的桩距不大于 $6d$ 时，《建筑地基基础设计规范》推荐实体深基础单向压缩分层总和法（即本书第三章介绍的方法），其中附加应力计算也可采用更符合深基础实际的明德林（Mindlin）应力解来代替布希涅斯克解，只是计算较复杂。《建筑桩基技术规范》推荐实体深基础等效作用分层总和法。二者的主要区别在于后者引进桩基等效沉降系数，因此二者的桩基沉降计算经验系数也不一样。沉降验算时采用正常使用极限状态下作用效应的准永久组合，并不计入风荷载及地震作用。考虑到桩端处的应力集中，土体的计算分层厚度在桩端以下规定范围内适当加密。实际工程计算时，一般区域计算层厚度取 1m，加密区域计算层厚度取 0.1m，已能保证足够的精度。《建筑地基基础设计规范》附录 R 中的实体深基础单向压缩分层总和法简单易懂，本章第六节桩基础设计实例中给出了具体计算过程。

五、桩的负摩阻力

在一般情况下，桩在荷载作用下产生沉降，土对桩的摩阻力与桩的位移方向相反，向上起着支承作用，即为正摩阻力。但如果桩周土层由于某些原因产生了相对桩的向下位移，就会在桩侧产生向下的摩阻力，称为负摩阻力。

引起负摩阻力的原因有多种，如桩周为欠固结土或新填土，在自重作用下继续固结而下沉；由于地下水位全面下降使土的有效应力增大，而引起桩周土的大面积沉降；大面积堆载使桩周土层产生压缩变形等。负摩阻力实际上对桩施加一个下拉荷载，使桩身轴向力增大，而使桩的承载能力降低，在设计时应引起重视。

六、桩的抗拔承载力

对于高耸塔式结构物（如高压输电塔、电视塔、微波通信塔、海洋石油平台等）的桩基、承受巨大浮托力作用的地下构筑物（如地下室、地下油罐、地下取水泵房等）的桩基础，以及承受巨大水平荷载的桩结构（如码头、桥台、挡土墙下的斜桩），都需要验算桩的抗拔承载力。

桩的抗拔承载力主要取决于桩身材料强度及桩与土之间抗拔侧阻力和桩身自重。单桩抗拔承载力特征值可以通过抗拔静载荷试验得到，其试验方法与抗压静载荷试验类似。

第四节 桩的水平承载力

建筑工程中的桩基础大多以承受竖向荷载为主，但在风荷载、地震荷载、机械制动荷载或土压力、水压力等作用下，也将承受一定的水平荷载。尤其是桥梁工程中的桩基，除了满足桩基的竖向承载力要求之外，还必须对桩基的水平承载力进行验算。

在水平荷载和弯矩作用下，桩身挠曲变形，并挤压桩侧土体，土体对桩侧产生水平抗力，其大小和分布与桩的变形、土质条件以及桩的入土深度等因素有关。在出现破坏以前，桩身的水平位移与土的变形是协调的，相应的桩身产生内力。随着位移和内力的增大，对于低配筋的灌注桩而言，通常桩身首先出现裂缝，然后断裂破坏；对于抗弯性能好的混凝土预制桩，桩身虽未断裂，但桩侧土体明显开裂和隆起，桩的水平位移将超出建筑物变形允许值，使桩基础处于破坏状态。

单桩水平承载力特征值取决于桩的材料强度、截面刚度、入土深度、土质条件、桩顶水平位移允许值和桩顶嵌固情况等因素，应通过现场水平载荷试验确定。必要时可进行带承台桩的载荷试验。桩基抵抗水平力很大程度上依赖于承台底阻力和承台侧面抗力，带承台桩基的水平载荷试验能反映桩基在水平力作用下的实际工作状况。

当作用在桩基上的外力主要为水平力时，应根据使用要求对桩顶变位的限制，对桩基水平承载力进行验算。当外力作用面的桩距较大时，桩基的水平承载力可视为各单桩的水平承载力的总和。当承台侧面的土未经扰动或回填密实时，应计算土抗力的作用。当水平推力较大时，可设斜桩来承担水平推力。

带承台桩基水平载荷试验采用慢速维持荷载法，用以确定长期荷载下的桩基水平承载力和地基土水平反力系数。加载及卸载分级及每级荷载稳定标准可按单桩竖向静荷载试验的方法。当加载至桩身破坏或位移超过 $30 \sim 40mm$（软土取大值）或水平位移急剧增加时停止加载。单桩水平静载荷试验装置如图 7-9 所示。

根据试验数据绘制荷载位移 H_0-X_0 曲线及荷载位移梯度 H_0-$(\Delta X_0 / \Delta H_0)$ 曲线，取 H_0-$(\Delta X_0 / \Delta H_0)$ 曲线的第一拐点为临界荷载，取第二拐点或 H_0-X_0 曲线的陡降起点为极限荷载（图 7-10）。若桩身设有应力测读装置，还可根据最大弯矩点变化特征判定临界荷载和极限荷载，如图 7-11

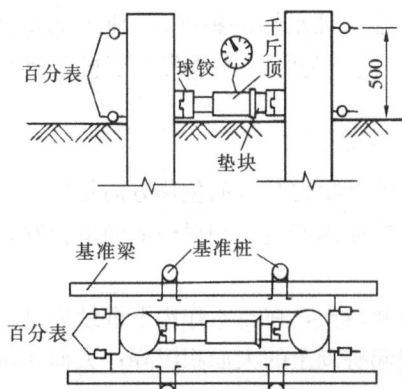

图 7-9 单桩水平静载荷试验装置

所示。

临界荷载 H_{cr} 是指桩身开裂，受拉区混凝土不参加工作时的桩顶水平荷载。极限荷载 H_u 是相当于桩身应力达到强度极限时的桩顶水平荷载。参加统计的试桩，当满足其极差不超过平均值的 30% 时，取其平均值为单桩水平极限荷载统计值；极差超过平均值 30% 时，宜增加试桩数量并分析极差过大原因，结合工程具体情况确定单桩水平极限荷载统计值。当桩身允许裂缝（裂缝宽度满足《混凝土结构设计规范》3.4.5 条要求）时取单桩水平极限荷载统计值的 1/2 作为单桩水平承载力特征值。当桩身不允许裂缝时，取水平临界荷载统计值的 0.75 倍作为单桩水平承载力特征值。

对于重要工程，可模拟承台顶竖向荷载的实际状况进行试验。

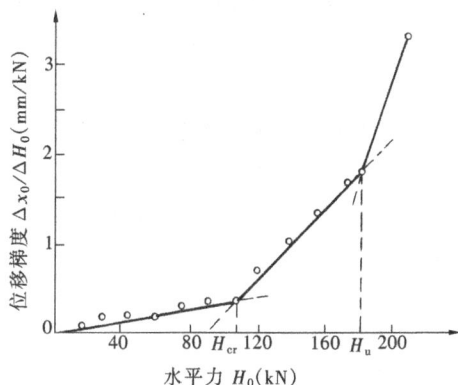

图 7-10　单桩 H_0-$\Delta X_0/\Delta H_0$ 曲线　　　　图 7-11　单桩 H_0-σ_g 曲线

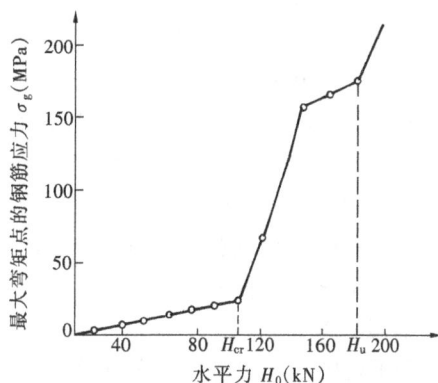

第五节　桩基础设计

在设计桩基础时，应力求做到安全、合理和经济。从保证安全的角度出发，桩基础应有足够的强度、刚度和耐久性。对地基来说，桩持力层要有足够的强度以及不能产生过大的变形。同时，采用的施工方法应满足施工现场的环境要求。

桩基础的设计内容和步骤如下：

（1）进行调查研究，场地勘察，收集有关设计资料；

（2）综合地质勘察报告、荷载情况、使用要求、上部结构条件等确定持力层；

（3）确定桩的类型、外形尺寸和构造；

（4）确定单桩承载力特征值；

（5）根据上部结构荷载情况，初拟桩的数量和平面布置；

（6）根据桩的平面布置，初拟承台尺寸及承台底标高；

（7）单桩承载力验算；

（8）承台结构强度验算；

（9）验算桩基的沉降量；

（10）绘制桩和承台的结构及施工详图。

一、收集设计资料

桩基础设计资料包括：建筑物上部结构的情况如结构形式、平面布置、荷载大小、结构构造、使用要求等；工程地质与水文地质勘察资料；建筑场地与环境的有关资料；施工条件的有关资料如沉桩设备、动力设备等；当地使用桩基础的经验。

二、选择桩型、桩长和截面尺寸

桩基础设计时，首先应根据建筑物的结构类型、荷载情况、地质条件、施工能力和环境限制（噪声、振动、对周围建筑物地基的影响等）选择桩的类型。如城市中不宜选择锤击和振动法施工的预制桩，距离周围建筑物太近不宜选用挤土桩。在深厚软土中不宜采用大片密集有挤土效应的桩基，可考虑用挤土效应较弱的桩端开口的预应力混凝土管桩或钻孔灌注桩等非挤土桩。

桩长主要取决于桩端持力层的选择。桩端最好进入坚硬土层或岩层，采用端承桩的型式。当坚硬土层埋藏很深时，则宜采用摩擦桩，但桩端也应尽量达到压缩性较低、强度中等的土层（持力层）。桩端进入持力层的深度见本章第一节基桩的构造要求部分。

桩的截面尺寸应与桩长相适应，桩的长径比主要根据桩身不产生压屈失稳及考虑施工现场条件来确定。对预制桩而言，摩擦桩长径比不宜大于 100；端承摩擦桩或摩擦桩需穿越一定厚度的硬土层时，其长径比不宜大于 80。对灌注桩而言，端承摩擦桩的长径比不宜大于 60，当穿越淤泥、自重湿陷性黄土时不宜大于 40，摩擦桩的长径比不受限制。当有保证桩身质量的可靠措施和成熟经验时，长径比可适当增大。

三、确定桩数和桩位平面布置

1. 桩数的确定

承台下桩的数量可按以下公式确定：

（1）轴心竖向力作用下

$$n \geqslant \frac{F_k + G_k}{R_a} \tag{7-6}$$

（2）偏心竖向力或弯矩作用下还需同时满足

$$n \geqslant \frac{F_k + G_k}{1.2R_a - \dfrac{M_{xk} y_{imax}}{\sum y_i^2} - \dfrac{M_{yk} x_{imax}}{\sum x_i^2}} \tag{7-7}$$

（3）水平力作用下

$$n \geqslant \frac{H_k}{R_{Ha}} \tag{7-8}$$

式中　F_k——相应于作用的标准组合时，作用于桩基承台顶面的竖向力，kN；

　　　　G_k——桩基承台自重及承台上土自重标准值，kN；

　　　　n——桩基中的桩数；

　　　　H_k——相应于作用的标准组合时，作用于承台底面的水平力，kN；

　x_i、y_i——第 i 枚桩的中心至桩群形心坐标的 y 轴、x 轴距离，m；

M_{xk}、M_{yk}——相应于作用的标准组合时，作用于承台底面通过桩群形心的 x 轴、y 轴的力矩，kN·m；

　　　　R_a——单桩竖向承载力特征值，kN；

　　　R_{Ha}——单桩水平承载力特征值，kN。

2. 桩的平面布置

（1）桩的中心距不小于桩径的 3 倍，以减少摩擦桩侧阻力的叠加效应，但也不宜大于桩径的 6 倍，避免承台过大。基桩的最小中心距见表 7-1。

（2）布桩时要使永久荷载的合力作用点与桩群形心尽可能接近，减少偏心荷载；要尽量对结构受力有利，如对墙体落地的结构宜沿墙下布桩；尽量使桩基在承受水平力和力矩较大的方向有较大的截面抵抗矩，如承台的长边与力矩较大的平面取得一致。常见的桩位布置见图 7-12。

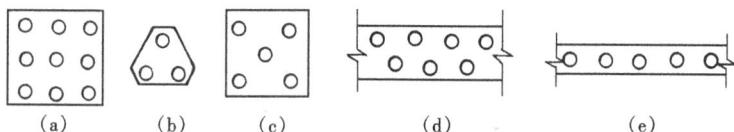

图 7-12　常见的几种布桩形式
（a）方形或矩形；（b）三角形；（c）梅花形；（d）墙下双排桩；（e）墙下单排桩

四、桩身截面强度设计

桩身混凝土强度应满足桩的承载力设计要求。桩轴心受压时，桩身强度应满足式（7-5）要求。对抗拔桩应按《混凝土结构设计规范》要求进行桩身混凝土抗裂验算。

五、承台设计

当基桩数量、桩距和平面布置形式确定后，即可确定承台尺寸。承台应有足够的强度和刚度，以便将各基桩连接成整体，从而将上部结构荷载安全可靠地传递到各个基桩。同时承台本身也具有类似浅基础的承载能力。承台形式较多，如柱下独立承台、柱下或墙下条形承台（梁式承台）或承台梁、筏板承台、箱形承台等。本书仅介绍最常用的柱下独立承台的设计。承台除满足构造要求外，还应满足受弯曲、受冲切、受剪切承载力和上部结构的要求。承台埋置深度参照浅基础确定。

1. 承台的构造要求

（1）柱下独立桩基承台的最小宽度不应小于 500mm。边桩中心至承台边缘的距离不宜小于桩的直径或边长，且桩的外边缘至承台边缘的距离不小于 150mm。对于条形承台梁，桩的外边缘至承台梁边缘的距离不小于 75mm，承台的最小厚度不应小于 300mm。

（2）高层建筑筏形承台的最小厚度不应小于 400mm（梁板式）或 500mm（平板式）。

（3）承台的配筋，对于矩形承台其钢筋应按双向均匀通长布置，如图 7-13（a）所示，钢筋直径不宜小于 10mm，间距不宜大于 200mm；对于三桩承台，钢筋应按三向板带均匀布置，且最里面的三根钢筋围成的三角形应在柱截面范围内，如图 7-13（b）所示。柱下独立承台的最小配筋率不应小于 0.15%。钢筋锚固长度自边桩内侧（当为圆形时，应将其直径乘以 0.886 等效为方桩）算起，锚固长度不应小于 35 倍钢筋直径，当不满足时应将钢筋向上弯折，此时钢筋水平段的长度不应小于 25 倍钢筋直径，弯折后的长度不应小于 10 倍钢筋直径。承台梁的主筋除满足计算要求外，尚应符合现行《混凝土结构设计规范》8.5.1 条关于最小配筋率的规定，主筋直径不宜小于 12mm，架立筋直径不宜小于 12mm，箍筋直径不宜小于 6mm，如图 7-13（c）所示。

（4）低桩承台与地基土直接接触，环境类别不低于二 a 类，根据结构耐久性要求，承台

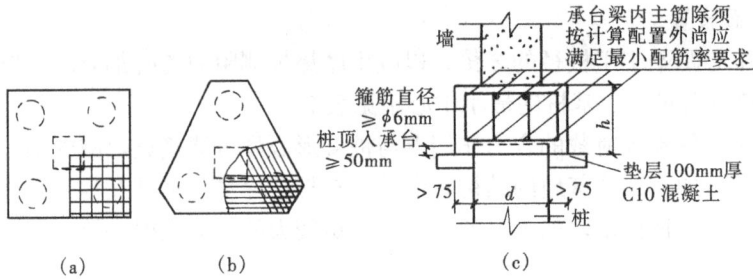

图 7-13　承台配筋示意

(a) 矩形承台配筋；(b) 三桩承台配筋；(c) 承台梁

混凝土强度等级不应低于 C25，纵向钢筋的混凝土保护层厚度不应小于 70mm，当有混凝土垫层时，不应小于 50mm，此外尚不应小于桩头嵌入承台的长度。

（5）承台之间的连接应符合下述要求：①单桩承台，应在两个互相垂直的方向上设置连系梁；②两桩承台，应在其短向设置连系梁；③有抗震要求的柱下独立承台，宜在两个主轴方向设置连系梁；④连系梁顶面宜与承台位于同一标高，连系梁的宽度不应小于 250mm，梁的高度可取承台中心距的 1/10～1/15，且不小于 400mm；⑤连系梁的主筋应按计算要求确定，连系梁内的上下纵向钢筋直径不应小于 12mm 且不应少于 2 根，并应按受拉要求锚入承台。

2. 承台受弯曲承载力设计

多数承台的钢筋含量较低，常为受弯曲破坏，受弯曲承载力设计的本质是配筋设计，按承台截面最大弯矩进行配筋，配筋量根据式（6-15）计算。柱下桩基承台的弯矩可按以下算法确定：

（1）多桩矩形承台计算截面取在柱边和承台高度变化处［杯口外侧或台阶边缘，图 7-14（a）］

$$M_x = \sum N_i y_i \qquad (7-9a)$$

$$M_y = \sum N_i x_i \qquad (7-9b)$$

式中　M_x、M_y——垂直 y 轴和 x 轴方向计算截面处的弯矩设计值，kN·m；

　　　　x_i、y_i——垂直 y 轴和 x 轴方向自桩轴线到相应计算截面的距离，m；

　　　　N_i——扣除承台和其上填土自重后相应于作用的基本组合时的第 i 桩竖向力设计值，kN。

（2）三桩承台。

1）等边三桩承台［图 7-14（b）］

$$M = \frac{N_{max}}{3}\left(s - \frac{\sqrt{3}}{4}c\right) \qquad (7-10a)$$

式中　M——由承台形心至承台边缘距离范围内板带的弯矩设计值，kN·m；

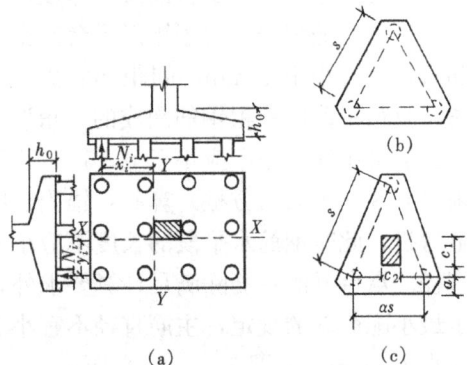

图 7-14　承台弯矩计算示意

N_{max}——扣除承台和其上填土自重后的三桩中相应于作用的基本组合时的最大单桩竖向力设计值，kN；

s——桩距，m；

c——方柱边长，圆柱时按面积等效 $c=0.886d$ （d 为圆柱直径），m。

2）等腰三桩承台［图7-14（c）］

$$M_1 = \frac{N_{max}}{3}\left(s - \frac{0.75}{\sqrt{4-\alpha^2}}c_1\right) \tag{7-10b}$$

$$M_2 = \frac{N_{max}}{3}\left(\alpha s - \frac{0.75}{\sqrt{4-\alpha^2}}c_2\right)$$

式中　M_1、M_2——由承台形心到承台两腰和底边的距离范围内板带的弯矩设计值，kN·m；

s——长向桩距，m；

α——短向桩距与长向桩距之比，当 α 小于 0.5 时，应按变截面的二桩承台设计；

c_1、c_2——垂直于、平行于承台底边的柱截面边长，m。

3. 承台受冲切承载力设计

柱下桩基础独立承台承受的冲切作用包括柱对承台的冲切和角桩对承台的冲切。如果承台厚度不够，就会产生冲切破坏，形成冲切破坏锥体。

（1）柱对承台的冲切，可按下列公式计算（图7-15）

$$F_l \leqslant 2[\beta_{ox}(b_c + a_{oy}) + \beta_{oy}(h_c + a_{ox})]\beta_{hp}f_t h_0 \tag{7-11a}$$

$$F_l = F - \sum N_i \tag{7-11b}$$

$$\beta_{ox} = 0.84/(\lambda_{ox} + 0.2) \tag{7-11c}$$

$$\beta_{oy} = 0.84/(\lambda_{oy} + 0.2) \tag{7-11d}$$

$$\lambda_{ox} = a_{ox}/h_0$$

$$\lambda_{oy} = a_{oy}/h_0$$

式中　F_l——扣除承台及其上填土自重，作用在冲切破坏锥体上相应于作用的基本组合的冲切力设计值，kN，冲切破坏锥体应采用自柱边或承台变阶处至相应桩顶边缘连线构成的锥体，锥体与承台底面的夹角不小于45°，如图7-15所示；

h_0——冲切破坏锥体的有效高度，m；

β_{hp}——受冲切承载力截面高度影响系数，当承台高度 $h \leqslant 800mm$ 时，$\beta_{hp}=1.0$，当 $h \geqslant 2000mm$ 时，$\beta_{hp}=0.9$，其他按线性内插法取值；

β_{ox}、β_{oy}——冲切系数；

λ_{ox}、λ_{oy}——冲跨比，当 $\lambda < 0.25$ 时，取 $\lambda=0.25$，当 $\lambda > 1$ 时，取 $\lambda=1$；

a_{ox}、a_{oy}——柱边或变阶处至桩边的水平距离，m；

F——柱根部轴力设计值，kN；

$\sum N_i$——冲切破坏锥体范围内各桩的净反力设计值之和，kN。

对中低压缩性土上的承台，当承台与地基土之间没有脱空现象时，可根据地区经验适当减少柱下基础独立承台受冲切计算的承台厚度。

（2）角桩对承台的冲切，可按下列公式计算：

1）多桩矩形承台受角桩冲切的承载力应按下式计算（图 7-16）

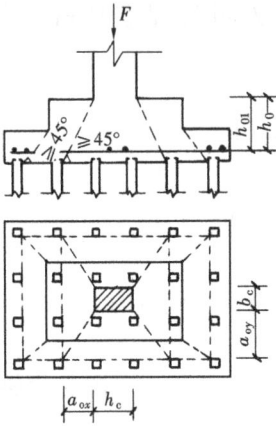

图 7-15　柱对承台冲切计算示意　　　　图 7-16　矩形承台角桩冲切计算示意

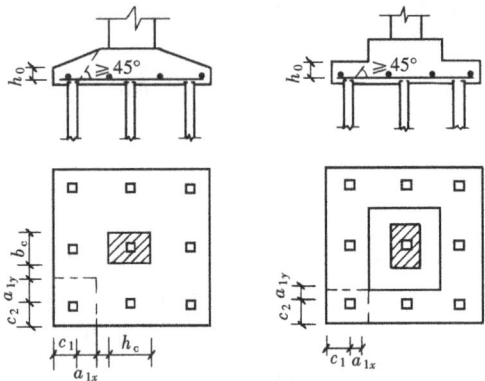

$$N_l \leqslant \left[\beta_{1x} \left(c_2 + \frac{a_{1y}}{2} \right) + \beta_{1y} \left(c_1 + \frac{a_{1x}}{2} \right) \right] \beta_{hp} f_t h_0 \qquad (7-12a)$$

$$\beta_{1x} = \frac{0.56}{\lambda_{1x} + 0.2} \qquad (7-12b)$$

$$\beta_{1y} = \frac{0.56}{\lambda_{1y} + 0.2} \qquad (7-12c)$$

$$\lambda_{1x} = a_{1x} / h_0$$

$$\lambda_{1y} = a_{1y} / h_0$$

式中　N_l——扣除承台和其上填土自重后的角桩桩顶相应于作用的基本组合时的竖向力设计值，kN；

β_{1x}、β_{1y}——角桩冲切系数；

λ_{1x}、λ_{1y}——角桩冲跨比，当 $\lambda < 0.25$ 时，取 $\lambda = 0.25$，当 $\lambda > 1$ 时，取 $\lambda = 1$；

c_1、c_2——从角桩内边缘至承台外边缘的距离，m；

a_{1x}、a_{1y}——从承台底角桩内边缘引 45°冲切线与承台顶面或承台变阶处相交点至角桩内边缘的水平距离，m；

h_0——承台外边缘的有效高度，m。

2）三桩三角形承台受角桩冲切的承载力可按下列公式计算（图 7-17）。

底部角桩

$$N_l \leqslant \beta_{11} (2c_1 + a_{11}) \tan \frac{\theta_1}{2} \beta_{hp} f_t h_0 \qquad (7-13a)$$

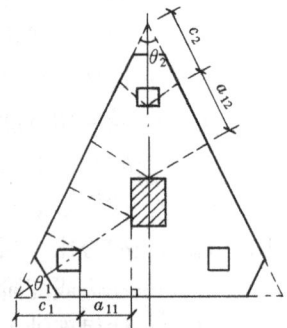

图 7-17　三角形承台
角桩冲切计算示意

$$\beta_{11} = \frac{0.56}{\lambda_{11} + 0.2} \tag{7-13b}$$

顶部角桩

$$N_l \leqslant \beta_{12}(2c_2 + a_{12})\tan\frac{\theta_2}{2}\beta_{hp}f_t h_0 \tag{7-13c}$$

$$\beta_{12} = \frac{0.56}{\lambda_{12} + 0.2} \tag{7-13d}$$

$$\lambda_{11} = \frac{a_{11}}{h_0}$$

$$\lambda_{12} = \frac{a_{12}}{h_0}$$

式中　λ_{11}、λ_{12}——角桩冲跨比，当 $\lambda < 0.25$ 时，取 $\lambda = 0.25$，当 $\lambda > 1$ 时，取 $\lambda = 1$；

　　　a_{11}、a_{12}——从承台底角桩内边缘向相邻承台边引 45°冲切线与承台顶面相交点至角桩内边缘的水平距离，m，当柱位于该 45°线以内时则取柱边与桩内边缘连线为冲切锥体的锥线。

对圆柱及圆桩，计算时可按面积等效将圆形截面换算成正方形截面，换算后正方形边长为圆直径的 0.886 倍。

4. 承台斜截面受剪切承载力设计

承台在基桩反力作用下，剪切破坏面位于柱边和桩边连线形成的斜截面或承台变阶处和桩边连线形成的斜截面（图 7-18）。当柱外边有多排桩形成多个剪切斜截面时，应对每个斜截面进行抗剪切承载验算。验算时，圆柱和圆桩也换算成正方形截面。斜截面抗剪切承载力可按下列公式计算

$$V \leqslant \beta_{hs}\beta f_t b_0 h_0 \tag{7-14a}$$

$$\beta = \frac{1.75}{\lambda + 1.0} \tag{7-14b}$$

$$\lambda_x = \frac{a_x}{h_0}$$

$$\lambda_y = \frac{a_y}{h_0}$$

$$\beta_{hs} = (0.8/h_0)^{1/4}$$

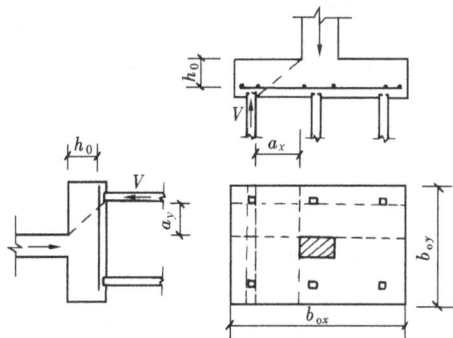

图 7-18　承台斜截面受剪计算示意

式中　V——扣除承台及其上填土自重后相应于作用的基本组合时斜截面的最大剪力设计值，kN；

　　　b_0——承台计算截面处的计算宽度，m，阶梯形承台变阶处的计算宽度、锥形承台的计算宽度由该截面的有效面积除以有效高度求得；

　　　h_0——计算宽度处的承台有效高度，取计算截面最高处的有效高度，m；

　　　β——剪切系数；

　　　λ——计算截面的剪跨比，根据剪切面的不同分别取 λ_x 或 λ_y，当 $\lambda < 0.25$ 时，取 $\lambda = 0.25$；当 $\lambda > 3$ 时，取 $\lambda = 3$；

a_x、a_y——柱边或承台变阶处到 x、y 方向计算一排桩的桩边的水平距离，m；

β_{hs}——受剪切承载力截面高度影响系数，$\beta_{hs}=(800/h_0)^{1/4}$，当 $h_0<800$mm 时，取 $h_0=800$mm，当 $h_0>2000$mm 时，取 $h_0=2000$mm。

5. 局部受压承载力设计

对柱下桩基础承台，当承台的混凝土强度等级低于柱或桩的混凝土强度等级时，应按现行《混凝土结构设计规范》验算柱下或桩上承台的局部受压承载力。

第六节 桩基础设计实例

某工业厂房上部结构传递至桩基础承台的作用效应设计值，相应于作用的标准组合时，竖向力 $F_k=2200$kN，弯矩 $M_k=154$kN·m；相应于作用的基本组合时，竖向力 $F_1=2970$kN，弯矩 $M_1=208$kN·m；相应于作用的准永久组合时，竖向力 $F_2=2000$kN，弯矩 $M_2=140$kN·m。柱子混凝土强度等级 C30，截面 400mm×600mm。工程地质资料见表 7-3，地下水位 2.7m。地基土的压缩曲线见图 7-19。地基基础设计等级为乙级，试设计桩基础。

表 7-3　　　　　　　　　　　　土 层 地 质 资 料

层号	土层名称	厚度(m)	γ(kN/m³)	e	固快 C(kPa)	固快 ϕ(°)	q_{sia}(MPa)	q_{pa}(kPa)
1	回填土	1.0	18.0					
2	黏土	1.7	18.8	0.972	25.3	11.2	20	
3	淤泥质土	14.0	17.5	1.409	14.2	9.3	8	
4	黏土	8.0	18.0	0.998	22.4	10.2	10	
5	粉质黏土	3.0	19.3	0.809	29.1	15.4	35	850
6	粉质黏土	>7.0	18.5	0.956	26.2	14.0	26	

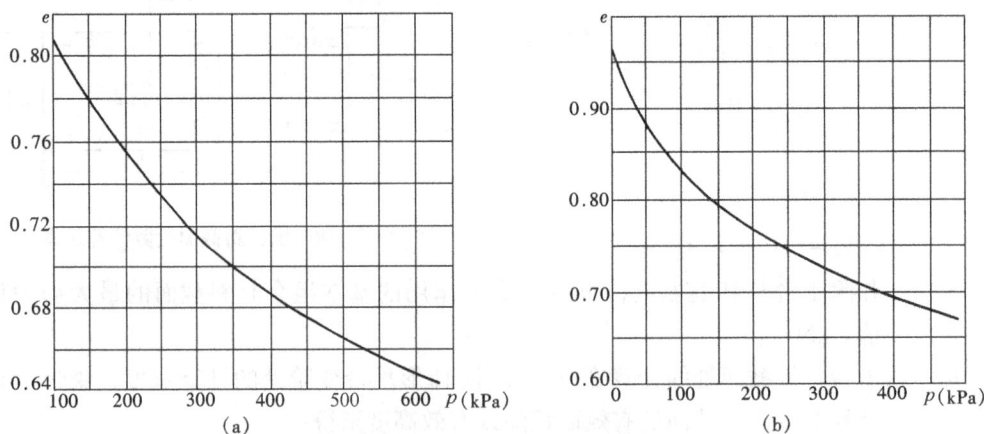

图 7-19　土的压缩曲线

(a) 5 层粉质黏土；(b) 6 层粉质黏土

1. 选择桩型、确定桩长和桩的截面尺寸

由于地基中存在深厚软土，不宜采用挤土桩，故选用桩端开口的预应力混凝土管桩以减轻挤土效应，型号为 PTC400，外径 400mm，壁厚 55mm，混凝土强度等级 C60。

考虑承台底面埋深 2m，以 5 层粉质黏土为持力层，桩端进入持力层深度为 3 倍桩径，即 1.2m，桩顶嵌入承台 0.1m，桩长 24m。这时桩端以下持力层厚度 1.8m 大于 3 倍桩径，满足要求。

2. 确定单桩竖向承载力特征值

初步设计时，单桩竖向承载力特征值按式（7-3）估算

$$R_a = q_{pa}A_p + U_p \sum q_{sia}l_i$$

$$= 850 \times 3.14 \times 0.2^2 + 3.14 \times 0.4 \times (20 \times 0.7 + 8 \times 14 + 10 \times 8 + 35 \times 1.2) = 418(\text{kN})$$

做施工图设计时，根据单桩竖向静载荷试验，得到单桩竖向承力特征值 $R_a = 450\text{kN}$。

3. 确定桩数和桩的平面布置

先不计承台及承台上覆土重及作用在承台上的弯矩，仅以作用的标准组合竖向力估算桩的数量

$$n \geqslant \frac{F_k}{R_a} = \frac{2200}{450} = 4.9$$

取桩数 $n = 6$。

为进一步减轻挤土效应，软土中桩距取 4 倍桩径，即 1.6m。桩的布置如图 7-20 所示，承台尺寸为 4.0m×2.4m×1.2m，满足构造要求。承台及上覆土重度取 20kN/m³，则

$$G_k = 20 \times 4 \times 2.4 \times 2 = 384(\text{kN})$$

按轴心受荷，由式（7-6）验算桩数

$$n \geqslant \frac{F_k + G_k}{R_a} = \frac{2200 + 384}{450} = 5.74$$

再按偏心受荷，由式（7-7）验算桩数

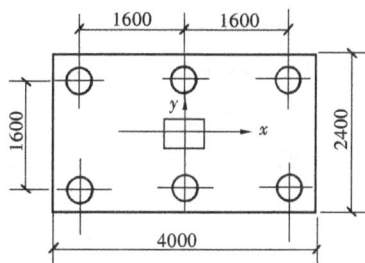

图 7-20　桩位布置图

$$n \geqslant \frac{F_k + G_k}{1.2R_a - \dfrac{M_{yk}x_{imax}}{\sum x_i^2}} = \frac{2200 + 384}{1.2 \times 450 - \dfrac{154 \times 1.6}{4 \times 1.6^2}} = 5.01$$

取 $n = 6$ 是合理的。

本例中由于地基中存在较厚的软土层，因此不考虑地基对承台的承载力。

4. 桩身强度验算

由式（7-5）求得桩轴心受压时，桩身混凝土强度

$$A_p f_c \psi_c = \frac{3.14 \times (0.4^2 - 0.29^2)}{4} \times 27.5 \times 1000 \times 0.55 = 901 \ (\text{kN})$$

相应于作用的基本组合时单桩竖向力最大设计值

$$Q = \frac{F_1 + 1.35G_k}{n} + \frac{M_1 x_{imax}}{\sum x_i^2}$$

$$=\frac{2970+1.35\times384}{6}+\frac{208\times1.6}{4\times1.6^2}=613.9\text{（kN）}<A_\text{p}f_\text{c}\psi_\text{c}$$

满足要求。

5. 承台受弯曲承载力验算

本例承台受弯曲承载力计算截面位于柱边。桩的竖向力设计值 N_i 计算时应采用扣除承台及其上填土自重后作用的基本组合设计值。

承台右侧第 1 列桩的竖向力值 N_1 为

$$N_1=\frac{F_1}{n}+\frac{M_1x_{i\max}}{\sum x_i^2}=\frac{2970}{6}+\frac{208\times1.6}{4\times1.6^2}=527.5\text{（kN）}$$

承台中间第 2 列桩的竖向力设计值 N_2 为

$$N_2=\frac{F_1}{n}=\frac{2970}{6}=495\text{（kN）}$$

承台左侧第 3 列桩的竖向力设计值 N_3 为

$$N_3=\frac{F_1}{n}-\frac{M_1x_{i\max}}{\sum x_i^2}=\frac{2970}{6}-\frac{208\times1.6}{4\times1.6^2}=462.5\text{（kN）}$$

柱边计算截面弯矩

$$M_y=\sum N_ix_i=2\times527.5\times1.3=1371.5\text{（kN·m）}$$
$$M_x=\sum N_iy_i=3\times495\times0.6=891\text{（kN·m）}$$

沿 x 轴方向配筋计算：

设承台混凝土强度等级为 C25，轴心抗压强度设计值 $f_\text{c}=11.9\text{MPa}$，见表 6-10，保护层厚度 0.1m，钢筋为 HRB400，强度设计值 $f_y=360\text{MPa}$，承台有效高度近似取 $h_0=1.1\text{m}$，承台截面宽度 $b=2.4\text{m}$。承台纵向钢筋截面积近似按下式计算

$$A_\text{s}=\frac{M_y}{0.9f_yh_0}=\frac{1371.5\times10^6}{0.9\times360\times1100}=3848(\text{mm}^2)$$

根据最小配筋率计算的钢筋截面积为

$$A_\text{s}=2400\times1100\times0.15\%=3960(\text{mm}^2)$$

配 16 Φ 18@150（$A_\text{s}=4072\text{mm}^2$）已能满足要求。

承台横向钢筋截面积近似计算如下

$$A_\text{s}=\frac{M_x}{0.9f_yh_0}=\frac{891\times10^6}{0.9\times360\times(1100-18)}=2542(\text{mm}^2)$$

根据最小配筋率计算的钢筋截面积为

$$A_\text{s}=4000\times(1100-18)\times0.15\%=6492(\text{mm}^2)$$

按最小配筋率，配 27 Φ 18@150（$A_\text{s}=6872\text{mm}^2$）已能满足构造要求。

上述承台两个方向的受力钢筋末端都必须向上弯折 $90°$，弯折后直段长度 $10d$，才能满足锚固要求。

6. 承台受冲切承载力验算

$\phi400$ 的圆桩按面积等效为边长 354mm 的方桩，如图 7-21 所示。

（1）柱对承台的冲切验算。按式（7-11）验算如下

$\lambda_{ox} = a_{ox}/h_0 = 1.123/1.1 = 1.02 > 1$，取 $\lambda_{ox} = 1$

$\beta_{ox} = 0.84/(\lambda_{ox} + 0.2) = 0.84/(1 + 0.2) = 0.7$

$\lambda_{oy} = a_{oy}/h_0 = 0.423/1.1 = 0.38$

$\beta_{oy} = 0.84/(\lambda_{oy} + 0.2) = 0.84/(0.38 + 0.2) = 1.45$

$2[\beta_{ox}(b_c + a_{oy}) + \beta_{oy}(h_c + a_{ox})]\beta_{hp}f_t h_0$

$= 2 \times [0.7 \times (0.4 + 0.423) + 1.45 \times (0.6 + 1.123)]$

$\quad \times 0.967 \times 1.27 \times 1000 \times 1.1$

$= 8307(kN) > F_l = 2970 - 0 = 2970(kN)$

满足要求。

（2）角桩对承台的冲切验算（图7-22）。按式（7-12）验算如下

$\lambda_{1x} = a_{1x}/h_0 = 1.123/1.1 = 1.02 > 1$，取 $\lambda_{1x} = 1$

$\beta_{1x} = 0.56/(\lambda_{1x} + 0.2) = 0.56/(1 + 0.2) = 0.467$

$\lambda_{1y} = a_{1y}/h_0 = 0.423/1.1 = 0.38$

$\beta_{1y} = 0.56/(\lambda_{1y} + 0.2) = 0.56/(0.38 + 0.2) = 0.966$

$[\beta_{1x}(c_2 + a_{1y}/2) + \beta_{1y}(c_1 + a_{1x}/2)]\beta_{hp}f_t h_0$

$= [0.467 \times (0.577 + 0.211) + 0.966 \times (0.577 + 0.561)] \times 0.967 \times 1.27 \times 1000 \times 1.1$

$= 1982(kN) > N_l = 527.5(kN)$

满足要求。

7. 承台受剪切承载力验算

受剪切承载力验算时，圆桩按面积等效为方桩（同抗冲切验算）（图7-23）。按式（7-14）验算如下

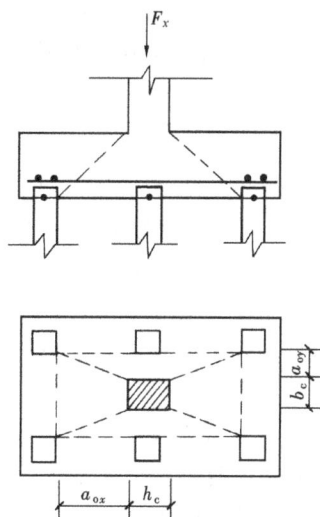

图7-21　柱对承台冲切计算示意图

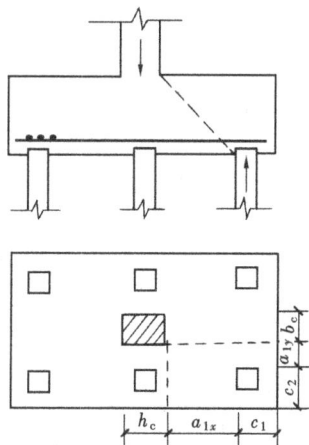

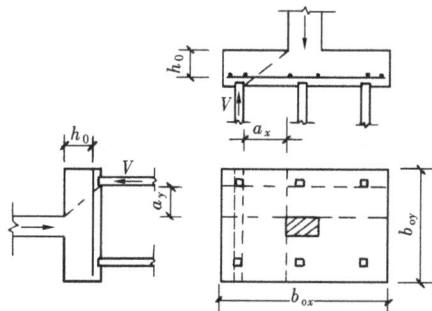

图7-22　角桩对承台冲切计算示意图　　图7-23　承台斜截面受剪计算示意图

$\lambda_x = a_x/h_0 = 1.123/1.1 = 1.02$

$$\beta_x = 1.75/(\lambda_x + 1.0) = 1.75/(1.02 + 1.0) = 0.866$$

$$\beta_{hs} = (0.8/h_0)^{1/4} = (0.8/1.1)^{1/4} = 0.923\,5$$

$$\beta_{hs}\beta_x f_t b_0 h_0 = 0.923\,5 \times 0.866 \times 1.27 \times 1000 \times 2.4 \times 1.1$$
$$= 2681(kN) > V = 2 \times 527.5 = 1055(kN)$$

满足要求。

$$\lambda_y = a_y/h_0 = 0.423/1.1 = 0.38$$

$$\beta_y = 1.75/(\lambda_y + 1.0) = 1.75/(0.38 + 1.0) = 1.27$$

$$\beta_{hs}\beta_y f_t b_0 h_0 = 0.923\,5 \times 1.27 \times 1.27 \times 1000 \times 4.0 \times 1.1$$
$$= 6554(kN) > V = 3 \times 495 = 1485(kN)$$

满足要求。

8. 承台局部受压承载力验算

由于承台混凝土强度等级低于柱及桩的混凝强度等级，需按《混凝土结构设计规范》验算承台局部受压承载力。

（1）承台在柱下局部受压。柱子边长 400mm×600mm，柱混凝土强度等级 C30，承台局部受压面积

$$A_l = 0.4 \times 0.6 = 0.24(m^2)$$

局部受压的计算底面积

$$A_b = (3 \times 0.4) \times (0.6 + 2 \times 0.4) = 1.68(m^2)$$

混凝土局部受压时的强度提高系数

$$\beta_l = \sqrt{A_b/A_l} = \sqrt{1.68/0.24} = 2.646$$

混凝土局部受压净面积

$$A_{ln} = A_l = 0.24\ (m^2)$$

承台混凝土强度等级 C25，混凝土强度影响系数 $\beta_c = 1.0$，局部抗压承载力

$$1.35\beta_c\beta_l f_c A_{ln} = 1.35 \times 1.0 \times 2.646 \times 11.9 \times 1000 \times 0.24$$
$$= 10\,202(kN) > F_l = 2970(kN)$$

满足要求。

（2）承台在角桩上局部受压。

混凝土局部受压面积

$$A_l = 3.14 \times 0.2^2 = 0.125\,6(m^2)$$

混凝土局部受压净面积

$$A_{ln} = 3.14 \times (0.2^2 - 0.145^2) = 0.059\,58(m^2)$$

局部受压计算底面积

$$A_b = 3.14 \times (0.2 + 0.2)^2 = 0.5024(m^2)$$

混凝土局部受压时的强度提高系数

$$\beta_l = \sqrt{0.502\,4/0.125\,6} = 2.0$$

局部抗压承载力

$$1.35\beta_c\beta_l f_c A_{ln} = 1.35 \times 1.0 \times 2.0 \times 11.9 \times 1000 \times 0.059\,58$$
$$= 1914(kN) > F_l = 527.5(kN)$$

满足要求。

（3）承台在边桩上局部受压。计算过程与角桩完全一致，仅仅局部受压作用力小于角桩，所以也满足要求。

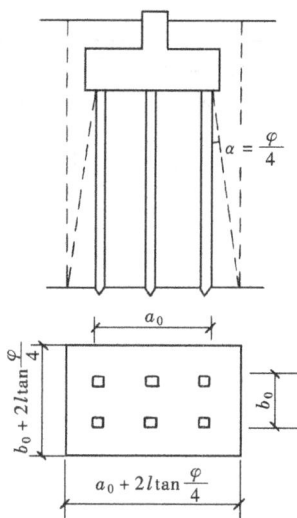

图 7-24 实体深基础的底面积

9. 桩基础沉降验算

（1）计算桩基础实体底面积。把整个桩基础看作实体深基础，如图 7-24 所示。桩长范围内土体内摩擦角加权平均值

$$\varphi=\frac{11.2\times0.7+9.3\times14.0+10.2\times8.0+15.4\times1.2}{0.7+14.0+8.0+1.2}=9.96°$$

圆桩换算成方桩后，边桩外侧之间距离

$$a_0=3.554\text{m}, \quad b_0=1.954\text{m}$$

实体深基础底面尺寸及底面积

$$a=a_0+2l\tan\frac{\varphi}{4}=3.554+2\times23.9\times\tan2.49°=5.633(\text{m})$$

$$b=b_0+2l\tan\frac{\varphi}{4}=1.954+2\times23.9\times\tan2.49°=4.033(\text{m})$$

$$A=a\times b=5.633\times4.033=22.72(\text{m}^2)$$

（2）计算实体深基础基底附加应力。桩基础实体重度近似取 20kN/m³，则基底附加应力按作用的准永久组合计算

$$p_0=\frac{F_2+G_k}{A}-\Sigma r_i h_i=\frac{2000+20\times22.72\times(2.0+23.9)}{22.72}$$

$$-(18.0\times1.0+18.8\times1.7+7.5\times14.0+8.0\times8.0+9.3\times1.2)=376(\text{kPa})$$

（3）地基变形计算深度。从实体深基础底面，即桩端算起

$$z_n=b(2.5-0.4\ln b)=4.033\times(2.5-0.4\ln4.033)=7.8(\text{m})$$

（4）计算各分层的沉降量。本例偏心荷载较小，现按轴心荷载计算桩基承台中心以下的沉降量。土层分 10 层，层厚 0.1、0.2、0.5m，下面 7 层均厚 1m。各分层土压缩模量 E_{si} 根据图 7-19 及式（3-16）计算，具体过程参考第三章［例3-8］，附加应力系数 α_{ci} 查表 3-1，计算结果见表 7-4。分层沉降量计算时的平均附加应力系数 $\bar{\alpha}_i$ 查表 3-9，计算方法参考第三章［例3-8］，计算结果见表 7-5。

（5）桩基础最终沉降量的确定。实体深基础的沉降经验系数 ψ_p 应根据桩基础沉降观察资料及经验统计确定。缺乏经验时，可根据变形计算深度范围压缩模量的当量值 $\bar{E}_s$，查表 7-6 确定。

表 7-4　　　　　　　　　　分层压缩模量 E_{si} 计算表

i	z_i (m)	$\frac{l}{b}$	$\frac{z_i}{b}$	α_{ci}	σ_{czi} (kPa)	$\bar{\sigma}_{czi}$ (p_{1i}) (kPa)	e_{1i}	σ_{zi} (kPa)	$\bar{\sigma}_{zi}$ (kPa)	$\bar{\sigma}_{czi}+\bar{\sigma}_{zi}$ (p_{2i}) (kPa)	e_{2i}	E_{si} (MPa)
0	0	1.4	0	1.000	230	—	—	376	—	—	—	—
1	0.1	1.4	0.05	0.999	231	230.5	0.741	376	376	606.5	0.646	6.89
2	0.3	1.4	0.15	0.997	233	232	0.740	375	375.5	607.5	0.646	6.95
3	0.8	1.4	0.4	0.972	238	235.5	0.739	365	370	605.5	0.646	6.92
4	1.8	1.4	0.9	0.806	247	242.5	0.738	303	334	576.5	0.652	6.75
5	2.8	1.4	1.4	0.604	255	251	0.746	227	265	516	0.661	5.44
6	3.8	1.4	1.9	0.440	264	259.5	0.740	165	196	455.5	0.676	5.33
7	4.8	1.4	2.4	0.324	272	268	0.739	122	143.5	411.5	0.690	5.09
8	5.8	1.4	2.9	0.246	281	276.5	0.735	92.5	107.3	383.8	0.696	4.77
9	6.8	1.4	3.4	0.192	289	285	0.730	72.2	82.4	367.4	0.704	5.48
10	7.8	1.4	3.9	0.152	298	293.5	0.726	57.2	64.7	358.2	0.706	5.58

表 7 - 5   分层沉降量计算表

i	z_i (m)	$\dfrac{l}{b}$	$\dfrac{z_i}{b}$	$\bar{\alpha}_i$	$z_i\bar{\alpha}_i$ (m)	$z_i\bar{\alpha}_i - z_{i-1}\bar{\alpha}_{i-1}$ (m)	E_{si} (MPa)	p_0 (kPa)	$s_i = p_0 (z_i\bar{\alpha}_i - z_{i-1}\bar{\alpha}_{i-1})/E_{si}$ (mm)	$\sum s_i$ (mm)
0	0	1.4	0	1.000 0	0	—	—	376	—	—
1	0.1	1.4	0.05	0.999 7	0.099 97	0.099 97	6.89	376	5.46	5.46
2	0.3	1.4	0.15	0.999 1	0.299 73	0.199 75	6.95	376	10.81	16.27
3	0.8	1.4	0.4	0.992 4	0.793 92	0.494 19	6.92	376	26.85	43.12
4	1.8	1.4	0.9	0.940 0	1.692 00	0.898 08	6.75	376	50.03	93.15
5	2.8	1.4	1.4	0.856 0	2.396 80	0.704 80	5.44	376	48.71	141.86
6	3.8	1.4	1.9	0.767 0	2.914 60	0.517 80	5.33	376	36.53	178.39
7	4.8	1.4	2.4	0.686 0	3.292 80	0.378 20	5.09	376	27.94	206.33
8	5.8	1.4	2.9	0.616 8	3.577 44	0.284 64	4.77	376	22.44	228.77
9	6.8	1.4	3.4	0.557 6	3.791 68	0.214 24	5.48	376	14.70	243.47
10	7.8	1.4	3.9	0.508 2	3.963 96	0.172 28	5.58	376	11.61	255.08

表 7 - 6   实体深基础计算桩基沉降经验系数 ψ_p

$\bar{E}_s$ (MPa)	<15	25	35	≥45
ψ_p	0.5	0.4	0.35	0.25

注 表内数值可以内插。

$$\bar{E}_s = \frac{\sum(z_i\bar{\alpha}_i - z_{i-1}\bar{\alpha}_{i-1})}{\sum\dfrac{z_i\bar{\alpha}_i - z_{i-1}\bar{\alpha}_{i-1}}{E_{si}}} = \frac{3.963\ 96}{0.679\ 7} = 5.83\ (\text{MPa})$$

$$\psi_p = 0.5$$

最终沉降量

$$s = \psi_p \sum s_i = 0.5 \times 255.08 = 128\ (\text{mm}) < 200\text{mm}$$

该沉降量满足表 3 - 15 规定。

10. 绘制桩基础结构及施工详图（略）

第七节 其他深基础简介

除桩基础外，沉井、墩基、地下连续墙、沉箱等都属于深基础。沉井多用于工业建筑和地下构筑物，与大开挖相比，它具有挖土量少，施工方便、占地少和对邻近建筑物影响较小等特点。墩基是指一种利用机械或人工在地基中开挖成孔后灌注混凝土形成的大直径桩基础，由于其直径粗大如墩，故称墩基础，它与桩基础有一定的相似之处，因此，墩基和大直径桩尚无明确的界限。沉箱是将压缩空气压入一个特殊的沉箱室内以排除地下水，工作人员在沉箱内操作，比较容易排除障碍物，使沉箱顺利下沉，由于施工人员易患职业病，甚至发生事故，目前较少采用。地下连续墙是 20 世纪 50 年代后发展起来的一种基础形式，具有无噪声、无振动，对周围建筑物影响小，并有节约土方量、缩短工期、安全可靠等优点，它的应用日益广泛。下面仅简要介绍沉井基础和地下连续墙。

一、沉井基础

沉井是一种竖直的井筒结构，常用钢筋混凝土制成，一般分数节制作。井筒下沉时，在筒内挖土，使沉井的刃脚失去支承而下沉，随着沉井下沉再逐节接长井筒，井筒下沉到设计标高后，浇筑混凝土封底。沉井适用于平面尺寸紧凑的重型结构物如重型设备、烟囱的基础。沉井还可作为地下结构物使用，如取水结构物、污水泵房、矿山竖井、地下油库等。沉井适合在黏性土和较粗的砂土中施工，但土中有障碍物时会给下沉造成一定的困难。

沉井按横断面形状可分为圆形、方形或椭圆形等，根据沉井孔的布置方式又有单孔、双孔及多孔之分。

1. 沉井结构

沉井结构由刃脚、井筒、内隔墙、封底底板及顶盖等部分组成，如图7-25所示。

（1）刃脚。刃脚在井筒下端，形如刀刃。下沉时刃脚切入土中，其底面叫踏面，宽度一般为10~30cm，土质坚硬时，踏面用钢板或角钢保护。刃脚高度0.6~1.5m，内侧的倾斜角宜大于45°。

（2）井筒。竖直的井筒是沉井的主要部分，它须具有足够的强度以挡土，又需有足够的重量

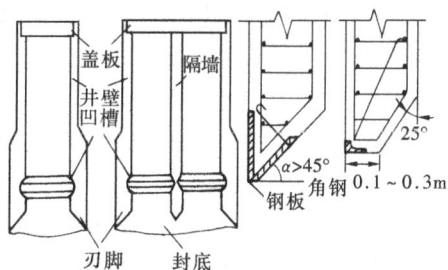

图7-25　沉井构造示意图

克服外壁与土之间的摩阻力和刃脚土的阻力，使其在自重作用下节节下沉。为便于施工，沉井井孔净边长最小尺寸为0.9m。

（3）内隔墙。内隔墙能提高沉井结构的刚度，内隔墙把沉井分隔成几个井孔，便于控制下沉和纠偏；墙底面标高应比刃脚踏面高0.5m，以利沉井下沉。

（4）封底。沉井下沉到设计标高后，用混凝土封底。刃脚上方井筒内壁常设计有凹槽，以使封底与井筒牢固连接。

（5）顶盖。沉井作地下构筑物时，顶部需浇筑钢筋混凝土顶盖。

2. 沉井施工

沉井施工时，应将场地平整夯实，在基坑上铺设一定厚度的砂层，在刃脚位置再铺设垫木或浇筑混凝土垫层，然后在垫木或垫层上制作刃脚和第一节沉井。当第一节沉井的混凝土强度达到设计强度，才可拆除垫木或混凝土垫层，挖土下沉。其余各节沉井混凝土强度达到设计强度的70%时，方可下沉，如图7-26所示。

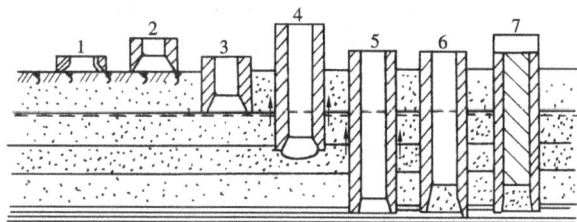

图7-26　沉井施工顺序示意图

下沉方法分排水下沉和不排水下沉，前者适用于土层稳定不会因抽水而产生大量流砂的情况。当土层不稳定时，在井内抽水易产生大量流砂，此时不能排水，可在水下进行挖土，

必须使井内水位始终保持高于井外水位1～2m。井内出土视土质情况，可用机械抓斗水下挖土，或者用高压水枪破土，用吸泥机将泥浆排出。

当一节井筒下沉至地面以上只剩1m左右时，应停止下沉，接长井筒。当沉井下沉到达设计标高后，挖平筒底土层进行封底。

沉井下沉时，有时会发生偏斜、下沉速度过快或过慢，此时应仔细调查原因，调整挖土顺序或排除施工障碍，甚至借助卷扬机进行纠偏。

为保证沉井能顺利下沉，其重力必须达到沉井外侧四周总摩阻力的1.05～1.25倍。

沉井的高度由沉井顶面标高（一般埋入地面以下0.2m或地下水位以上0.5m）及底面标高决定，底面标高根据沉井用途、荷载大小、地基土性质确定。沉井平面形状和尺寸根据上部建筑物平面形状要求确定。井筒壁厚一般为0.3～1.0m，内隔墙一般为0.5m左右，应根据施工和使用要求计算确定。

作为基础，沉井应满足地基承载力及沉降要求。

二、地下连续墙

地下连续墙是采用专门的挖槽机械，沿着深基础或地下建筑物的周边在地面以下分段挖出一条深槽，并就地将钢筋笼吊放入槽内，用导管法浇筑水下混凝土，形成一个单元槽段，其施工工艺与钻孔灌注桩相似。然后在下一个单元槽段依次施工，两个槽段之间以各种特定的接头方式相互连接，从而形成地下连续墙。地下连续墙既可以承受侧壁的土压力和水压力，在基坑土方开挖时起支护、挡土、防渗等作用，同时又可将上部结构的荷载传到地基持力层，作为地下建筑和基础的一个部分。目前地下连续墙已发展有后张预应力、预制装配和现浇等多种形式，应用越来越广。

现浇地下连续墙施工时，一般先修钢筋混凝土导墙，用以导向和防止机械碰坏槽壁。地下连续墙厚度一般在450～800mm之间，长度按设计不限，每一个单元槽段长度一般为4～7m，墙体深度可达几十米。目前，地下连续墙常用的挖槽机械，按其工作机理分为挖斗式、冲击式和回转式三大类。为了防止坍孔，挖槽时应向槽中泵送用膨润土配制的循环泥浆。挖槽深度达到设计深度时，沿挖槽前进方向埋接头管，如图7-27所示。再吊放入钢筋笼，冲

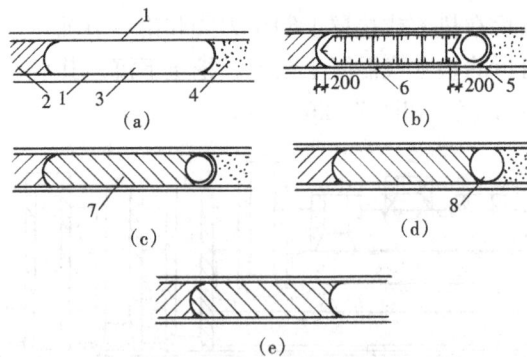

图7-27　地下连续墙施工接头

(a) 开挖槽段；(b) 吊放接头管和钢筋笼；(c) 浇注混凝土；(d) 拔出接头管；(e) 形成接头

1—导墙；2—已浇注混凝土的单元槽段；3—开挖的槽段；
4—未开挖的槽段；5—接头管；6—钢筋笼；7—正浇注混
凝土的单元槽段；8—接头管拔出后的孔洞

洗槽孔，用导管浇灌水下混凝土，混凝土初凝后再拔出接头管，按以上顺序循环施工，直到完成。

　　地下连续墙分段施工的接头方式和接头质量是墙体质量的关键。除接头管施工以外，也有采用其他接头的，如接头箱接头、隔板式接头及预制构件接头等。如图 7-27 所示的接头形式，在施工期间各槽段的水平钢筋互不连接，等到连续墙混凝土强度达到设计要求以及墙内土方挖走后，将接头处的混凝土凿去一部分，使接头处的水平钢筋和墙体与梁、柱、楼面、底板、地下室内墙钢筋的连接钢筋焊上。

　　地下连续墙的强度必须满足施工阶段和使用期间的强度和构造要求，其内力计算在国内常采用的有弹性法、弹塑性法、经验法和有限元法。

思 考 题

1. 试问在什么情况下可以考虑采用桩基础。
2. 试从桩的承载性状、桩的材料和成桩方法对桩进行分类。
3. 单桩竖向承载力特征值的定义是什么？可由哪几种方法确定？
4. 试述桩基础设计步骤。不同设计计算阶段应采用什么样的荷载组合？
5. 设计桩基础时，为什么要对桩中心距加以控制？
6. 在什么情况下要验算桩基础的地基沉降？
7. 简述钻孔灌注桩及沉井的施工工艺。

习　　题

　　某建筑物上部结构作用在桩基础承台的荷载设计值，相应于作用的标准组合时，竖向力 F_k＝1500kN，弯矩 M_k＝150kN·m；相应于作用的基本组合时，竖向力 F_1＝2000kN，弯矩 M_1＝200kN·m；相应于作用的准永久组合时，竖向力 F_2＝1360kN，弯矩 M_2＝140kN·m。柱子混凝土强度等级 C30，截面尺寸 400mm×400mm。场地工程地质情况如下：第一层为杂填土，厚 1.0m；第二层为黏土，厚 1.5m，内摩擦角 φ＝12°，桩侧阻力特征值为 20kPa；第三层为淤泥质土，厚 4.6m，内摩擦角 φ＝9°，桩侧阻力特征值为 11kPa；第四层为黏土，厚 2.2m，内摩擦角 φ＝15°，桩侧阻力特征值为 34kPa；第五层为粉质黏土，厚度大于 10m，内摩擦角 φ＝18°，桩侧阻力特征值为 42kPa，桩端端阻力特征值为 1200kPa，e-p 曲线参照图 7-24（a）；地下水位在地表以下 2m。地基基础设计等级为乙级，试按初步设计要求设计桩基础。

第八章 地 基 处 理

当天然地基不能满足建筑物的要求时，需要对天然地基进行处理，形成人工地基，以满足建筑物对地基的要求，保证其安全和正常使用。近年来，随着建设事业的发展，各类建筑物的日益增多，建设工程越来越多地遇到不良地基。而上部结构荷载日益增大，变形要求更严，使原来认为良好的地基，可能在某些特定条件下就不能满足要求。因此对地基的处理也就变得越来越迫切。

地基处理的目的主要是解决以下几个方面的问题：提高地基承载力或增加其稳定性；降低地基的压缩性，以减少其变形；改善地基的渗透性，控制渗流量并防止地基渗透破坏；改善地基的动力特性，以提高其抗震性能；改良地基的某种特殊不良特性，以满足工程的要求。

本章将简要介绍软弱土的种类和性质，重点介绍工程中常用的几种地基处理方法。

第一节 概 述

一、软弱土的种类和性质

软弱地基主要指由软土、冲填土、杂填土或其他高压缩性土层构成的地基，而工程上有时也将不能满足建筑物对地基要求的天然地基统称为软弱地基或不良地基，组成软弱地基或不良地基的土称为软弱土或不良土。在土木工程建设中经常遇到的除上述软弱土之外，还有部分砂土和粉土、季节性冻土等软弱土，以及湿陷性黄土、膨胀土、岩溶等特殊土不良地基，特殊土不良地基见本书第九章。限于篇幅，此处仅对工程中最常见的软弱土作简要介绍。

1. 软土

软土是地质年代中第四纪后期形成的滨海相、泻湖相、三角洲相、溺谷相和湖沼相等的细粒土沉积物，是在静水或缓慢流水环境中沉积，经生物化学作用而形成的。其组成颗粒细小，天然含水率高于液限，孔隙比大于或等于1.0。天然孔隙比大于或等于1.5的黏性土称为淤泥，而天然孔隙比小于1.5但大于或等于1.0的黏性土或粉土称为淤泥质土。若含有大量未分解的腐殖质，有机质含量大于60%的称为泥炭，有机质含量大于或等于10%且小于或等于60%的称为泥炭质土。淤泥、淤泥质土和泥炭、泥炭质土在工程上统称为软土。

软土广泛分布在天津、连云港、上海、宁波、温州、厦门、广州等沿海地区及昆明、武汉等内陆地区，此外各省市大多存在小范围的软土。软土的工程特性如下：

(1) 含水率较高，孔隙比较大。根据统计，软土的含水率一般为35%～80%，孔隙比一般为1～2，高的甚至可达6。

(2) 压缩性较高。软土的压缩系数 a_{1-2} 一般在 0.5～1.5MPa^{-1} 之间，有些高达 4.5MPa^{-1}，且其压缩性往往随着液限的增大而增加。

(3) 抗剪强度很低。软土的天然不排水抗剪强度指标 c 值一般小于20kPa。其变化范围为5～25kPa，另一指标内摩擦角 φ 仅为几度，甚至接近于零。

(4) 渗透性较差。软土的渗透系数一般在 $i\times10^{-5}$ 至 $i\times10^{-7}$mm/s（$i=1, 2, \cdots, 9$）

之间，因此软土层在自重或荷载作用下达到完全固结所需的时间很长。

（5）结构性显著。特别是滨海相的软土，一旦受到扰动（振动、搅拌或搓揉等），其絮状结构受到破坏，土的强度显著降低，甚至呈流动状态。软土结构受到扰动后强度降低的程度可用灵敏度表示，我国东南沿海软土的灵敏度约为 4～10，属高灵敏土。

（6）流变性明显。软土在不变的剪应力的作用下，将连续产生缓慢的剪切变形，并可能导致抗剪强度的衰减。在固结沉降完成之后，软土还会产生土骨架蠕变引起的可观的次固结沉降。

由于软土具有强度低、压缩性较高和渗透性较差等特性，因此，在软土地基上修建建筑物，必须重视地基的变形和稳定问题。软土地基的承载力常为 50～80kPa，因此，如果不作任何处理，一般不能承受较大的建筑物荷载。

2. 冲填土

冲填土是在整治和疏通江河时，用挖泥船或泥浆泵把江河或港湾底部的泥砂用水力冲填至岸上形成的沉积土。冲填土的物质成分比较复杂，如以粉土、黏土为主，则属于欠固结的软弱土，而主要由中砂粒以上的粗颗粒组成的，则不属于软弱土。

3. 杂填土

杂填土是由人类活动产生的建筑垃圾、工业废料和生活垃圾任意堆填而形成的。它们的成因很不规律，成分复杂，分布极不均匀，结构松散，因而在同一场地的不同位置，地基承载力和压缩性常有较大的差异。

杂填土性质随堆填的龄期而变化，其承载力一般随堆填的时间增长而提高。主要特性有强度低、压缩性高，尤其是均匀性差。同时，某些杂填土内含有腐殖质和亲水及水溶性物质，会使地基产生更大的沉降及浸水湿陷性。

二、地基处理技术综述

当软弱地基或不良地基不能满足沉降或稳定性的要求，且采用桩基础在技术或经济上不可取时，往往采用地基处理形成人工地基。

地基处理方法很多，并且新的地基处理方法还在不断提出。虽然从地基处理的加固原理、目的、性质、时效、动机等不同的角度均可对地基处理方法进行分类，但要对各种地基处理方法进行精确的分类是很困难的。通常按地基处理的加固原理可对地基处理方法分为表8-1所示的几类。

表 8-1　　　　　　　　　　　　软弱土地基处理方法分类表

编号	分类	处理方法	原理及作用	适用范围
1	碾压及夯实	重锤夯实法，机械碾压法，振动压实法，强夯法（动力固结）	利用压实原理，通过机械碾压夯击，把表面地基土压实；强夯则利用强大的夯击能，在地基中产生强烈的冲击波和动应力，迫使土体动力固结密实	碎石、砂土、粉土、低饱和度的黏性土、杂填土等。对饱和黏性土可采用强夯置换法
2	换填垫层	砂石垫层，素土垫层，灰土垫层，矿渣垫层	以砂石、素土、灰土和矿渣等强度较高的材料置换地基表层软弱土，提高持力层的承载力，减少沉降量	暗沟、暗塘等软弱土地基
3	预压固结	天然地基预压，砂井预压，塑料排水板预压，真空预压，降水预压	通过改善地基排水条件和施加预压荷载，加速地基的固结和强度增长，提高地基的稳定性，并使地基沉降提前完成	饱和软弱土层；对于渗透性极低的泥炭土，则应慎重

续表

编号	分 类	处理方法	原理及作用	适用范围
4	振密挤密	振冲挤密，灰土挤密桩，砂桩，水泥粉煤灰碎石桩、夯实水泥土桩、石灰桩、爆破挤密	采用一定的技术措施，通过振动或挤密，使土体的孔隙减少，强度提高；必要时，在振动挤密的过程中，回填砂、砾石、素土等，与地基土组成复合地基，从而提高地基的承载力，减少沉降量	松砂、粉土、杂填土及湿陷性黄土
5	置换及拌入	振冲置换，深层搅拌，高压喷射注浆，石灰桩等	采用专门的技术措施，以砂、碎石等置换软弱土地基中部分软弱土，或在部分软弱土地基中掺入水泥、石灰或砂浆等形成加固体，与未处理部分土组成复合地基，从而提高地基的承载力，减少沉降量	黏性土、冲填土、粉砂、细砂等
6	土工聚合物	土工膜，土工织物，土工格栅，土工合成物	一种用于土工的新型合成材料，可用于排水、隔离、反滤、加固补强等方面	软土地基、填土及陡坡填土、砂土
7	其他	灌浆，冻结，托换技术，纠偏技术	通过独特的技术措施处理软弱土地基	根据建筑物和地基基础情况确定

　　选用地基处理方法的原则是力求技术先进、经济合理、因地制宜、安全适用、确保质量，具体选用时要根据场地的工程地质条件、地基加固的目的和环境保护要求以及拟采用处理方案的适用性、技术经济指标、工期等多方面因素综合考虑，最后选择其中一种较合理的地基处理措施或两种以上地基处理方法组合的综合处理方案。

　　地基处理大多是隐蔽工程，在施工前，现场人员必须了解所采用地基处理方法的原理、技术标准、质量要求和施工方法等，在施工过程中经常进行施工质量和处理效果的检验，同时也应做好监测工作，施工结束后应采用可能的手段来检验处理的效果（地基强度或承载力），并继续做好监测工作，从而保证施工质量。

第二节　碾压夯实法

一、土的压实原理

　　实践证明，在一定的压实能量下，只有在某个特定的含水率范围内土才能被压实到最大干密度，这个特定的含水率称为最优含水率，可以通过室内击实试验测定。对于黏性土，击实试验的方法是：将测定的黏性土分别制成含水率不同的几个松散土样，用同样的击实能逐一进行击实，然后测定各试样的含水率 w 和干密度 ρ_d，绘成 $\rho_d - w$ 关系曲线，如图 8-1 所示。曲线的极值 ρ_{dmax} 为最大干密度，相应的含水率即为最优含水率 w_{op}。从图中可以看出含水率偏高或偏低时均不能压实，其原因是：含水率偏低时，土颗粒周围的结合水膜很薄，润滑作用不太明显，土粒相对移动不容易，击实困难；含水率偏高时，孔隙中存在自由水，击实时孔隙中过多水分不易立即排出，妨碍土颗粒间的相互靠拢，所以击实效果也不好。而土的含水率接近最优含水率时，土粒的结合水膜较厚，土粒间的连接较弱，从而使土颗粒易于移动，获得最佳的击实效果。试验表明：最优含水率与土的塑限相近，大致为 $w_{op}=w_p+2$；同时最优含水率将随夯击能量的大小与土的矿物组成变化而有所不同。当夯击能加大时，最大干密度将加大而最优含水率将降低；而当固相中黏土矿物增多时，最优含水率将增大而最大干密度将下降。

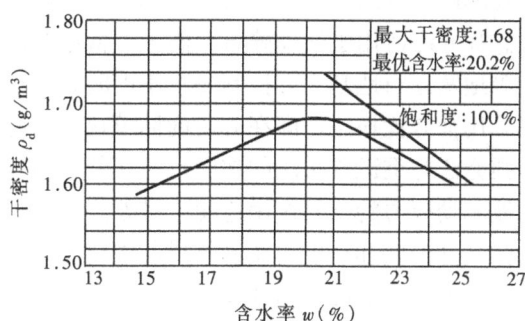

图 8-1 ρ_d-w 关系曲线

砂性土压实时表现出的性质与黏性土几乎相反。干砂在压力与震动作用下，易趋密实；而饱和砂土，因容易排水，也容易被压实；唯有稍湿的砂土，因颗粒间的表面张力作用使砂土颗粒互相约束而阻止其相互移动，压实效果反而不好。

二、重锤夯实法

重锤夯实是利用重量大于 15kN，锤底直径为 0.7~1.5m 的重锤，用起重机械将它提升至 2.5~4.5m 后，使锤自由下落，反复夯打地基表面，从而达到加固地基的目的。经过重锤夯击的地基，在地基表面形成一层密实"硬壳"层，提高了地基表层土的强度。

这种方法适用于处理距地下水位 0.8m 以上，土的天然含水率不太高的各种黏性土、砂土、湿陷性黄土及杂填土等。

重锤夯实法的效果与锤重、锤底直径、夯实土的性质有一定的关系，应当根据设计的夯实密度及影响深度，通过现场试夯确定有关参数。

施工中必须控制地基土的含水率，以防止含水率过高夯成弹簧土而达不到设计要求。

三、机械碾压法

机械碾压法是一种采用机械压实松软土的方法，常用的机械有静力式光轮压路机、羊足碾等。这种方法常用于大面积填土和杂填土地基的压实，分层压实厚度（实厚）为 20~30cm，新型冲击压路机的分层压实厚度（实厚）达 60cm。

在实际工程中，应预先通过室内击实试验和现场碾压试验确定在一定压实条件下土的合适含水率、恰当的分层碾压厚度和碾压遍数。施工前，被碾压的土料应先进行含水率测定，只有含水率在合适范围内的土料才允许进场。碾压后地基的质量常以压实系数 λ_c 控制，λ_c 为土的控制干密度 ρ_d 与击实试验得出的最大干密度 ρ_{dmax} 之比。在有些工程中也常用 ρ_d 作为填土压实的质量控制标准，不同类别的土要求的 λ_c 不同，但在主要受力层范围内一般要求 $\lambda_c \geqslant 0.94$。

四、振动压实法

振动压实法是一种在地基表面施加振动把浅层松散土振实的方法，主要的机具是振动压路机，这种方法主要应用于处理杂填土、湿陷性黄土、炉渣、砂土和碎石土等。振动对压实的效果主要取决于被压实土的成分和施振的时间，施工前应先进行现场试验，根据振实的要求确定施振的时间。分层压实厚度（实厚）为 25~35cm，但如地下水位太高，则将影响振实效果。此外，振动对周围建筑物有影响，振源与建筑物的距离应大于 3m。

五、强夯法

强夯法是在重锤夯实法基础上发展起来的一种地基夯实方法，此方法是将重锤（一般为

100～600kN）从 10～40m 高处落下，以 1000～12 000kN·m 的夯击能加固地基使之密实的方法。强夯法适用于处理碎石、砂土、低饱和度的粉土和黏性土、湿陷性黄土、素填土和杂填土等地基。当地基变形控制要求不严时，高饱和度粉土与软塑—流塑状态的黏性土等地基也可采用强夯置换法，即在夯坑内回填块石、碎石，用重锤夯击形成连续的强夯置换墩。

强夯法与重锤夯实法的加固形式相似，但加固机理有本质区别。对于非饱和土，强夯产生的波和动应力的反复作用迫使土骨架产生塑性变形，使土密实；对于饱和细粒土，强夯产生的强大冲击波和动应力使土体局部液化并产生许多裂隙，形成排水通道使土体固结加速。

应用强夯法加固软弱地基时，一定要根据现场地质条件和工程使用要求来选定各项技术参数，这些参数包括加固深度、单击夯击能、夯点的夯击次数、夯击遍数、间隔时间、加固范围和夯点布置等。

强夯法的有效加固深度应根据现场试夯或当地经验确定。在缺少试验资料或经验时可按表 8-2 预估。

表 8-2　　　　　　　　　　　　强夯法的有效加固深度　　　　　　　　　　　　　　　　　m

单击夯击能（kN·m）	碎石土、砂土等粗颗粒土	粉土、黏性土、湿陷性黄土等细颗粒土
1000	4.0～5.0	3.0～4.0
2000	5.0～6.0	4.0～5.0
3000	6.0～7.0	5.0～6.0
4000	7.0～8.0	6.0～7.0
5000	8.0～8.5	7.0～7.5
6000	8.5～9.0	7.5～8.0
8000	9.0～9.5	8.0～8.5
10 000	9.5～10.0	8.5～9.0
12 000	10.0～11.0	9.0～10.0

注　强夯法的有效加固深度应从最初起夯面算起；单击夯击能大于 12 000kN·m 时，强夯的有效加固深度应通过试验确定。

夯点的夯击次数通过现场试夯确定，应同时满足下列条件：

（1）最后两击的平均沉降量不宜大于下列数值：当单击夯击能小于 4000kN·m 时为 50mm；当单击夯击能为 4000～6000kN·m 时为 100mm；当单击夯击能为 6000～8000 kN·m 时为 150mm；当单击夯击能为 8000～12 000kN·m 时为 200mm。

（2）夯坑周围地面不应发生过大的隆起。

（3）不因夯坑过深而发生提锤困难。

夯击遍数应根据地基土的性质确定。一般来说，由粗颗粒土组成的渗透性强的地基，夯击遍数可少些。反之，由细颗粒土组成的渗透性弱的地基，夯击遍数要求多些。根据我国工程实践，对于大多数工程采用先夯击 2～4 遍，最后再以低能量满夯两遍，一般均能取得较好的夯击效果。对于渗透性弱的细颗粒土地基，必要时夯击遍数可适当增加。

必须指出，由于表层土是基础的主要持力层，如处理不好，将会增加建筑物的沉降和不均匀沉降。因此，必须重视满夯的夯实效果，除了采用 2～4 遍满夯外，还可采用轻锤或低落距锤多次夯击，锤印搭接等措施。

两遍夯击之间应有一定的时间间隔，间隔时间取决于土中超静孔隙水压力的消散时间。对于渗透性较差的黏性土地基，间隔时间不应少于 2～3 周；对于渗透性好的地基可连续夯击。

夯击点位置可根据基底平面形状，采用等边三角形、等腰三角形或正方形布置。第一遍夯击点间距可取夯锤直径的 2.5～3.5 倍，第二遍夯击点位于第一遍夯击点之间。以后各遍夯击点间距可适当减少。对处理深度较深或单击夯击能较大的工程，第一遍夯击点间距宜适当增大。

强夯处理范围应大于建筑物基础范围，每边超出基础外缘的宽度宜为基底下设计处理深度的 1/2 至 2/3，并不宜小于 3m，对可液化地基，基础边缘的处理宽度不应小于 5m。

施工时，一个夯点的夯击次数完成后，更换下一个夯点，直到完成第一遍全部夯点的夯击。第一遍夯完后，应用推土机平整场地，测量场地标高。在规定的间隔时间后再进行第二遍夯击。逐次完成全部夯击遍数后，再用低能量满夯，将场地表层积土夯实并测量夯后场地标高。

第三节　换　填　垫　层　法

换填垫层法是将处于浅层的软弱土挖去或部分挖去，分层回填强度较高、压缩性较低、无腐蚀性和性能稳定的材料，振密或压实后作为地基持力层。

换填垫层适用于淤泥、淤泥质土、湿陷性黄土、膨胀土、杂填土、季节性冻土地基以及暗沟、暗塘等的浅层处理，这种方法常用于处理 5 层以下民用建筑，跨度不大的工业厂房，以及基槽开挖后局部具有软弱土层的地基，回填材料可选用砂石、粉质黏土、灰土、粉煤灰、矿渣等。

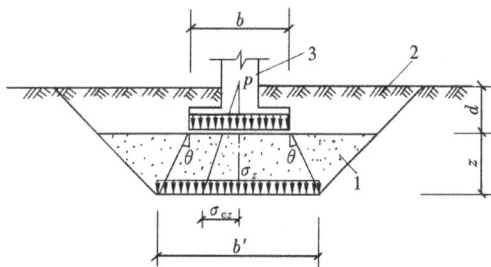

图 8-2　砂垫层内压力的分布
1—砂垫层；2—回填土；3—基础

一、垫层的设计

垫层设计不但要满足建筑物对地基承载力和变形的要求，而且应符合经济合理的原则，其内容主要是确定垫层断面的合理厚度 z 和宽度 b'，如图 8-2 所示。一般情况下，换土垫层的厚度不宜小于 0.5m，也不宜大于 3m。

（1）垫层厚度的确定。垫层的厚度 z 应根据需置换软弱土的深度或下卧土层的承载力确定，将垫层视作持力层，垫层以下土层视作软弱下卧层，则可按第六章式（6-8）及式（6-9）确定垫层厚度，但压力扩散角无试验资料时应按表 8-3 选用。

表 8-3　　　　　　　　　　　　压力扩散角 θ　　　　　　　　　　　　　　（°）

z/b	换 填 材 料		灰　土
	中砂、粗砂、砾砂、碎石土、石屑等	粉质黏土和粉煤灰	
0.25	20	6	28
≥0.50	30	23	

注　1. 当 $z/b<0.25$ 时，除灰土取 28°外，其他材料均取 $\theta=0°$，必要时可由试验确定。

　　2. 当 $0.25<z/b<0.50$ 时，θ 可内插求得。

　　3. 土工合成材料加筋垫层的压力扩散角宜由现场静载试验确定。

（2）垫层宽度的确定。垫层底面的宽度应满足基础底面应力扩散的要求，可按下式确定

$$b' \geqslant b + 2z\tan\theta \tag{8-1}$$

式中　b'——垫层底面宽度，m；

　　　　θ——压力扩散角，可按表 8-3 采用，但当 $z/b < 0.25$ 时，应按 $z/b = 0.25$ 取值。
整片垫层底面的宽度可根据施工的要求适当加宽。

垫层顶面宽度可从垫层底面两侧向上，按基坑开挖期间保持边坡稳定的当地经验放坡确定。垫层顶面每边超出基础底边不应小于 300mm。

【例 8-1】　某砖混结构办公楼的承重墙下为条形基础，宽 1.2m，埋深 1.2m，承重墙传至基础的作用的标准组合竖向力 $F_k = 130$kN/m，地表为 1.5m 厚的杂填土，$\gamma = 16$kN/m³，$\gamma_{sat} = 17$kN/m³，下面为淤泥层，$\gamma_{sat} = 19$kN/m³，$f_{ak} = 50$kPa，地下水距地表 1.0m，试设计基础垫层。

解　垫层材料选粗砂，垫层厚度初步拟定为 2m，根据表 8-3，垫层的应力扩散角 $\theta = 30°$。

基底平均压力

$$p_k = \frac{F_k + G_k}{b} = \frac{130 + 1.2 \times 1.2 \times 20}{1.2} = 132.3(\text{kPa})$$

基底处的自重应力

$$p_c = 16 \times 1.0 + (17 - 10) \times 0.2 = 17.4(\text{kPa})$$

垫层底面处的附加应力

$$p_z = \frac{(p_k - p_c)b}{b + 2z\tan\theta} = \frac{(132.3 - 17.4) \times 1.2}{1.2 + 2 \times 2\tan30°} = 39.3(\text{kPa})$$

垫层底面处的自重应力

$$p_{cz} = 16 \times 1.0 + (17 - 10) \times 0.5 + (19 - 10) \times 1.7 = 34.8(\text{kPa})$$

经深度修正后的淤泥地基承载力特征值根据式（4-10）及表 4-2 求得

$$f_a = f_{ak} + \eta_d\gamma_m(d - 0.5)$$

$$= 50 + 1.0 \times \frac{16 \times 1.0 + (17 - 10) \times 0.5 + (19 - 10) \times 1.7}{1.0 + 0.5 + 1.7} \times (3.2 - 0.5)$$

$$= 79.4(\text{kPa})$$

则　　　　　　　　$p_z + p_{cz} = 39.3 + 34.8 = 74.1\text{kPa} < f_a = 79.4 (\text{kPa})$

满足强度要求，垫层厚度选定 2m 合适。

垫层底宽

$$b' \geqslant b + 2z\tan\theta = 1.2 + 2 \times 2\tan30° = 3.51 (\text{m})$$

取 $b' = 3.6$m，按 1∶1.5 边坡挖土。

二、垫层的施工

1. 对垫层材料的要求

垫层材料应符合《建筑地基处理技术规范》要求，可选用的材料有：

（1）砂石。宜选用碎石、卵石、角砾、圆砾、砾砂、粗砂、中砂或石屑，要求级配良好，不含植物残体、垃圾等杂质。当使用粉细砂或石粉时，应掺入不少于总重 30% 的碎石或卵石。砂石的最大粒径不宜大于 50mm。对湿陷性黄土或膨胀土地基不得选用砂石等透水材料。

（2）粉质黏土。土料中有机质含量不得超过 5%，且不得含有冻土和膨胀土。当含有碎石时，其粒径不宜大于 50mm。用于湿陷性黄土或膨胀土地基的粉质黏土垫层，土料中不得夹有砖瓦石块。

（3）灰土。体积配合比宜为 2:8 或 3:7。土料宜用粉质黏土，不宜使用块状黏土，不得含有松软杂质，并应过筛，其颗粒不得大于 15mm。石灰宜用新鲜消石灰，其颗粒不得大于 5mm。

（4）粉煤灰。选用的粉煤灰应满足相关标准对腐蚀性和放射性的要求。粉煤灰垫层上宜覆土 0.3~0.5m。粉煤灰垫层中采用掺加剂时，应通过试验确定其性能及适用条件。粉煤灰垫层中的金属构件、管网应采取适当防腐措施。大量填筑粉煤灰时，应经场地地下水和土壤环境的不良影响评价合格后方能使用。

（5）矿渣。宜选用分级矿渣、混合矿渣及原状矿渣等高炉重矿渣。矿渣的松散重度不应小于 $11kN/m^3$，有机质及含泥总量不得超过 5%。垫层设计、施工前应对选用矿渣进行试验，确认其性能稳定并满足腐蚀性和放射性安全的要求。对易受酸、碱影响的基础或地下管网不得采用矿渣垫层。大量填筑矿渣时，应经场地地下水和土壤环境的不良影响评价合格后方能使用。

（6）其他工业废渣。在有充分依据或成功工程经验时，可采用质地坚硬、性能稳定、透水性强、无腐蚀性和放射性危害的其他工业废渣材料，但应经过现场试验证明其经济技术效果良好且施工措施完善后方可使用。

（7）土工合成材料。土工合成材料加筋垫层所选用土工合成材料的品种与性能及填料，应根据工程特性和地基土质条件，按现行国家标准 GB 50290—1998《土工合成材料应用技术规范》的要求，通过设计计算并进行现场试验后确定。土工合成材料应采用抗拉强度较高、耐久性好、抗腐蚀的土工带、土工格栅、土工格室、土工垫或土工织物等土工合成材料。垫层填料宜用碎石、角砾、砾砂、粗砂、中砂等材料，且不宜含氯化钙、碳酸钙、硫化物等化学物质。当工程要求垫层具有排水功能时，垫层材料应具有良好的透水性。在软土地基上使用加筋垫层时，应保证建筑物稳定并满足允许变形的要求。

2. 施工要点

填料分层压实均匀且达到设计的干密度，每层铺土压实后的厚度控制在 20~30cm，压实系数逐层进行检验，合格后方可进行上层施工。各种垫层的压实标准见表 8-4。铺筑前应先行验槽，浮土应消除，边坡必须稳定，防止塌方。基坑两侧附近如有低于地基的孔洞、沟、井和墓穴等，应在未做垫层前加以填实。开挖至坑底时，应注意保护好坑底表层土的结构，对软土尤其如此，一般基坑开挖后立即填筑垫层，不宜暴露过久和浸水，更不得任意践踏。垫层底面宜铺设在同一标高上，如深度不同时，基坑地基土面应挖成踏步或斜坡搭接，各分层搭接位置应错开 0.5~1.0m，且应捣实，施工应按先深后浅的顺序进行。粉质黏土和灰土垫层土料的施工含水率宜控制在 $w_{op} \pm 2\%$ 的范围内，粉煤灰垫层的施工含水率宜控制在 $w_{op} \pm 4\%$ 的范围内。用环刀法、灌砂法等检测压实系数。

表 8 - 4　　　　　　　　　　　　各种垫层的压实标准

施 工 方 法	换 填 材 料 类 别	压实系数 λ_c
碾压、振密或夯实	碎石、卵石	≥0.97
	砂夹石（其中碎石、卵石占全重的 30%～50%）	
	土夹石（其中碎石、卵石占全重的 30%～50%）	
	中砂、粗砂、砾砂、角砾、圆砾、石屑	
	粉质黏土	
	灰土	≥0.95
	粉煤灰	≥0.95

注　1. 压实系数 λ_c 为土的控制干密度 ρ_d 与最大干密度 ρ_{dmax} 的比值；土的最大干密度宜采用击实试验确定；碎石或卵石的最大干密度可取 2100～2200kg/m³。

　　2. 表中压实系数 λ_c 系使用轻型击实试验测定土的最大干密度 ρ_{dmax} 时给出的压实控制标准，采用重型击实试验时，对粉质黏土、灰土、粉煤灰及其他材料压实标准应为压实系数 $\lambda_c \geqslant 0.94$。

第四节　预 压 固 结 法

　　预压固结法是利用排水固结原理，对饱和软黏土进行地基加固的一种方法。如图 8 - 3 所示，预压固结法是由排水系统和加压系统两部分共同组合而成的。在天然地基中设置竖向排水体（砂井、袋装砂井或塑料排水带），在地面铺设水平排水体（砂垫层），然后对地基加载预压，使土体中的孔隙水逐渐排出，土体固结，地基沉降，同时土体强度提高。

　　1. 排水系统

　　竖向排水体在平面上宜布置成梅花形（等边三角形），这样紧凑高效。当采用砂井时，砂井直径一般为 0.3～0.5m，井距为砂井直径的 6～8 倍。当采用袋装砂井时，其直径可小到 0.07～0.12m，井距为井径的 15～22 倍。当采用塑料排水带时，间距可为塑料排水带当量换算直径（塑料排水带的截面周长作圆周长换算）的 15～22 倍，如图 8 - 4 所示。

　　竖向排水体的长度应根据软黏土层的厚度、荷载大小和工程要求设计。其中袋装砂井和塑料排水带应伸出天然地面 0.2m 以上，埋入水平排水体（砂垫层）中。砂垫层厚度一般为 0.5～1.0m。

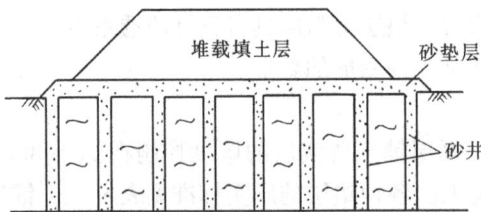

图 8 - 3　预压固结法示意图

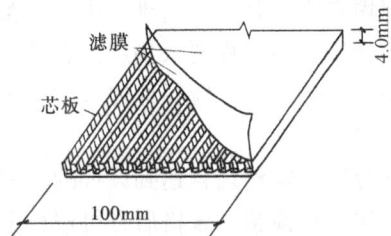

图 8 - 4　塑料排水带

　　2. 加压系统

　　加压系统常用堆载预压，还可以用真空预压、降水预压等方法。也可以几种方法联合使用提高预压效果。

　　真空预压的做法是在砂垫层上覆盖不透气的薄膜，薄膜四周埋入软土中，使软土地基与大气隔绝。通过埋设在砂垫层中的水平分布滤管与真空泵连接抽气，使垫层及竖向排水通道内形成负压（真空度 650mmHg 以上），促使土体中的孔隙水从排水通道中流出，从而使土体固结。

降水预压是借井点抽水降低地下水位，从而增加土体自重应力，达到预压固结的目的。

3. 施工工艺与质量控制

通常，软土层厚度小于 4.0m 时，可采用天然地基堆截预压法处理；软土层厚度大于 4.0m 时，应设置竖向排水体；采用真空预压时，必须在地基中设置竖向排水体。

砂井的砂料宜用中粗砂，含泥量应小于 3％。砂垫层宜用中粗砂，含泥量应小于 5％，砂料中允许混有少量颗粒小于 50mm 的砾石，干密度应大于 1.5g/cm³，渗透系数宜大于 $1×10^{-2}$cm/s。袋装砂井的袋子材料普遍使用聚丙烯编织布。

砂井的施工方法可采用沉管灌注桩的施工方法，砂井的灌砂量不得小于计算值的 95％。袋装砂井的施工需用专用的导管式振动打设机，施工的基本步骤包括设备定位，整理桩尖，导管沉入，砂袋灌砂并放入导管，管内灌水，拔管等。塑料排水带需用专门的插板机将其插入地基中，施工的基本步骤包括设备定位、塑料带通过导管从管靴穿出并与桩尖连接固定、塑料带插入土中、拔出导管，剪断塑料带等。

堆载预压需采取分级加荷，使加荷速率与地基强度增长相应，避免地基失稳破坏。真空预压和降水预压不会引起土体失稳破坏，但降水预压可能引起邻近建筑物基础的附加沉降，这一点必须引起足够的重视。工程中常用堆载预压、真空预压、真空和堆载联合预压。

与砂井相比，袋装砂井具有施工工艺与机具简单、用砂量少、成本低的优点。同时袋装砂井的间距较小，排水固结效率高，井径小，成孔时对软土扰动也小，有利于地基土的稳定。塑料排水带由工厂生产，重量轻，排水效果稳定，施工机械轻便，施工速度快，造价比袋装砂井更低。

预压固结法的处理效果在施工过程中主要通过沉降观察和地基中孔隙水压力监测来检验，也可在不同加载阶段进行不同深度的十字板抗剪强度试验或取样进行室内试验来检验，同时通过上述检验手段来验算预压过程中地基的稳定性。预压完成后，同样通过上述项目来检验处理效果，其地基承载力特征值可通过静载荷试验确定。

第五节　挤　密　法

挤密法用于加固较大深度范围内的工程地质条件较差的地基土，尤其对松散砂土等构成的地基，是常用的一种处理方法。挤密法以沉管、钻机或振动冲击成孔，然后在孔中填入砂石、水泥粉煤灰碎石或其他材料，并加以夯实形成挤密桩。挤密桩的加固机理是沉管或振动冲击成孔时对地基土产生横向挤密作用，孔中填料夯实时也对地基土产生横向挤密作用。在挤密功的作用下，地基中土粒移动，小颗粒填入大颗粒的空隙，颗粒间彼此靠近，空隙变小，使土体密实，地基土的强度也随之增大。同时，由于桩体本身具有较高的强度和压缩模量，成为地基中的增强体，与桩间土一起通过褥垫层形成复合地基，共同承担建筑物荷载。

1. 挤密桩类型

挤密桩按其填入材料的不同，有砂石桩、灰土或土挤密桩、夯实水泥土桩和水泥粉煤灰碎石桩等。

（1）砂石桩。砂石桩常用沉管法成孔，也可用振冲器通过振动加 $200\sim600$kPa 压力水冲击成孔，适用于挤密处理松散砂土、粉土、粉质黏土、素填土、杂填土等地基，以及用于处理可液化地基。沉管砂石桩桩径宜为 $300\sim800$mm，桩距不宜大于桩径的 4.5 倍。地基处理范围宜在基础外缘扩大 $1\sim3$ 排，对可液化地基，在基础外缘扩大宽度不应小于基底下可液化土层厚度的 $1/2$，且不应小于5m。振冲法施工时桩径与桩距根据振冲器功率确定。

（2）灰土挤密桩与土挤密桩。灰土挤密桩与土挤密桩适用于处理地下水位以上的粉土、黏性土、素填土、杂填土和湿陷性黄土等地基，可处理地基厚度宜为 $3\sim15$m，基础外缘扩大处理的宽度不宜小于处理土层厚度的 $1/2$，且不应小于2m。当以提高地基土承载力或增强其水稳定性为主要目的时，宜选用灰土挤密桩；当以消除地基土的湿陷性为主要目的时，可选用土挤密桩。桩孔直径常用 $300\sim600$mm，沉管法成孔直径不宜小于 500mm，桩距可为桩径的 $2\sim3$ 倍。灰土材料宜选用消石灰和粉质黏土，灰土体积配合比宜为 $2:8$ 或 $3:7$，压实系数不应低于 0.95。

（3）夯实水泥土桩。夯实水泥土桩适用范围与灰土挤密桩相同（不含湿陷性黄土），桩位宜在基础范围内布置。土质松软时，常用沉管法成孔，处理深度不宜超过15m；场地狭窄时，可用洛阳铲人工成孔，深度不宜大于6m。桩孔直径宜为 $300\sim600$mm，桩距可为桩径的 $2\sim4$ 倍。水泥土的体积配合比宜为 $1:5\sim1:8$，平均压实系数不应低于 0.97，最小值不应低于 0.93。

（4）水泥粉煤灰碎石桩。水泥粉煤灰碎石桩是碎石、石屑（或砂）、粉煤灰和少量水泥加水拌和制成的一种具有一定胶结强度的桩体，是一种不配筋的低强度混凝土桩。通过调整水泥掺量及配合比，其桩体强度等级在 C5～C20 之间，适用于处理黏性土、粉土、砂土和自重固结已完成的素填土地基（含地下水位以下地基），桩位仅在基础范围内布置。常用沉管灌注法施工，这时桩径宜为 $350\sim600$mm，桩距宜为 $3\sim6$ 倍桩径，灌注的混合料配合比应经试验室试验确定，坍落度宜为 $30\sim50$mm。成桩过程中应抽样做混合料试块，每台班不应少于1组。其他施工方法有长螺旋钻干成孔灌注成桩法（仅适用地下水位以上地基的处理）、长螺旋钻中心压灌灌注成桩法、泥浆护壁成孔灌注成桩法。

2. 桩位布置与褥垫层

桩位布置，对大面积满堂基础和独立基础，可采用三角形、正方形、矩形布桩；对条形基础，可沿轴线采用单排布桩或对称轴线多排布桩。

为了使桩体与地基土能共同发挥承载作用，基础底面应铺设褥垫层，一般厚度为 $300\sim500$mm，用平板振动器夯实。褥垫层可采用中砂、粗砂、砾砂、碎石、卵石等散体材料铺筑，碎石、卵石中宜掺入 $20\%\sim30\%$ 的砂。灰土及土挤密桩的褥垫层可用灰土铺筑。

3. 质量检验

待土体因挤密而升高的孔隙水压力消散后，或桩体达到一定龄期后，应检验桩体质量。砂石桩可采用标准贯入、静力触探等检测挤密效果；灰土及土挤密桩可开挖或取芯检测桩体的压实系数；夯实水泥土桩可用取芯或轻便触探检测桩体的压实系数；水泥粉煤灰碎石桩可采用低应变法检测桩体完整性。

复合地基承载力特征值应通过现场复合地基静载荷试验确定，或采用增强体静载荷试验结果和桩间土的承载力特征值结合经验确定。复合地基的最终变形量可按《建筑地基基础设计规范》$7.2.10\sim7.2.12$ 条计算。

第六节 水 泥 土 搅 拌 法

水泥土搅拌法根据施工工艺的不同，分为浆液搅拌法（简称湿法）和粉体喷搅法（简称干法）两种具体方法。两者同属低压机械搅拌法，具有施工效率高，成本低，施工场地小，无环境污染等优点，是目前国内外用得较多的软土加固技术，适用于处理正常固结的淤泥与淤泥质土、粉土、饱和黄土、素填土、黏性土以及无流动地下水的饱和松散砂土等地基，常用于公路、铁路的厚层软土地基加固，也用于深基坑支撑、港口码头护岸等。因两者在适用范围、设计计算和质量检验等方面基本相同，现以适用范围广的湿法为例进行介绍。

浆液搅拌法是用回转的搅拌叶将压入软土内的水泥浆与周围软土强制拌和形成水泥加固体。该法使用的主要设备为搅拌机（由电动机、中心管、输浆管、搅拌轴和搅拌头组成）及灰浆拌和机、灰浆泵等配套机械。目前国内设备仅限于陆地使用，桩径一般在 0.5～0.8m，加固深度，不宜超过 20m。

1. 加固机理

水泥土搅拌法加固软黏土的机理由以下三个方面构成：一是水解和水化反应，即水泥颗粒表面的矿物质很快与软土中的水发生水解和水化反应，生成氢氧化钙、含水硅酸钙、含水铝酸钙及含水铁酸钙等化合物；二是水泥水化生成的部分钙离子与土粒中的钠离子交换使土粒大粒化，其余部分钙离子与黏土中的氧化硅、氧化铝发生硬凝反应逐渐生成不溶于水的稳定结晶化合物；三是碳酸化作用生成的不溶于水的碳酸钙。随着时间的推移，固化物逐渐增多，连成网络，使得软土强度逐渐提高。土体中有机质含量过高，则加固效果较差。

2. 加固形式

根据加固目的和拟建结构物的具体情况，搅拌桩可布置成柱状、壁状和块状三种形式。柱状为每隔一定的距离设置一根搅拌桩，适合于单层工业厂房独立柱基础和多层房屋条形基础下的地基加固；壁状为相邻搅拌桩部分重叠搭接而成的加固形式，又称水泥土搅拌墙，适用于深基坑开挖时作挡土墙和截水帷幕，以及对不均匀沉降敏感的条形基础下的地基加固；块状是由纵横两个方向的相邻桩搭接而成的，适用于荷载较大，对不均匀沉降控制严格的构筑物地基加固。

3. 加固范围

搅拌桩的强度和刚度介于刚性桩和柔性桩之间，但承载性能与刚性桩相近。因此可只在上部结构基础范围内布桩，而不必像柔性桩（如砂桩）一样在基础以外设置保护桩。

4. 施工工艺和质量控制

水泥土搅拌桩可采用各种不同品种标号的水泥，常用 42.5 级水泥。水泥掺入量按设计要求，一般在加固土体天然质量的 7%～20% 范围内，作地基加固时水灰比可取 0.5～0.6，作截水帷幕时水灰比宜为 0.6～0.8。

水泥土搅拌法的施工工艺流程如图 8-5

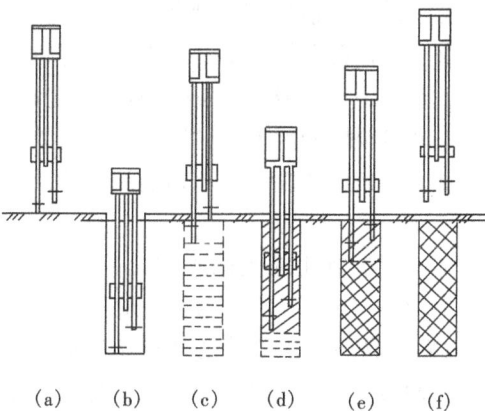

图 8-5 深层搅拌的施工顺序

(a) 定位下沉；(b) 沉入到底部；(c) 喷浆搅拌上升；
(d) 重复搅拌下沉；(e) 重复搅拌上升；(f) 完毕

所示有：①搅拌机定位；②预搅下沉；③制备水泥浆；④喷浆搅拌提升，喷浆压力宜为 0.4～0.6MPa，在桩端处应喷浆座底 30s，严格控制提升速度；⑤重复上下搅拌；⑥重复步骤②～⑤，再进入下一根桩施工。

粉体喷搅法采用压缩空气喷射水泥干粉，当地基土的天然含水率小于 30%（黄土含水率小于 25%）、大于 70%或地下水的 pH 值小于 4 时不宜采用此法。粉体喷搅法的施工工艺与浆液搅拌法相同，加固深度不宜超过 15m。

施工过程中应制备水泥土试块，养护 90d 测试强度，对基坑支护水泥土搅拌墙，应取 28d 试样测试强度。搅拌桩成桩 3d 时，应用轻便触探法抽检成桩质量，抽检数量不少于已完成桩数的 1%，且不少于 3 根。成桩 7d 后还可采用开挖桩头检查，检查数不少于总数的 5%。其他检验方法还有成桩 28d 后的取芯及静载荷试验。

水泥土搅拌法在施工到顶端 0.5m 范围时，因上覆土压力较小，成桩质量较差，待土方开挖时，应将上部 0.5m 的桩身凿除。水泥土搅拌桩施工完成后应养护 28 天以上方能开挖土方。

5. 型钢水泥土搅拌墙

型钢水泥土搅拌墙以前也称为劲性水泥土搅拌墙，其施工工艺称为 SMW（Soil Mixed Wall）工法，它是在搅拌的水泥土未硬化前（宜在水泥土搅拌墙施工结束后 30min 内）插入 H 型钢作为加劲材料，水泥土硬化后就形成一道有一定强度和刚度的挡土墙体和截水帷幕。型钢水泥土搅拌墙施工时，水泥掺量不应少于加固土体天然质量的 20%，水灰比可取 1.5～2.0。与地下连续墙相比，SMW 工法的优点有：施工方法简单；施工速度快，施工周期可缩短 30%左右；无废弃泥浆，对环境污染小；造价低，H 型钢能回收。主要缺点是墙体强度较低，且不像地下连续墙可作永久性地下结构使用。

第七节　高压喷射注浆法

国内水泥土搅拌法目前采用的低压搅拌机械使地基加固深度受限制，如在淤泥、淤泥质土地基中，当深度超过 10m 时，其加固效果明显下降。为了加固深部地基（如深基坑的底部加固及坑中坑侧壁加固等），可采用高压喷射注浆法，此法适用于处理淤泥、淤泥质土、流塑及软塑或可塑黏性土、粉土、砂土、黄土、素填土和碎石土等地基。当土中含有较多的大粒径块石、大量植物根茎或含有较高的有机质，以及地下水流速过大或已涌水的工程时，应根据现场试验结果确定其适用性。高压喷射注浆法对细颗粒砂性土及黏性土的加固效果比传统注浆法要好很多，因为传统的劈裂注浆难以形成强度和渗透性都较均匀的加固体。

1. 施工机具类型

高压喷射注浆法 20 世纪 60 年代后期创始于日本，根据施工机具的不同，分为单管法、二重管法和三重管法，如图 8-6 所示。国内于 20 世纪 70 年代后期开始发展应用单管法和三重管法，20 世纪 90 年代后期工程机械制造技术大幅提高后，二重管法才得到发展。高压喷射注浆法的最新发展包括双高压技术（喷水压力 35MPa、喷浆压力 20MPa）、超高压喷射注浆技术（喷水压力≥40MPa、喷浆压力≥35MPa）、与浆液搅拌机械相结合的多种喷射搅拌技术。

（1）单管法。单管法是水泥浆液以 20MPa 以上的高压从注浆管喷头侧面的横向喷嘴中

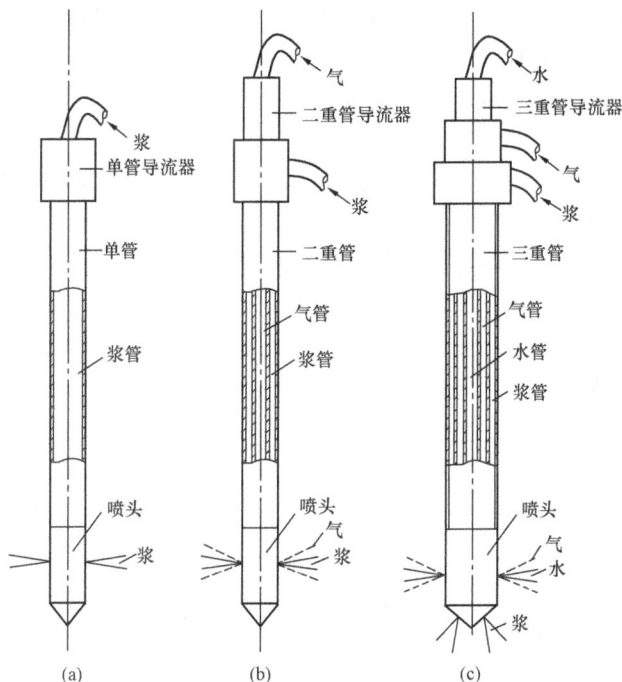

图 8-6 高压喷射管示意
(a) 单管;(b) 二重管;(c) 三重管

喷出切削土体,喷嘴作旋转和提升运动,使浆液与破碎土块混合,因土质不同,固化后形成直径 0.3～0.8m 的加固体。

(2) 二重管法。使用同轴双通道的二重管分别输送水泥浆液和空气,在喷头侧面设同轴双重喷嘴,内喷嘴喷出高压 20MPa 以上的水泥浆液,同时压力 0.6～0.8MPa 的压缩空气从外喷嘴喷出,环绕在水泥浆液外侧。在高压水泥浆液及其外圈环绕气流的共同作用下,切削破坏土体的能量增大,最后形成的固结体直径 1.0m 左右。

(3) 三重管法。使用同轴三通道的三重管分别输送高压水流、压缩空气和水泥浆液,在喷头侧面设同轴双重喷嘴,内喷嘴喷出压力为 20～40MPa 的高压水,同时压力为 0.6～0.8MPa 的压缩空气从外喷嘴喷出,环绕在高压水流的外侧。高压水射流与同轴气流冲击切削土体,形成较大空隙,水泥浆液以 0.3～1.0MPa 的压力从喷头底端喷嘴中喷出与土块混合,最后形成的固结体直径一般有 1.0～2.0m,但强度较低,只有 0.9～1.2MPa。三重管法的改正型把水泥浆液喷嘴从喷头底部移到侧面,改用同轴双重喷嘴,与二重管法一样喷射高压水泥浆液与环绕压缩空气流对土体进行二次冲击切削,这种双高压技术使得加固体直径大于常规三重管法。

2. 施工工艺流程

(1) 钻机就位。钻机安放在设计孔位上并保持垂直,孔位允许偏差 50mm,注浆孔垂直度的允许偏差为 1%。

(2) 钻孔。单管法及二重管法通常使用 76 型旋转振动钻机,钻进深度可达 30m 以上,适用标准贯入度小于 40 的砂土和黏性土层,当遇到比较坚硬的地层时宜用地质钻机钻孔。由于三重管的管径较大,施工中都采用地质钻机钻孔。

（3）插管。插管是将喷管插入地层预定深度。使用 76 型钻机时，插管与钻孔两道工序合二为一；使用地质钻机钻孔完毕后应拔出岩芯管，换上旋喷管插入到预定深度。在插管时，为防止泥砂堵塞喷嘴，可边射水边插管，水压力不超过 1MPa，若压力过高，易将孔壁射塌。

（4）喷射水泥浆液。当喷管插入预定深度后，由下而上进行旋喷作业（三重管时，水泥浆液可比高压水及压缩空气晚 30s 开始喷射），形成圆柱状加固体——旋喷桩，若喷射时钻杆只提升不旋转，定向喷射，可形成板状加固体作截水帷幕；若钻杆在提升同时只在一个限定的角度内往复摆动喷射，称为摆喷，可形成扇形截面的加固体作截水帷幕。宜采用 42.5级普通硅酸盐水泥，水泥浆液的水灰比宜为 0.8～1.2（常用 0.9～1.0），初凝时间为 15h，水泥掺量宜取土的天然质量的 25%～40%。其他常用工艺参数见表 8-5。喷射注浆过程中应观察冒浆情况，采用单管或二重管喷射注浆时，冒浆量小于注浆量的 20% 时属于正常现象，超过 20% 或完全不冒浆时应查明原因并采取相应措施。若地层中有较大裂隙空穴，可增大注浆量或在浆液中掺速凝剂；若冒浆量过大，可减少注浆量或加快提升及旋转速度。采用三重管喷射注浆时，冒浆量应大于高压水喷射量，但是超过量应小于注浆量的 20%。喷射注浆作业后，由于浆液析水作用，一般均有不同程度的收缩，使固结体出现凹穴，应及时用水灰比 0.6 的水泥浆补灌。施工截水帷幕时的作业顺序应采用隔孔分序方式，相邻孔喷射注浆的时间间隔不宜小于 24h。

（5）冲洗与移机。喷射施工完毕后，应将注浆管等机具设备冲洗干净，管内机内不得残留水泥浆。通常把浆液换成清水，在地面喷射冲洗干净。在湿陷性黄土地层施工时，宜改用压缩空气冲洗。冲洗完毕即可移机至新孔位施工。

表 8-5　　　　　　　　　　常用的高压喷射注浆工艺参数

工艺	水压 （MPa）	气压 （MPa）	浆压 （MPa）	注浆流量 （L/min）	提升速度 （m/min）	旋转速度 （r/min）
单管法	—	—	20～28	80～120	0.15～0.20	20
二重管法	—	0.7	20～28	80～120	0.12～0.25	20
三重管法	25～32	0.7	≥0.3	80～150	0.08～0.15	5～15

3. 质量控制与检验

施工前，应通过现场旋喷试验确定施工参数，使固结体质量达到设计要求。施工过程中应随时检查施工参数是否符合要求。

固结体的质量检验宜在施工结束 28d 后进行，检验点应布置在有代表性的桩位、施工中出现异常情况的部位或地基情况复杂，可能对注浆质量产生影响的部位。检验方法有开挖检查、取芯、标准贯入试验、静载荷试验及围井注水试验等。检验点数量为施工孔数的 1% 且不少于 3 点。静载荷试验必须在固结体强度满足设计要求且在成桩 28d 后进行，检验数量为总桩数的 1%，且每项单体工程不少于 3 点。

思 考 题

1. 什么是软弱地基？软弱土的种类有哪些？地基处理解决哪几个问题？
2. 常用地基处理方法有哪些？各适用于什么情况？

3. 试述重锤夯实法和强夯法有何区别。

4. 如何设计垫层？垫层施工质量的关键是什么？

5. 预压固结法用来加固哪一种地基？预压固结法的加压系统和排水系统如何组成？

6. 砂石桩与砂井有什么区别？

7. 水泥土搅拌法适用哪些软弱地基？简述水泥土搅拌法的施工工艺。

习 题

某住宅承重墙下为 1.2m 宽的条形基础，埋深 1.0m，传至基础的上部作用的标准组合竖向力 $F_k = 12kN/m$，地表为 1.0m 厚杂填土，$\gamma = 17kN/m^3$，下面为淤泥质土，$\gamma_{sat} = 19kN/m^3$，$f_{ak} = 60kPa$，地下水距地表 1.0m，试设计基础的垫层。

第九章 区域性地基

区域性地基是指特殊土（湿陷性黄土、膨胀土、红黏土、多年冻土等）地基、山区地基以及地震区地基等。由于特殊的地理环境、气候条件、地质历史及矿物成分等原因，使它们具有不同于一般地基的特征，分布也存在一定的规律，表现出明显的区域性，与一般土的工程性质有显著区别。

本章介绍湿陷性黄土地基、膨胀土地基、山区地基和地震区地基在我国的分布特征和特殊的工程性质，以及为防止其危害应采取的工程处理措施。

第一节 湿陷性黄土地基

一、湿陷性黄土的基本性质与分布

湿陷性黄土是第四纪形成的沉积物，其特性与一般黏性土不同，主要是大孔隙和湿陷性，因此作为建筑物的地基需要对这类土进行研究。湿陷性黄土在我国分布很广，主要分布在陇西地区、陇东—陕北—晋西地区、关中地区、山西—冀北地区、河南地区、冀鲁地区和黄河中游、北部及西部边缘地区等七个大区，其中以陇西地区、陇东—陕北—晋西地区湿陷性较强烈。

湿陷性黄土的颜色呈淡黄至褐黄色，颗粒成分以粉粒为主，没有层理，有肉眼可见的大孔隙，故称大孔土，含有大量的可溶盐类（碳酸钙盐类）。这种土在天然含水率状态时坚硬，具有较高的强度与较低的压缩性。遇水浸湿后可溶盐类物质溶解，土粒结构破坏，强度降低，并产生显著沉陷，这种性能称为湿陷性。凡在上覆土的自重压力下受水浸湿发生湿陷的湿陷性黄土称为自重湿陷性黄土；在大于上覆土的自重压力下（包括附加压力和土自重压力）受水浸湿发生湿陷的湿陷性黄土称为非自重湿陷性黄土。

试验表明：湿陷性黄土孔隙率很大，一般 e 在 $0.6 \sim 1.3$ 之间；密度小，$\rho = 1.20 \sim 1.80\text{g/cm}^3$；粉粒（$0.005 \sim 0.075\text{mm}$）为主，其含量可达 60% 以上；天然含水率约为 $3\% \sim 28\%$；塑性指数 $I_\text{p} = 4 \sim 13$；压缩系数一般在 $0.1 \sim 1.0\text{MPa}^{-1}$ 之间。

湿陷性黄土的湿陷机理有多种假说，其中土体欠压密理论认为湿陷性黄土一般是在干旱及半干旱条件下形成，这些区域降雨量少、蒸发量大的特殊自然条件导致盐类析出，胶体凝结产生胶结力。在土湿度不很大的情况下，上覆土层自重不足以克服土中形成的胶结力，形成欠压密状态，一旦受水浸湿，可溶盐类溶化，大大减弱土中的胶结力，使土粒容易发生位移而产生变形。

二、黄土湿陷性评价

1. 湿陷性判定

黄土的湿陷性，应按室内压缩试验在一定压力下测定的湿陷系数 δ_s 值判定

$$\delta_\text{s} = \frac{h_\text{p} - h'_\text{p}}{h_0} \tag{9-1}$$

式中 h_p——保持天然的湿度和结构的土样，加压至一定压力时，试样变形稳定后的高度，
mm；

h'_p——上述加压稳定后的土样，在浸水（饱和）作用下，附加下沉稳定后的高
度，mm；

h_0——土样的原始高度，mm。

湿陷系数试验时，需要施加的各级压力等级宜为 50、100、150、200kPa，大于 200kPa
后每级增量为 100kPa，最后一级压力应按取土深度而定。从基础底面算起至 10m 深度以
内，压力为 200kPa；10m 以下至非湿陷土层顶面，取其上覆土的饱和自重压力（当大于
300kPa 时，仍取 300kPa）。当基底压力大于 300kPa 时（或有特殊要求的建筑物），宜按实
际压力确定。施加第一级压力后，每隔 1h 测定一次变形读数，至试样变形稳定后（下沉量
不大于 0.01mm），施加第二级压力，如此类推。变形稳定后注入纯水，水面宜高出试样顶
面，每隔 1h 测定一次变形读数，直至试样变形稳定为止。

当湿陷系数 $\delta_\text{s} < 0.015$ 时，应定为非湿陷性黄土；当湿陷系数 $\delta_\text{s} \geqslant 0.015$ 时，应定为湿
陷性黄土。

2. 建筑场地的湿陷类型

建筑场地的湿陷类型，应按实测自重湿陷量 Δ'_zs 或按室内压缩试验累计的计算自重湿陷
量 Δ_zs 判定。

实测自重湿陷量 Δ'_zs，应根据现场试坑浸水试验确定。在新建地区，对甲、乙类建筑，
宜采用试坑浸水试验。

计算自重湿陷量 Δ_zs，应按室内压缩试验测定不同深度的土样在饱和土自重压力下计算
确定。计算公式如下

$$\delta_\text{zs} = \frac{h_z - h'_z}{h_0} \tag{9-2}$$

$$\Delta_\text{zs} = \beta_0 \sum_{i=1}^{n} \delta_\text{zsi} h_i \tag{9-3}$$

式中 δ_zs——自重湿陷系数；

h_z——保持天然的湿度和结构的土样，加压至该土样上覆土的饱和自重压力时，试样
变形稳定后的高度，mm；

h'_z——上述加压稳定后的土样，在浸水（饱和）作用下，下沉稳定后的高度，mm；

h_0——土样的原始高度，mm；

β_0——因土质地区而异的修正系数，缺乏实测资料时，对陇西地区可取 1.5，对陇东
陕北晋西地区可取 1.2，对关中地区可取 0.9，对其他地区可取 0.5；

δ_zsi——第 i 层土在上覆土的饱和（Sr>0.85）自重压力下的自重湿陷系数；

h_i——第 i 层土的厚度，mm。

计算自重湿陷量 Δ_zs 时，应自天然地面算起（当挖、填方的厚度和面积较大时，应自设
计地面算起），至其下全部湿陷性黄土层的底面为止，其中自重湿陷系数 δ_zs 小于 0.015 的土
层不应累计。

当自重湿陷量 Δ_zs（或 Δ'_zs）$\leqslant 70$mm 时，应定为非自重湿陷性黄土场地。

当自重湿陷量 Δ_zs（或 Δ'_zs）> 70mm 时，应定为自重湿陷性黄土场地。

3. 湿陷等级判定

湿陷性黄土地基的湿陷等级，应根据基底下各土层累计的总湿陷量和计算自重湿陷量的大小等因素判定（表 9-1）。

湿陷性黄土地基受水浸湿饱和至下沉稳定为止的总湿陷量 Δ_s 应按下式计算

$$\Delta_s = \sum_{i=1}^n \beta \delta_{si} h_i \qquad (9-4)$$

式中　δ_{si}——第 i 层土的湿陷系数；

　　　　h_i——第 i 层土的厚度，mm；

　　　　β——考虑基底下地基土的受水浸湿可能性和侧向挤出等因素的修正系数，在缺乏实测资料时，基底下 0～5m 深度内取 1.5，基底下 5～10m 深度内取 1.0，基底下 10m 以下至非湿陷性黄土层顶面，在自重湿陷性黄土场地，可取工程所在地区的 β_0 值。

总湿陷量的计算值 Δ_s 的计算深度，应自基础底面（如基底标高不确定时，自地面下 1.50m）算起；在非自重湿陷性黄土场地，累计至基底下 10m（或地基压缩层）深度止；在自重湿陷性黄土场地，累计至非湿陷黄土层的顶面止。其中湿陷系数 δ_s（10m 以下为 δ_{zs}）小于 0.015 的土层不累计。

表 9-1　　　　　　　　　　　　　湿陷性黄土地基的湿陷等级

湿陷类型		非自重湿陷性场地	自重湿陷性场地	
自重湿陷量计算值（mm）		$\Delta_{zs} \leqslant 70$	$70 < \Delta_{zs} \leqslant 350$	$\Delta_{zs} > 350$
总湿陷量计算值（mm）	$\Delta_s \leqslant 300$	Ⅰ（轻微）	Ⅱ（中等）	—
	$300 < \Delta_s \leqslant 700$	Ⅱ（中等）	*Ⅱ（中等）或Ⅲ（严重）	Ⅲ（严重）
	$\Delta_s > 700$	Ⅱ（中等）	Ⅲ（严重）	Ⅳ（很严重）

*　当湿陷量的计算值 $\Delta_s > 600$mm、自重湿陷量的计算值 $\Delta_{zs} > 300$mm 时，可判为Ⅲ级，其他情况可判为Ⅱ级。

4. 湿陷起始压力 p_{sh}

黄土的湿陷是在一定压力作用下产生的，当在某个压力作用下，即使浸水也只产生压缩变形，不会湿陷，这个界限压力值称为湿陷起始压力 p_{sh}。此数值在地基基础设计中是很有用处的，比如在设计中使基础底面的压力小于湿陷起始压力 p_{sh}，可以避免湿陷的产生，按非湿陷性地基进行设计。

湿陷起始压力值可以采用室内压缩试验（单线法或双线法）确定。如图 9-1 所示，在 p-δ_s 曲线上取 $\delta_s = 0.015$ 所对应的压力作为湿陷起始压力值。

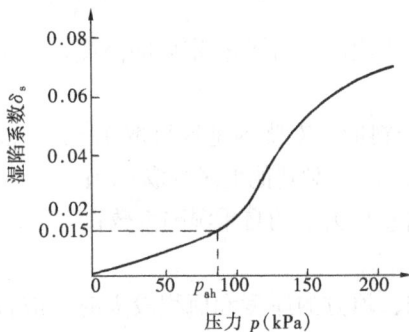

图 9-1　湿陷系数与压力关系曲线

三、湿陷性黄土地基的工程措施

为了保证湿陷性黄土地基上建筑物的正常使用，应根据建筑物的重要性、地基受水浸湿的可能性、地基湿陷性的类别、湿陷等级、地下水变化情况和使用上对不均匀沉降限制的严格程度，因地制宜，采取必要的工程措施。

1. 地基处理

地基处理的目的在于破坏湿陷性黄土的大孔结构，全部或部分消除地基的湿陷性，这是防止黄土湿陷性危害的主要措施。常用的地基处理方法有垫层法、重锤夯实法、强夯法、挤密法、预浸水法和化学灌浆加固法等，参阅第八章。也可采用桩基础穿透全部湿陷性土层，将上部荷载传到深层压缩性较低的非湿陷性土层上。

2. 防水措施

湿陷性黄土在天然状态下，一般强度较高、压缩性小。采用防水措施就是为了防止地基土受水浸入而湿陷，根据防水要求不同，有以下三种措施。

（1）基本防水措施：在建筑物布置、场地排水、屋面排水、地面防水、散水、排水沟、管道敷设、管道材料和接口等方面采取措施防止雨水或生产、生活用水的渗漏。

（2）检漏防水措施：在基本防水措施的基础上，对防护范围内的地下管道，增设检漏管沟和检漏井，避免漏水浸泡局部地基土。

（3）严格防水措施：在检漏防水措施的基础上，提高防水地面、排水沟、检漏管沟和检漏井等设施的设计标准。

3. 减轻地基不均匀沉降措施

对未处理或处理后仅消除部分湿陷性的地基上的建筑物，除了采取防水措施外，还应采取其他措施减轻地基的不均匀沉降，或使结构适应地基的湿陷变形。这些措施是前两项措施的补充，具体措施可以参考第六章第七节。

第二节 膨 胀 土 地 基

一、膨胀土地基的特征及对建筑物的危害

1. 膨胀土的一般特征

膨胀土是土中黏性成分主要由亲水性矿物组成，具有显著的吸水膨胀软化和失水收缩开裂变形特性的一种黏性土，通常强度较高、压缩性低。膨胀土在我国分布广泛，以黄河流域及其以南地区较多，湖北、河南、广西、云南等20多个省、市、自治区均有膨胀土。

我国膨胀土形成的地质年代大多数为第四纪晚更新世（Q_3）及其以前，少量为全新世（Q_4）。颜色呈黄、黄褐、红褐、灰白或花斑等色。膨胀土多呈坚硬—硬塑状态，液性指数I_L常接近0或小于0，孔隙比一般在0.6～1.2之间，结构致密，压缩性较低。

裂隙发育是膨胀土的一个重要特征，常见光滑面或擦痕。裂隙有竖向、斜交和水平三种，裂隙间常充填灰绿、灰白色黏土。竖向裂隙常露出地表面，裂隙宽度随深度增加而逐渐尖灭；斜交剪切裂隙越发育，膨胀性越严重。膨胀土分布地区还有一个特点，即在旱季常出现地裂，长可达数十米至百米，深数米，在雨季则可闭合。

我国膨胀土，按地貌、地层、岩性、矿物成分等因素，以工程地质方法分为四类，见表9-2。

2. 膨胀土的危害

一般黏性土都具有胀缩性，但胀缩量不大时，对工程没有太大的影响。而膨胀土的膨胀—收缩—再膨胀的往复变形特性非常显著。这造成膨胀土地基上的建筑物，随季节气候变化会反复不断地产生不均匀的抬升和下沉，使建筑物破坏，破坏具有下列规律：

表 9-2 膨胀土工程地质类型

类型		岩 性	孔隙比 e	液限 w_L (%)	自由膨胀率 δ_{ef} (%)	膨胀力 p_e (kPa)	线缩率 δ_s (%)	分布地区
Ⅰ (湖相)		1. 黏土、黏土岩：灰白、灰绿为主，灰黄、褐色次之	0.54～0.84	40～59	40～90	70～310	0.7～5.8	邯郸、襄阳、宁明、昭通、个旧、鸡街、蒙自、平顶山
		2. 黏土：灰色及灰黄色	0.92～1.29	58～80	56～100	30～150	4.1～13.2	
		3. 粉质黏土、泥质粉细砂、泥灰岩：灰黄色	0.59～0.89	31～48	35～50	20～134	0.2～6.0	郧县、荆门、枝江、安康、汉中、临沂、成都、合肥、南宁
Ⅱ (河相)		1. 黏土：褐黄、灰褐色	0.58～0.89	38～54	40～77	53～204	1.8～8.2	
		2. 粉质黏土：褐黄、灰白色	0.53～0.81	30～40	35～53	40～100	1.0～3.6	
Ⅲ (滨海相)		1. 黏土：灰白、灰黄色，层理发育，有垂向裂隙、含砂	0.65～1.30	42～56	40～52	10～67	1.6～4.8	湛江、海口
		2. 粉质黏土：灰色、灰白色	0.62～1.41	32～39	22～34	0～22	2.4～6.4	
Ⅳ (残积土)	Ⅳ-1 (碳酸盐岩石地区)	1. 下部黏土：褐黄、棕黄色	0.87～1.35	51～86	30～75	14～100	1.2～7.3	贵港、柳州、来宾
		2. 上部黏土：棕红、褐色等色	0.82～1.34	47～72	25～49	13～60	1.1～3.8	昆明、砚山
	Ⅳ-2 (老第三系地区)	1. 黏土、黏土岩、页岩、泥岩：灰、棕红、褐色	0.50～0.75	35～49	42～66	25～40	1.1～5.0	开远、广州、中宁、盐池、哈密
		2. 粉质黏土、泥质砂岩及砂质页岩等	0.42～0.74	24～37	35～43	13～180	0.6～5.3	
	Ⅳ-3 (火山灰地区)	黏土：褐红夹黄、灰黑色	0.81～1.00	51～58	81～126		2.0～4.0	儋州

（1）建筑物的开裂具有地区性成群出现的特点，建筑物裂缝随气候变化不停地张开和闭合。而且以低层轻型、砖混结构损坏最为严重，因为这类房屋重量轻、整体性较差，且基础埋置浅，地基土容易受外界环境变化的影响而产生胀缩变形。

（2）房屋在垂直和水平方向都受弯和受扭，故在房屋转角处首先开裂，山墙上出现对称或不对称的倒八字形、X 形裂缝。外纵墙基础由于受到地基在膨胀过程中产生的竖向切力和侧向水平推力的作用，造成基础移动而产生水平裂缝和位移，室内地坪和楼板发生纵向隆起开裂。

（3）膨胀土边坡不稳定，地基会产生水平方向和垂直方向的变形，坡地上的建筑物损坏要比平地上更严重。此外，膨胀土的胀缩性还会使公路路基发生破坏，堤岸、路堑产生滑坡，涵洞、桥梁等刚性结构物产生不均匀沉降，导致开裂等。

二、影响膨胀土变形的主要因素

膨胀是指在一定条件下土的体积因不断吸水而增大的过程，收缩是指由于日照蒸发、树根吸水等使土中水分减少，体积变小的过程。膨胀土具有膨胀和收缩两种变形特性，可归因于内在因素和外部因素两方面。

1. 膨胀土胀缩性的内在因素

（1）矿物成分。膨胀土主要由蒙脱石、伊利石等亲水性矿物组成。蒙脱石矿物亲水性强，具有既容易吸水又容易失水的强烈的活动性。伊利石亲水性比蒙脱石低，但也有较高的活动性。

（2）微观结构特征。膨胀土中普遍存在着片状黏土矿物，颗粒彼此叠聚成面——面接触的微观结构。这种结构比团粒结构具有更大的吸水膨胀、失水收缩的能力。

（3）黏粒的含量。由于黏土颗粒细小，比表面积大，而具有很大的表面能，对水分子和水中阳离子的吸附能力强。因此，土中黏粒含量越多，则土的膨胀性越强。

（4）土的天然孔隙比和含水率。对于含有一定数量蒙脱石和伊利石的黏土来说，当其在同样的天然含水率条件下浸水，天然孔隙比越小，土的膨胀越大，失水后的收缩越小；反之亦然。因此，在一定条件下，土的天然孔隙比是影响胀缩变形的一个重要因素。此外，土中原有的含水率与土体膨胀所需的含水率相差越大时，则遇水后的膨胀越大，而失水后的收缩越小。

（5）土的结构强度。土的结构强度越大，限制胀缩变形的能力也越大。当土的结构受到破坏以后，土的胀缩性随之增强。

2. 膨胀土胀缩性的外部因素

（1）气候条件的影响。从现有的资料分析，膨胀土分布地区年降雨量大多集中在雨季，继之是延续较长的旱季。如果建筑场地潜水位较低，则表层膨胀土受大气影响，土中水分处于剧烈的变动之中。在雨季，土中水分增加，在干旱季节则减少。房屋建造后，室外土层受季节性气候影响较大，因此，基础的室内外两侧土的胀缩变形产生了明显的差别，有时甚至外缩内胀，而使建筑物受到反复的不均匀变形的影响。这样，经过一段时间以后，就会导致建筑物的开裂。野外实测资料表明，季节性气候变化对地基土中水分的影响随深度的增加而递减。因此，确定建筑物所在地区的大气影响深度对防治膨胀土的危害具有实际意义。

（2）地形地貌的影响。这种影响实质上仍然与土中水分的变化相联系。通常低地的膨胀土地基较高地的同类地基的胀缩变形要小得多；在边坡地带，坡脚地段比坡肩地段的同类地基的胀缩变形要小得多。

（3）建筑物周围的阔叶树对建筑物的胀缩变形造成的影响。在炎热和干旱地区，建筑物周围的阔叶树（特别是不落叶的桉树）对建筑物的胀缩变形造成不利影响。尤其在旱季，由于树根的吸水作用，会使土中的含水率减少，更加剧了地基土的干缩变形，使附近有成排树木的房屋产生裂缝。

（4）日照的时间和强度的影响。许多调查资料表明，房屋向阳面（即东、南、西三面，尤其是南、西面）开裂较多，背阳面（即北面）开裂较少。另外建筑物内、外有局部水源补给时，会增加胀缩变形的差异。有热源或冷源设施的建筑物如无隔热措施，也会因不均匀变形而开裂。

三、膨胀土的工程特性指标及地基评价

1. 膨胀土的工程特性指标

为了判别膨胀土以及评价膨胀土的胀缩性，常用下述一系列的胀缩性指标：

（1）自由膨胀率 δ_{ef}。人工制备的烘干土，经充分吸水膨胀稳定后，在水中增加的体积与原体积之比，称为自由膨胀率 δ_{ef}。按下式计算

$$\delta_{ef}=\frac{V_w-V_0}{V_0} \tag{9-5}$$

式中　V_w——土样在水中膨胀稳定后的体积，mL；

　　　　V_0——干土样原有体积，mL。

自由膨胀率 δ_{ef} 表示膨胀土在无结构力影响下和无压力作用下的膨胀特性，它可反映土的矿物成分及含量，可用来初步判定是否是膨胀土。

（2）膨胀率 δ_{ep}。原状土在侧限压缩仪中，在一定的压力下，浸水膨胀稳定后，土样增加的高度与原高度之比。表示为

$$\delta_{ep}=\frac{h_w-h_0}{h_0} \tag{9-6}$$

式中　h_w——土样浸水膨胀稳定后的高度，mm；

　　　　h_0——土样原始高度，mm。

膨胀率 δ_{ep} 可用来评价土的胀缩等级，计算膨胀土地基的变形量以及测定膨胀力。

（3）线缩率 δ_s 和收缩系数 λ_s。膨胀土失水收缩，其收缩性可用线缩率和收缩系数表示。它们是地基变形计算中的两项主要指标。

线缩率指土的竖向收缩变形与原状土样高度之比，表示为

$$\delta_s=\frac{h_0-h_i}{h_0}\times100\% \tag{9-7}$$

式中　h_i——某含水率 w_i 时的土样高度，mm；

　　　　h_0——土样的原始高度，mm。

绘制线缩率与含水率关系曲线如图 9-2 所示，可见随含水率减小，δ_s 增大。图中 ab 直线段为收缩阶段，bc 曲线段为收缩过渡阶段，至 c 点后，含水率虽然继续减小，但体积收缩已基本停止。利用直线收缩段可求得收缩系数 λ_s，它表示原状土样在直线收缩阶段，含水率减少 1% 时的竖向线缩率，按下式计算

$$\lambda_s=\frac{\Delta\delta_s}{\Delta w} \tag{9-8}$$

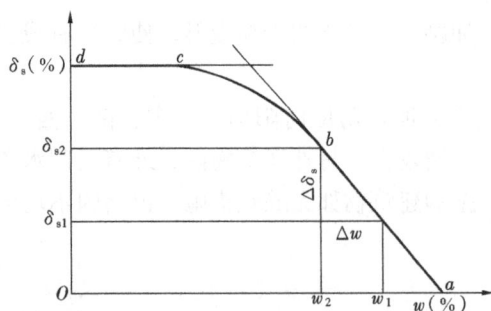

式中　Δw——收缩过程中，直线变化阶段内，两点含水率之差，$\%$；

　　　　$\Delta\delta_s$——两点含水率之差对应的竖向线缩率之差，$\%$。

（4）膨胀力 p_e。原状土样在体积不变时，由于浸水膨胀产生的最大内应力，称为膨胀力 p_e。以各级压力下的膨胀率 δ_{ep} 为纵坐标，压力 p 为横坐标，将试验结果绘制成 $p-\delta_{ep}$ 关系曲线，该曲线与横坐标轴

图 9-2　线缩率与含水率关系曲线

的交点即为膨胀力 p_e，如图 9-3 所示。膨胀力 p_e 在选择基础形式及基底压力时，是一个很有用的指标，在设计上如果希望减小膨胀变形，应使基底压力接近 p_e。

2. 膨胀土地基的评价

（1）膨胀土的判别。根据我国大多数膨胀土地区工程经验，判断膨胀土的主要依据是工程地质特征与自由膨胀率 δ_{ef}。《膨胀土地区建筑技术规范》判定，凡自由膨胀率 $\delta_{ef} \geqslant 40\%$，且具有上述工程地质特征及建筑物破坏形态的场地应判断为膨胀土地基。

（2）膨胀土的膨胀潜势。判定膨胀土以后，要进一步确定膨胀土的胀缩性能，也就是胀缩强弱。

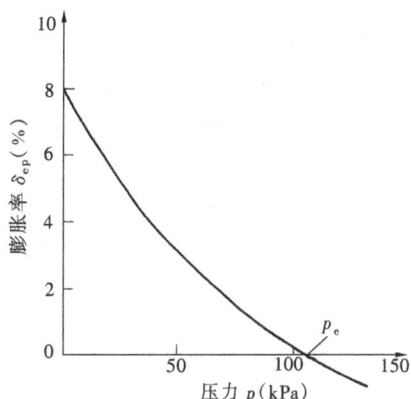

图 9-3　膨胀率与压力关系曲线

《膨胀土地区建筑技术规范》按自由膨胀率 δ_{ef} 大小划分膨胀潜势强弱，即反映土体内部积蓄的膨胀势能大小，来判别土的胀缩性高低。膨胀土的膨胀潜势按 δ_{ef} 大小划分为三类，见表 9-3。调查表明：δ_{ef} 较小的膨胀土，膨胀潜势较弱，建筑物损坏轻微；δ_{ef} 较大的膨胀土，膨胀潜势较强，建筑物损坏严重。

（3）膨胀土地基的胀缩等级。膨胀土地基评价，应根据地基的膨胀、收缩变形对低层砖混房屋的影响进行，这是因为轻型结构的基底压力小，胀缩变形大，易于引起结构破坏，所以我国规范规定地基的胀缩等级以 50kPa 压力下（相当于一层砖石结构的基底压力）测定土的膨胀率 δ_{ep}，计算地基分级变形量 S_c，作为划分胀缩等级的标准，见表 9-4。

表 9-3　膨胀土的膨胀潜势分类

δ_{ef}（%）	膨胀潜势
$40 \leqslant \delta_{ef} < 65$	弱
$65 \leqslant \delta_{ef} < 90$	中
$\delta_{ef} \geqslant 90$	强

表 9-4　膨胀土地基的胀缩等级

地基分级变形量 S_c（mm）	级别	破坏程度
$15 \leqslant S_c < 35$	Ⅰ	轻微
$35 \leqslant S_c < 70$	Ⅱ	中等
$S_c \geqslant 70$	Ⅲ	严重

四、膨胀土地基变形的计算原则及建筑工程措施

（一）膨胀土地基的变形计算原则

按场地的地形条件，可将膨胀土建筑场地分为：①平坦场地，指地形坡度小于 5°，或地形坡度为 5°～14°且距坡肩水平距离大于 10m 的坡顶地带；②坡地场地，地形坡度等于或大于 5°，或地形坡度小于 5°，但同一建筑物范围内地形高差大于 1m。位于平坦场地上的建筑物地基按变形控制设计；位于坡地场地上的建筑物除按变形控制设计外，尚应验算地基的稳定性。

膨胀土地基变形量可按下述三种情况分别计算：①当离地表 1m 处地基土的天然含水率等于或接近最小值时，或地面有覆盖且无蒸发可能时，以及建筑物在使用期间经常有水浸湿地基时，可按膨胀变形量计算；②当离地表 1m 处地基土的天然含水率大于 1.2 倍塑限含水率时，或地基直接受高温作用时，可按收缩变形量计算；③其他情况可按胀缩变形量，即收缩变形量加上膨胀变形量计算。具体计算公式见 GB 50112—2013《膨胀土地区建筑技术规范》5.2.8、5.2.9、5.2.14 条。把计算得到的地基变形量作为地基分级变形量确定膨胀土地基的胀缩等级。

膨胀土地基的计算变形量应满足 $s_j \leqslant [s_j]$。s_j 为天然地基或人工地基及采用其他处理措施后的地基计算变形值（mm）；$[s_j]$ 为建筑物的地基允许变形值（mm），见表 9-5。

表 9-5　　　　　　　　　　　膨胀土地基变形允许值

结　构　类　型		相对变形		变形量（mm）
		种类	数值	
砖混结构		局部倾斜	0.001	15
房屋长度三到四开间及四角有构造柱或配筋的砖混承重结构		局部倾斜	0.0015	30
工业与民用建筑相邻柱基	框架结构无填充墙时	变形差	$0.001l$	30
	框架结构有填充墙时	变形差	$0.0005l$	20
	基础不均匀升降时不产生附加应力的结构	变形差	$0.003l$	40

注　l 为相邻柱基的中心距（mm）。

膨胀土地基承载力特征值可按现场浸水载荷试验或其他原位测试，结合工程实践经验的方法综合确定。

对位于膨胀土坡地场地上的建筑物还需进行地基稳定性验算。

（二）建筑工程措施

1. 建筑措施

建筑物选址宜位于膨胀土层厚度均匀、地形坡度小的地段；建筑物宜避让涨缩性相差较大的土层，应避开地裂带，不宜建在地下水位变化大的地段。当无法避免时，应采取设置沉降缝或提高建筑结构整体抗变形能力等措施。

（1）建筑物体型力求简单，在下列部位宜设置沉降缝：①挖方与填方交界处或地基土显著不均匀处；②建筑物平面转折部位、高度或荷重有显著差异部位；③建筑结构或基础类型不同部位。

（2）屋面排水宜采用外排水，水落管不得设在沉降缝处，且其下端距散水面不应大于300mm。建筑物场地应设置有组织的排水系统。

（3）建筑物四周应设散水，其构造宜符合下列规定：①散水面层宜采用 C15 混凝土或沥青混凝土，散水垫层宜采用 2：8 灰土或三合土，面层和垫层厚度宜按表 9-6 选用，且面层应比垫层至少宽 200mm 并包裹垫层至垫层底部；②散水面层的伸缩缝间距不应大于 3m；③散水最小宽度应按表 9-6 选用，散水外缘距基槽不应小于 300mm，坡度应为 3‰～5‰；④散水与外墙的交接缝及散水之间的伸缩缝应填嵌柔性防水材料。

表 9-6　　　　　　　　　　　散　水　构　造　尺　寸

地基涨缩等级	散水最小宽度（m）	面层厚度（mm）	垫层厚度（mm）
Ⅰ	1.2	≥100	≥100
Ⅱ	1.5	≥100	≥150
Ⅲ	2.0	≥120	≥200

（4）平坦场地涨缩等级为Ⅰ级、Ⅱ级的膨胀土地基，当采用宽散水作为主要防治措施时，其构造除应符合散水构造的上述规定外，还应符合下列规定：①涨缩等级为Ⅰ级的膨胀

土地基散水宽度不应小于 2m，涨缩等级为Ⅱ级的膨胀土地基散水宽度不应小于 3m；②垫层厚度宜为 100～200mm；③面层与垫层之间应设 1：3 石灰焦渣作隔热保温层，厚度宜为 100～200mm。

（5）建筑物的室内地面设计应符合下列要求：①对使用要求严格的地面，可根据地基土的涨缩等级采取地面构造措施，详见 GB 50112—2013《膨胀土地区建筑技术规范》附录 J；涨缩等级为Ⅲ级的膨胀土地基和使用要求特别严格的地面，可采取地面配筋或地面架空等措施；经常用水房间的地面应设防水层，并应保持排水畅通。②大面积地面应设置分格变形缝；地面、墙体、地沟、地坑和设备基础之间宜用变形缝隔开，变形缝内应填嵌柔性防水材料。③对使用要求没有严格限制的工业与民用建筑地面，可按普通地面进行设计。

（6）建筑物周围的广场、场区道路和人行便道设计应符合下列要求：①建筑物周围的广场、场区道路和人行便道的标高应低于散水外缘；②广场应设置有组织的截水、排水系统，地面应设置分格变形缝，变形缝内应填嵌柔性防水材料；③场区道路宜采用 2：8 灰土上铺砌大块石及砂卵石垫层，其上再铺设沥青混凝土或沥青表面处置层，路肩宽度不应小于 0.8m；④人行便道宜采用预制块铺设，并宜与房屋散水相连接。

（7）建筑物周围散水以外空地宜多种草皮和绿篱；距建筑物外墙基础外缘 4m 以外的空地宜选用低矮、耐修剪和蒸腾量小的树木；在湿度系数小于 0.75 或孔隙比大于 0.9 的膨胀土地区，种植桉树、木麻黄、滇杨等速生树种时，应设置隔离沟，沟与建筑物距离不应小于 5m。

2．结构措施

建筑结构设计时应选择适宜的结构体系和基础形式，并应加强基础和上部结构的整体强度与刚度。

（1）砌体结构应采用实心砖墙作为承重墙，并采用钢筋混凝土圈梁、构造柱、过梁等构造措施提高结构整体刚度，具体做法见《膨胀土地区建筑技术规范》5.6.2～5.6.8 条。

（2）框、排架结构的围护墙体与柱应采取可靠拉接，且宜砌置在基础梁上，基础梁下宜预留 100mm 空隙，并应做好防水处理。

（3）吊车梁应采用简支梁，吊车梁与吊车轨道之间应采用便于调整的连接方式，避免吊车卡轨；吊车顶面与屋架下弦的净空不宜小于 200mm。

3．地基基础措施

膨胀土地基处理可采用换土、土性改良、砂石或灰土垫层等方法。换土可采用非膨胀土、灰土或改良土，换土厚度应通过变形计算确定。膨胀土土性改良可采用掺和水泥、石灰等材料，掺和比和施工工艺应通过试验确定。

（1）平坦场地上涨缩等级为Ⅰ级、Ⅱ级的膨胀土地基应采用砂、碎石垫层，垫层厚度不应小于 300mm。垫层宽度应大于基础宽度，两侧宜采用与垫层相同的材料回填，并应做好防、隔水处理。

（2）对较均匀且涨缩等级为Ⅰ级的膨胀土地基，可采用条形基础，基础埋深较大或基底压力较小时，宜采用墩基础；对涨缩等级为Ⅲ级或设计等级为甲级（膨胀土场地地基基础设计等级划分见《膨胀土地区建筑技术规范》3.0.2 条）的膨胀土地基，宜采用桩基础。

（3）膨胀土地基桩顶标高低于大气影响急剧层深度的高、重建筑物，可按一般桩基础设计。桩顶标高位于大气影响急剧层深度内的三层及三层以下的轻型建筑物，桩基础设计应符合下列要求：①按承载力计算时，单桩承载力特征值可根据当地经验确定，无资料时应通过现场载荷试验确定；②按变形计算时，桩基础升降位移应符合表 9-5 规定；桩端进入大气影响急剧层深度以下或非膨胀土层中的长度，应满足膨胀土膨胀时桩不被上拔、膨胀土收缩时仍满足承载力要求。

（4）当桩身受胀拔力时，应进行桩身抗拉强度和裂缝宽度控制验算，并应采用通长配筋。

（5）桩承台梁下应留有空隙，其值应大于土层浸水后的最大膨胀量，且不应小于100mm；承台梁两侧应采取防止空隙堵塞的措施。

4. 管道防渗措施

（1）给水管和排水管宜敷设在防渗管沟中，并应设置便于检修的检查井等设施；管道接口应严密不漏水，并宜采用柔性接头。

（2）地下管道及其附属构筑物的基础，宜设置防渗垫层。

（3）检漏井应设置在管沟末端和管沟沿线分段检查处，井内应设置集水坑。

（4）地下管道或管沟穿过建筑物的基础或墙时，应设预留孔洞。洞与管沟或管道间的上下净空不宜小于 100mm。洞边与管沟外壁应脱开，其缝隙应采用不透水的柔性材料封堵。

（5）对高压、易燃、易爆管道及其支架基础的设计，应采取防止地基土不均匀涨缩变形可能造成危害的地基处理措施。

5. 施工措施

（1）保持场地排水畅通，妥善管理施工用水，防止管网漏水。临时水池、洗料场、淋灰池、截洪沟及搅拌站等设施距建筑物外墙不应小于10m。临时生活设施距建筑物外墙不应小于15m，并应做好排（隔）水设施。

（2）地基基础施工宜采取分段快速作业，施工过程中基坑（槽）不得暴晒或泡水；地基基础工程宜避开雨天施工；雨期施工时应采取防水措施。

（3）基坑（槽）开挖时应在基底预留 150～300mm 土层，待验槽前继续挖除；验槽后应及时浇筑混凝土垫层或采取其他封闭措施。

（4）坡地土方施工时，挖方作业应由坡上方自上而下开挖，并注意保护坡脚，坡顶弃土至开挖线的距离应通过稳定性计算确定，且不应小于5m；填方作业应自下而上分层压实；坡面形成后应及时封闭。

（5）灌注桩成孔过程中严禁向孔内注水，孔底虚土清理后应及时灌注混凝土成桩。

（6）基础施工出地面后，基坑（槽）应及时分层回填，填料宜选用非膨胀土或经改良后的膨胀土，回填压实系数不应小于 0.94。

第三节 山 区 地 基

山区的工程地质条件比较复杂，具有与平原不同的工程特性：①具有如滑坡、崩塌、泥石流、岩溶和土洞等不良地质现象；②地质构造明显地影响着建筑物地基；③由于挖填方造成地基软硬不均、或边坡失稳；④基岩起伏多变，形成山区地基特有的土岩不均匀地基；⑤土层比较复杂，在平面和空间分布上都很不均匀；⑥山区地下水较丰富，特别是山麓地带常有地下水出露，若遇上断层水、承压水、岩溶水，疏干很不容易。

　　因此在山区建设中，必须认真搞好地质勘察工作，细致地进行地质测绘与调查，搞清地质条件与成因，以及岩性、产状、节理裂隙与水文地质条件等，然后进行工程地质分区，结合工程需要进行周密的工程地质勘探工作。勘探点的布置，应根据各工程地质分区进行，要突出重点。在工程施工阶段，应作好施工勘探与验槽工作。在场址选择和规划时，应因地制宜，结合山区特点进行合理布局。

一、土岩组合地基

1. 土岩组合地基的工程特性

　　土岩组合地基有三种情况，其工程特性可以按这三种情况来分别描述。

　　(1) 下卧基岩表面坡度较大的地基。由于基岩表面倾斜，使基底下土层厚薄不均，如图9-4所示，以致使地基的承载力和压缩性相差悬殊而引起建筑物不均匀沉降，上覆土层也有可能沿倾斜基岩表面滑动而造成失稳。

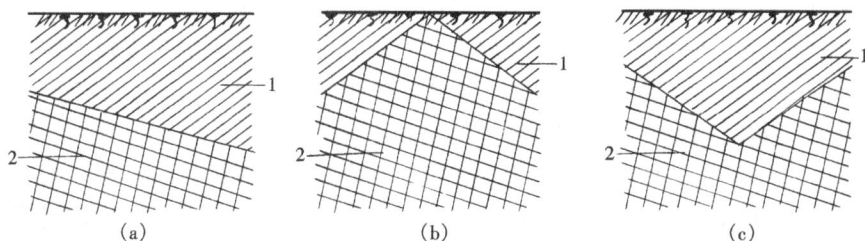

图9-4　基岩面与倾斜情况
(a) 基岩表面倾斜；(b) 基岩表面相背倾斜；(c) 基岩表面相向倾斜
1—土层；2—岩层

　　(2) 石芽密布并有出露的地基。这类地基一般在岩溶地区出现，如我国贵州、广西、云南等省。其特点是基岩表面起伏较大，石芽间多被红黏土所填充，如图9-5所示。即使采用很密集的勘探点，也不易查清岩面起伏变化的全貌。

　　(3) 大块孤石地基。地基中夹杂着大块孤石，如图9-6所示，这种地基多出现在山前洪积层或冰碛层中。这类地基类似于岩层面相背倾斜地基或个别石芽出露地基，其变形条件最为不利，建筑物极易开裂。

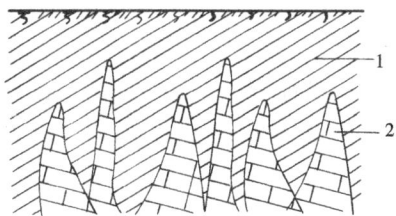

图9-5　石芽密布地基
1—土层；2—岩石

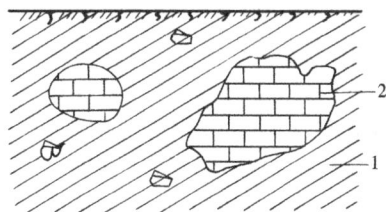

图9-6　大块孤石地基
1—土层；2—岩石

2. 土岩组合地基的变形

　　当土岩组合地基中下卧基岩为单向倾斜、岩面坡度大于10%、基底下的土层厚度大于1.5m时，若地基土承载力特征值、结构类型满足表9-7的要求时，可不作地基变形验算，否则应考虑刚性下卧层的影响，计算地基变形；若土岩界面上存在软弱层（如泥化带）时，应验算地基的整体稳定性；若土岩组合地基位于山间坡地、山麓洼地或冲沟地带，存在局部软弱土层时，应验算软弱下卧层的强度及不均匀变形。

表 9 - 7 下卧基岩表面允许坡度值

地基土承载力特征值 F_{ak}（kPa）	四层及四层以下的砌体承重结构，三层及三层以下的框架结构	具有 150kN 和 150kN 以下吊车的一般单层排架结构	
		带墙的边柱和山墙	无墙的中柱
≥150	≤15％	≤15％	≤30％
≥200	≤25％	≤30％	≤50％
≥300	≤40％	≤50％	≤70％

3. 土岩组合地基的处理

对于土岩组合地基的处理，可分为结构措施和地基处理两个方面。

（1）结构措施。对建造在软硬相差比较悬殊的土岩组合地基上的长度较大或造型复杂的建筑物，为减轻不均匀沉降造成的危害，宜采用沉降缝将建筑物分开，缝宽 30～50mm。必要时应加强上部结构的刚度，如加密隔墙，增设圈梁等。

（2）地基处理。地基处理措施可分为两大类。一类是处理压缩性较高部分的地基，使之适应压缩性较低的地基。例如采用桩基础、局部挖深、换填或用梁、板、拱跨越等方法。采用这类处理方法效果较好，费用也较高。另一类是处理压缩性较低部分的地基，使之适应压缩性较高的地基。例如采用褥垫法，在石芽出露部位做褥垫，也能取得良好效果。褥垫可采用炉渣、中砂、土夹石或黏性土等，厚度宜取 300～500mm。

对于石芽密布并有出露的地基，当石芽间距小于 2m，其间为硬塑或坚硬状态的红黏土时，对于房屋为六层和六层以下的砌体承重结构、三层和三层以下的框架结构或具有 150kN 和 150kN 以下吊车的单层排架结构，其基底压力小于 200kPa，可不作地基处理。

二、岩溶与土洞

岩溶是指可溶性岩层，如石灰岩、白云岩、石膏、岩盐等受水的长期溶蚀作用，在岩层中形成沟槽、裂隙、石芽、石林和空洞，以及由于空洞顶板塌落使地表产生陷穴、洼地等现象和作用的总称。我国岩溶分布较广，尤其是碳酸盐类岩溶，贵州、云南等省最为集中。

1. 岩溶发育条件和规律

岩溶发育的条件是：具有可溶性岩层；具有足够溶解能力和足够流量的水；地表水有下渗、地下水有流动的途径。岩溶的发育主要与岩性、地质构造、地形、气候等有关。岩溶场地可根据岩溶发育程度划分为三个等级，见表 9 - 8。

表 9 - 8 岩溶发育程度

等　级	岩 溶 场 地 条 件
岩溶强发育	地表有较多岩溶塌陷、漏斗、洼地、泉眼 溶沟、溶槽、石芽密布，相邻钻孔间存在临空面且基岩面高差大于 5m 地下有暗河、伏流 钻孔见洞隙率大于 30％或线岩溶率大于 20％ 溶槽或串珠状竖向溶洞发育深度达 20m 以上

等　级	岩溶场地条件
岩溶中等发育	介于强发育和微发育之间
岩溶微发育	地表无岩溶塌陷、漏斗 溶沟、溶槽较发育 相邻钻孔间存在临空面且基岩面相对高差小于2m 钻孔见洞隙率小于10％或线岩溶率小于5％

2. 岩溶场地的地基基础设计原则

（1）地基基础设计等级为甲级、乙级的建筑物主体宜避开岩溶发育地段。

（2）当岩溶场地存在下述情况之一且未经处理时，不应作为建筑物地基：①浅层溶洞成群分布，洞径大且不稳定的地段；②漏斗、溶槽等埋藏浅，其中充填物为软弱土体的地段；③土洞或塌陷等岩溶强发育地段；④岩溶水排泄不畅，有可能造成场地暂时淹没的地段。

（3）对于完整、较完整的坚硬岩及较硬岩地基，当符合下述条件之一时，可不考虑岩溶对地基稳定性的影响：①洞体较小，基础底面尺寸大于洞的平面尺寸，并有足够的支承长度；②顶板岩石厚度大于或等于洞的跨度。

（4）地基基础设计等级为丙级且荷载较小的建筑物，当符合下述条件之一时，可不考虑岩溶对地基稳定性的影响：①基础底面以下的土层厚度大于独立基础宽度的3倍或条形基础宽度的6倍，且不具备形成土洞的条件；②基础底面与洞体顶板间土层厚度小于独立基础宽度的3倍或条形基础宽度的6倍，洞隙或岩溶漏斗被沉积物填满，其承载力特征值超过150kPa，且无被水冲蚀的可能时；③基础底面存在面积小于基础底面积25％的垂直洞隙，但基底岩石面积满足上部荷载要求。

（5）不符合上述（3）、（4）两项所列条件时，应进行洞体稳定性分析；基础附近有临空面时，应验算向临空面倾覆和沿岩体结构面滑移的稳定性。

3. 岩溶地基稳定性评价和处理措施

对岩溶地基的评价与处理，是山区工业与民用建筑中经常遇到的问题。在这类地区进行建筑时，首先是查明与评价，其次是预防与处理。

（1）岩溶地基的评价。在岩溶地区首先要了解溶岩的发育规律、分布情况和稳定程度。岩溶对地基稳定性的影响，主要表现在：①在地基主要受力层范围内，如有岩洞、暗河等，在附加荷载或者振动作用下，溶洞顶板塌陷，使地基突然下沉；②溶洞、溶槽、石芽、漏斗等岩溶形态造成基岩面起伏较大，或者有软土分布，使地基不均匀沉降；③基础埋置在基岩上，其附近有溶沟、竖向岩溶裂隙、落水洞等，有可能使基础下岩层沿倾向上述临空面的软弱结构面产生滑动；④基岩和上覆土层内，由于岩溶地区较复杂的水文地质条件，易产生新的工程地质问题，造成地基恶化。

（2）不稳定的岩溶地基处理措施。在不稳定的岩溶地区进行建设，首先重要建筑物应避开溶岩强烈发育区，对一般的岩溶地基，也必须结合岩溶的形态、工程要求、施工条件和经济安全原则，考虑进行处理。具体措施如下：①对顶板不稳定的潜埋溶洞地基采用清爆换填，即清除覆土，爆开顶板，挖去松软填充物，分层回填上粗下细碎石滤水层，然后建造基础；②对较小的岩溶洞隙，可采用镶补、嵌塞与跨越等方法处理，对较大的岩溶洞隙可采用梁、板和拱等结构跨越，也可采用浆砌块石等堵塞措施以及洞底支撑或调整柱距等方法处理，跨越结构应有可靠的支承面，梁式结构在稳定岩石上的支承长度应大于梁高的 1.5 倍；③基底有不超过 25％基底面积的溶洞（隙）且充填物难以挖除时，宜在洞隙部位设置钢筋混凝土底板，底板宽度应大于洞隙，并采取措施保证底板不向洞隙方向滑移，也可以在洞隙部位设置钻孔灌注桩进行穿越处理；④对于荷载不大的低层和多层建筑，围岩稳定，如溶洞位于条形基础末端，跨越工程量大，可按悬臂梁设计基础，若溶洞位于单独基础重心一侧，可按偏心荷载设计基础；⑤岩溶水的处理应采取疏导的原则，一般采用排水隧洞、排水管道等进行疏导，以防止水流通道堵塞，造成动水压力对基坑底板、地坪及道路等的不良影响。

4. 土洞的综合分析与处理

土洞是地下溶洞的伴生产物，是地下水通过溶洞裂隙流动而对上方土层产生潜蚀作用的结果。在地下水强烈活动于土岩交界面的地区，应考虑土洞对地基的影响，获取土洞发育程度的资料，预测地下水的变化趋势。在地下水位高于基岩表面的岩溶地区，应注意人工降水引起土洞进一步发育或地表塌陷的可能性及对周边环境的影响。施工时应特别重视基槽检验与局部处理。

由地表水形成的土洞或塌陷，应采取地表截流、防渗或堵塞等治水措施，并根据土洞埋深分别选用挖填、灌砂等方法处理。由地下水形成的塌陷及浅埋土洞，应清除软土，抛填块石作反滤层，面层用黏土夯填；深埋土洞宜用砂、砾石或细石混凝土灌填。在上述处理的同时，尚应采用梁、板或拱跨越。对重要建筑物可采用桩基础。

三、红黏土地基

在碳酸盐系岩石（石灰岩、白云岩等）形成的石芽密布的土岩组合地基中，石芽间多被红黏土填充。这种红黏土的天然含水率、天然孔隙比、液限、饱和度同淤泥、淤泥质土相当，却具有较高的力学强度和较低的压缩性，这与普通黏土完全不同。红黏土具有胀缩性，但原状红黏土浸水膨胀量很小，而失水收缩量却较大，这与一般膨胀土又不相同。因此，红黏土是一种特殊的地基土。

1. 红黏土的成因与分布

碳酸盐系岩石（石灰岩、白云岩等）及其间夹杂的其他岩石，在炎热湿润的气候条件下经红土化作用形成液限大于等于 50％的棕红或褐黄等颜色的高塑性黏土，称为原生红黏土。原生红黏土经流水搬运、沉积后仍保留其基本特征且液限大于 45％时，判为次生红黏土。红黏土地基具有上硬下软、表面收缩、裂隙发育等特征，在贵州、云南、广西分布最为广泛和典型，其次是四川盆地南缘及东部、鄂西、湘西、湘南、粤北、皖南、浙西，零星分布于陕南、鲁南、辽东等地。

2. 红黏土的工程地质特征

（1）矿物与化学成分。红黏土的矿物成分主要为高岭石、伊利石、绿泥石，化学成分主要有 SiO_2、Fe_2O_3、Al_2O_3。土中粒径小于 0.005mm 的黏粒占 60％～80％，其中粒径小于 0.002mm 的胶粒占土总量的 40％～70％。这种黏土矿物具有稳定的结晶格架，细粒组结成稳固的团粒结构，土体近于二相体（孔隙接近水饱和）且土中水又多为结合水，这使得红黏土具有良好的力学性能。

（2）物理力学性质。红黏土的物理力学特性如下：①天然含水率高，一般为 30％～

60％，最高可达90％；②天然孔隙比大，一般为1.1～1.7，最大超过2.0；③界限含水率高，液限45％～100％，甚至达到110％，塑限一般25％～55％，塑性指数一般为25～50，液性指数一般为－0.1～0.6，常处于坚硬、硬塑或可塑状态，红黏土的软硬状态划分标准与一般黏土不同，见表9-9；④饱和度一般在90％以上，甚至坚硬土也处于饱水状态；⑤有较高的强度和较低的压缩性，三轴固结快剪抗剪强度指标$c=50\sim160$kPa，$\phi=10\sim22°$，静载荷试验比例界限160～300kPa，压缩系数$a_{1-2}=0.1\sim0.4$MPa^{-1}，$E_s=6\sim16$MPa，属于中压缩性土；⑥原状土浸水膨胀很小，一般小于2％，但失水后收缩强烈，原状土体积收缩率可达25％。

表9-9　　　　　　　　　　　　　　　　红黏土状态分类标准

土的状态	坚硬	硬塑	可塑	软塑	流塑
含水比 a_w	$a_w \leq 0.55$	$0.55 < a_w \leq 0.70$	$0.70 < a_w \leq 0.85$	$0.85 < a_w \leq 1.00$	$a_w > 1.00$
液性指数 I_L	$I_L \leq 0$	$0 < I_L \leq 0.33$	$0.33 < I_L \leq 0.67$	$0.67 < I_L \leq 1.00$	$I_L > 1.00$

注　1. 含水比是指土的天然含水率与液限的比值。

　　2. 据统计，红黏土的含水比与液性指数有线性关系：$a_w = 0.45I_L + 0.55$。

3. 红黏土地基评价与地基处理

（1）地基土上硬下软。红黏土自地表向下由硬变软，据统计，上部坚硬、硬塑土层厚度一般大于5m，约占总厚度的75％以上，其下可塑土层约占10％～20％，位于基岩凹部溶槽内的软塑、流塑土层约占5％～10％，软塑、流塑土层水平分布往往不连续。红黏土作一般建筑物的天然地基时，附加应力随深度减小的幅度往往快于地基土随深度变软承载力下降的幅度。多数情况下，持力层承载力满足要求时，下卧层也能满足要求。

（2）胀缩性与裂隙性。原状红黏土天然孔隙比很大，使得浸水膨胀量很小而失水收缩量大，其胀缩性与一般膨胀土不同。失水收缩量大导致地表网状裂隙较发育，一般深度2～4m，最深可达8m。裂隙破坏了土体的整体性和连续性，使土体强度显著降低，对地基稳定性有很大影响。因此，基坑开挖时宜采取保湿措施，防止失水干裂。为避免地基干缩引起的建筑物开裂，可采取与膨胀土地基类似的措施。

（3）土层厚度不均匀。红黏土地基分布在低山丘陵地带顶部和山间盆地、洼地、缓坡和坡脚地段。古岩溶岩层上堆积的红黏土层，由于基岩起伏变化及风化深度不同，厚度变化极不均匀，常见厚度为5～8m，最薄的不足1m，最厚的超过30m，常见水平方向咫尺之隔，厚度相差10m之巨，形成复杂的土岩组合地基，土层中常有石芽、岩溶、土洞分布。地基处理措施见土岩组合地基与岩溶土洞部分。

第四节　地震区的地基基础

一、地震的概念

地震是地球内部构造运动的产物，是一种自然现象。地震按其成因分为4种类型：①构造地震：由于地壳运动，推挤地壳岩层使其薄弱部位发生断裂错动而引起的地震，这种地震最为常见，占地震总数的90％；②火山地震：由于火山爆发，岩浆猛烈冲出地面而引起的地震；③陷落地震：由于地表或地下岩层，如石灰岩地区较大的地下溶洞或古旧矿坑等突然发生大规模陷落和崩塌时所引起小范围内的地面震动；④诱发地震：由于水库蓄水或深井注水以及地下核试爆等引起的地面震动。

地层构造运动中，在断层形成的地方，释放大量能量，产生剧烈振动的地震发源地叫做震源，震源正上方的地面位置称为震中。按震源的深浅将地震分为：浅源地震（深度＜60km）、中源地震（深度 60～300km）、深源地震（深度＞300km）。一年中世界所有地震释放能量的约 85% 来自浅源地震。

1. 地震波及地震反应

地震引起的振动以波的形式从震源向各个方向传播并释放能量，这就是地震波，它包含在地球内部传播的体波和只限于在地面传播的面波。

体波有纵波和横波两种形式。纵波是由震源向远处传播的压缩波，在传播过程中，其介质质点的振动方向与波的前进方向一致，周期短，振幅小，破坏力较小。横波是由震源向远处传播的剪切波，在传播过程中，其介质质点的振动方向与波的前进方向垂直，周期较长，振幅较大，破坏力较大。面波是体波经地壳分层界面多次反射形成的次生波，沿地壳浅表层传播，其周期长，振幅大，破坏力最大。

当地震波在土层中传播时经过不同土层界面的多次反射，将出现不同周期的地震波。若某一周期的地震波与地表土层的固有周期相近时，由于共振作用该地震波的振幅将显著增大，其周期称为卓越周期。若建筑物的基本周期与场地土层的卓越周期相近，将由于共振作用增大振幅，导致建筑物破坏。

2. 地震的震级和烈度

（1）震级。震级是表示地震本身所释放能量大小的量度，以里氏震级 M 表示，震级每增加一级，地震能量约增加 32 倍。一般说来，$M<3$ 的地震，人们不易感觉到，称为微震或弱震；$3 \leqslant M < 4.5$ 的地震称为有感地震；$M \geqslant 4.5$ 的地震，对建筑物要引起不同程度的破坏，统称为破坏性地震，其中 $4.5 \leqslant M < 6$ 的地震称为中强地震，$6 \leqslant M < 7$ 的地震称为强地震，$7 \leqslant M < 8$ 的地震称为大地震；$M \geqslant 8$ 的地震称为特大地震。

（2）地震烈度。地震烈度是指某一地区的地面和各类建筑物遭受地震影响的破坏程度。对于一次地震，表示地震强度的震级只有一个，但它对不同地点的影响是不一样的。通常距震中越远，地震影响越小，烈度就越低。此外，地震烈度还与震级大小、震源深度、震源机制、地震传播介质、场地工程地质与水文地质条件、建筑物性能等许多因素有关。为了评定地震烈度，就需要建立一个标准，这个标准称为地震烈度表。它是根据地震时地震基本加速度、建筑物损坏程度、地貌变化特征、地震时人的感觉、家具器物的反应程度等方面进行区分，我国分为 12 度。6 度时人畜惊慌，无抗震设防的房屋轻微受损，7 度及以上为破坏性地震，11 度及以上为毁灭性地震。

（3）基本烈度和设防烈度。各地区的实际烈度受到各种复杂因素的影响，我国制定的《建筑抗震设计规范》中提出了"基本烈度"和"设防烈度"的概念。基本烈度是指一个地区在今后 50 年期限内，在一般场地条件下可能遭遇超越概率为 10% 的地震烈度，根据国家地震局和住房城乡建设部联合发布的《中国地震烈度区划图》确定；设防烈度是指，按国家规定的权限批准作为一个地区抗震设防依据的地震烈度，一般取基本烈度。《建筑抗震设计规范》适用的抗震设防烈度为 6～9 度。抗震设防烈度大于 9 度的地区，其抗震设计应按有关专门规定执行。

二、地震震害及场地因素

1. 地震震害

地球上发生的强烈地震常造成大量人员伤亡、大量建筑物破坏，交通、生产中断，水、火和疾病等次生灾害发生。我国处在世界上两大地震带—环太平洋地震带和欧亚地震带之间，是一个地震多发国家，约有 2/3 的省区发生过破坏性地震。地震所带来的破坏主要表现在：

（1）地基震害。地震造成地基的破坏有地基振动液化、震陷、山石崩裂和滑坡、地裂等现象。

1）地基液化主要发生在饱和粉砂、细砂和粉土中，其宏观标志为：地表开裂、喷水、冒砂，引起上部建筑物产生巨大沉降、严重倾斜和开裂。

2）地震时，地面产生的巨大附加下沉称为震陷。此种现象多发生在中砂和软黏土中，还有岩溶地区等。它不仅使建筑物发生过大沉降，而且产生较大的不均匀沉降和倾斜，影响建筑物的安全和使用。

3）地震造成山石崩裂的塌方量可达近百万方，崩塌的石块可阻塞公路，中断交通，或堵塞河流形成堰塞湖。在陡坡附近还会发生滑坡。

4）地震时出现的地裂有两种，一种是构造性裂缝，是较厚覆盖土层内部的错动而产生的；另一种是重力式裂缝，它是斜坡滑坡或上覆土层沿倾斜下卧层层面滑动而引起的地面张裂。

（2）建筑物损坏。建筑物破坏情况与结构类型、抗震措施有关。主要有承重结构强度不足而造成破坏，如墙体裂缝，钢筋混凝土柱剪断或混凝土被压碎，房屋倒塌，砖烟囱错位折断等；还有由于节点强度不足，延性不够，锚固不够等使结构丧失整体性而造成破坏。

（3）引发次生灾害。地震往往伴随次生灾害，如水灾、火灾、毒气污染、滑坡、泥石流、海啸等，由此引起的破坏也非常严重。

2. 场地因素

建筑物场地的地形条件、地质构造、地下水位及场地覆盖层厚度、场地类别对地震灾害的程度都有显著影响。条形突出的山嘴、高耸孤立的山丘、非岩石或强风化岩石的陡坡、河岸及边坡边缘等，均对建筑抗震不利。场地地质构造中具有断层时，不宜将建筑物横跨其上，以免可能发生的错位或不均匀沉降带来危害。地下水位越高震害越重。震害随场地覆盖层厚度增加而加重。

场地土质条件不同，建筑物破坏程度也有很大差异，一般是软弱地基比坚硬地基更容易产生不稳定状态和不均匀下陷甚至发生液化、滑动、开裂等现象。《建筑抗震设计规范》规定，建筑场地类别根据场地土类型和场地覆盖层厚度划分为 4 类，见表 9-10。

表 9-10　　　　　　　　　　　各类建筑场地的覆盖层厚度　　　　　　　　　　　　m

土 的 类 型	岩石的剪切波速 v_s 或土的等效剪切波速 v_{se}（m/s）	场 地 类 别				
		I_0	I_1	II	III	IV
岩石	$v_s > 800$	0				
坚硬土或软质岩石	$800 \geqslant v_s > 500$		0			
中硬土	$500 \geqslant v_{se} > 250$			<5	$\geqslant 5$	
中软土	$250 \geqslant v_{se} > 150$			<3	3～50	>50
软弱土	$v_{se} \leqslant 150$			<3	3～15	15～80	>80

Ⅰ类场地是抗震最理想的地基，Ⅱ类场地为较好的地基，Ⅳ类场地震害最严重。

三、地基基础设计原则

1. 基本原则

抗震设防的基本原则概括起来是"小震没有事，中震没啥事，大震不出事"。当遭遇低于本地区设防烈度的多遇地震时，一般不受损失或不需修理，当遭遇相当于本地区设防烈度的地震时，经一般修理或不需修理仍可继续使用，当遭遇高于本地区设防烈度的罕遇地震时，不致倒塌或发生危及生命的严重破坏。

对于地基及基础，抗震设防应遵循下列原则：

（1）宜选择对建筑抗震有利地段，如开阔平坦的坚硬场地土等地段。宜避开对建筑物不利地段，如软弱场地土、易液化土等，如果无法避开时，应采取相应的构造措施或地基处理措施。为保证建筑物安全，还应考虑建筑物基本周期避开地层卓越周期，防止共振危害。

（2）同一结构单元不宜设置在性质截然不同的地基土上，也不宜部分采用天然地基，部分采用桩基。地基有软弱土时，宜加强基础和上部结构的整体性和刚性。

（3）合理加大基础埋置深度，正确选择基础类型来加强基础防震性能以减轻上部结构的震害。

2. 天然地基抗震验算

考虑地震作用属于特殊作用，作用时间短，天然地基的抗震承载力应符合下列各式

$$p \leqslant f_{aE} \tag{9-9}$$

$$p_{max} \leqslant 1.2 f_{aE} \tag{9-10}$$

$$f_{aE} = \zeta_s f_a \tag{9-11}$$

式中　p——地震作用效应标准组合的基础底面平均压力，kPa；

p_{max}——地震作用效应标准组合的基础底面边缘最大压力，kPa；

f_{aE}——调整后地基土抗震承载力，kPa；

ζ_s——地基土抗震承载力调整系数，按场地土质状况分别取 1.5，1.3，1.1，1.0。具体可参见《建筑抗震设计规范》第 4.2.3 条；

f_a——经过深宽修正后地基承载力特征值，kPa。

3. 液化地基抗震设计

存在饱和砂土和饱和粉土（不含黄土）的地基，除 6 度设防外，应进行液化判别。

（1）地质年代为第四纪晚更新世（Q_3）及其以前时，7、8 度时可判为不液化土；

（2）粉土的黏粒（粒径小于 0.005mm 的颗粒）含量百分率，7、8、9 度分别不小于 10、13 和 16 时可判为不液化土；

（3）浅埋天然地基的建筑，当上覆非液化土层厚度和地下水位深度符合下列条件之一时，可不考虑液化影响

$$d_u > d_0 + d_b - 2 \tag{9-12a}$$

$$d_w > d_0 + d_b - 3 \tag{9-12b}$$

$$d_u + d_w > 1.5d_0 + 2d_b - 4.5 \tag{9-12c}$$

式中　d_u——上覆非液化土层厚度，m；计算时宜将淤泥和淤泥质土扣除。

　　　d_w——地下水位深度，m；宜按设计基准期内年平均最高水位采用，也可按近期内最高水位采用。

　　　d_b——基础埋置深度，m；不超过 2m 时应采用 2m。

　　　d_0——液化土特征深度，m；可按表 9-11 采用。

　　当初步判断认为需进一步进行液化判别时，应采用标准贯入试验判别地面以下 20m 深度范围内的液化；但对《建筑抗震设计规范》4.2.1 条规定可不进行天然地基及基础抗震承载力验算的各类建筑，可只判别地下 15m 范围内的液化。当饱和土标准贯入锤击数（未经杆长修正）小于

表 9-11　液化土特征深度　m

饱和土类别	7 度	8 度	9 度
粉土	6	7	8
砂土	7	8	9

或等于液化判别标准贯入锤击数临界值时，应判为液化土。当有成熟经验时，尚可采用其他判别方法。标准贯入锤击数临界值的确定方法可参看《建筑抗震设计规范》4.3.4 条。

　　对存在液化土层的地基，应探明各液化土层的深度和厚度，按《建筑抗震设计规范》4.3.5 条计算每个钻孔的液化指数，判定液化等级。

　　4. 地基基础抗震措施

　　在建筑物地基的主要受力层范围内有软弱黏性土层时，可以考虑采用增强结构的整体性和均衡对称性，减轻荷载，加深基础，扩大基础底面积，人工处理地基、采用桩基础穿越等措施。

　　经工程地质勘察，发现不均匀地基的范围和性质后，在地基基础设计中，尽量避开不均匀地段，填平残存的沟坑，在沟渠处设置支挡或人工处理加固地基。

　　遇到液化土层，强夯和振冲是有效地消除地基液化的办法，也可采用桩基础穿越液化土层。

思 考 题

1. 湿陷性黄土的主要特性是什么？黄土产生湿陷的原因是什么？

2. 如何判定黄土的湿陷性？如何区分自重和非自重湿陷性场地？

3. 湿陷起始压力有何实用意义？

4. 膨胀土对建筑物有哪些危害？影响膨胀土变形的主要因素有哪些？

5. 何谓自由膨胀率？膨胀土地基胀缩等级分为多少级？

6. 什么是土岩组合地基、岩溶地基？

7. 什么是震级、地震烈度、基本烈度和设防烈度？

8. 地基震害有哪些？

土 工 试 验 指 导 书

　　土工试验是学习土力学基础理论的不可缺少的教学环节，也是地基基础施工现场的一项重要工作。通过土工试验，可以加深对土的物理力学性质的理解，同时也是学习科学的实验方法以及培养实践能力、动手操作能力的重要途径。本课程安排了以下五个基本试验。

试验一　土的密度和含水率试验

一、土的密度试验（环刀法）

1. 试验目的

测定细粒土的密度。

2. 试验仪器设备

环刀（内径 61.8mm，高 20mm）、天平（感量 0.01g，称量 200g）、切土刀、钢丝锯、凡士林。

3. 试验方法

试验时先测出环刀的质量，再测出环刀与土的质量及环刀内土的体积，最后用公式计算出土的密度。

4. 注意事项

（1）制备原状土样时，环刀内壁涂一薄层凡士林，用环刀切取试样时，环刀应垂直均匀下压，以防环刀内试样的结构被扰动，同时用切土刀沿环刀外侧切削土样，用切土刀或钢丝锯整平环刀两端土样。

（2）夏季室温高时，应防止水分蒸发，可用玻璃片盖住环刀上、下口，但称重时应去除玻璃片。

（3）需进行平行测定，要求两次差值不大于 $0.03g/cm^3$，否则重做。结果取两次试验结果的平均值。

5. 成果整理

（1）写出试验过程，试验数据填入记录表1。

（2）确定土的密度。

记录表1　　　　　　　　　　密度试验记录（环刀法）

试样编号	环刀号	环刀质量(g)	环刀与湿土质量(g)	湿土质量(g)	土样体积(cm³)	湿土密度(g/cm³)	湿土平均密度(g/cm³)

二、土的天然含水率试验（烘干法）

1. 试验目的

测定土的天然含水率。

2. 试验仪器设备

烘箱、称量铝盒、天平（感量 0.01g，称量 200g）、切土刀、干燥器。

3. 试验方法

试验时先称出称量铝盒的质量与湿土加铝盒的质量，烘干冷却后再称出干土加铝盒的质量，最后根据定义算出土的含水率。

4. 注意事项

（1）含水率试验时，土样 15～30g（如为砂土应取 50g 左右），应在打开土样包装后立即进入试验，以防水分改变，结果受影响。

（2）烘箱温度控制在 105～110℃ 范围内，将试样烘干至恒重（粉土、黏性土 8h 以上，砂土 6h 以上）后，放入干燥器冷却至常温。

（3）需进行平行测定，取两次测定的平均值作为最后结果。当含水率小于 40% 时，两次差值不大于 1%；当含水率大于等于 40% 时，两次差值不大于 2%，否则重做。

5. 成果整理

（1）写出试验过程，试验数据填入记录表 2。

（2）计算土的含水率。

记录表 2　　　　　　　　　　　　含水率试验记录

试样编号	盒号	盒质量（g）	盒加湿土质量（g）	湿土质量（g）	盒加干土质量（g）	干土质量（g）	含水率（%）	平均含水率（%）

试验二　土 的 塑 限 液 限 试 验

1. 试验目的

通过测定细粒土的塑限及液限，可计算出该土的塑性指数，从而对该土定名，并可根据该土的天然含水率进一步算出该土的液性指数，判定该土所处的软硬状态。

2. 试验仪器设备

光电式液塑限联合测定仪（附图 1）、天平（感量 0.01g，称量 200g）、盛土器皿、烘箱、调土刀、筛、凡士林等。

3. 试验方法

（1）试验时先调制三种不同稠度的试样，分别接近液限、塑限及二者中间状态的含水率。如用风干土样，调制前应先过 0.5mm 筛去除杂质和大土粒。

（2）将调匀的土样密实填满盛土杯，刮平表面后置于液塑限联合试验仪的升降台上。将圆锥抹上一薄层凡士林，接通电源使电磁铁吸住圆锥。

（3）将显示屏幕上的标尺先调节到零，再调节升降台上升，使圆锥尖刚好接触试样表面，指示灯亮时放手，圆锥自动沉入试样，经 5s 后圆锥下沉深度显示在屏幕上。

（4）取出盛土杯，挖去锥尖入土处的凡士林，取锥体附近试样不少于 10g 测定含水率。

4. 注意事项

（1）圆锥入土深度分别以 3～4mm、7～9mm、15～17mm 为宜。

（2）土样装杯时必须密实，不能留有空隙，对较干的试样应充分揉搓，密实填满。

5. 数据处理

以含水率为横坐标，圆锥入土深度为纵坐标在双对数坐标纸上绘制关系曲线（附图 2），三点应在一直线上如图中 A 线所示。当三点不在一直线上时，通过高含水率的点和其余两点连成二条直线，在下沉为 2mm 处查得 2 个含水率，当 2 个含水率差值小于 2% 时，应以两点含水率的平均值与高含水率的点连一直线如图中 B 线，当 2 个含水率的差值大于或等于 2% 时，应重做试验。

在含水率与圆锥下沉深度的关系图（附图 2）上查得下沉深度为 17mm 所对应的含水率为液限，查得下沉深度为 2mm 所对应的含水率为塑限，取值以百分数表示，准确至 0.1%。

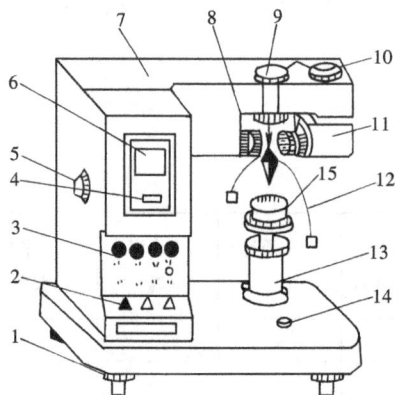

附图 1　光电式液塑限联合测定仪

1—水平调节螺钉；2—控制开关；3—指示发光管；4—零线调节螺钉；5—反光镜调节螺钉；6—屏幕；7—机壳；8—物镜调节螺钉；9—电磁装置；10—光源调节螺钉；11—光源装置；12—圆锥仪；13—升降台；14—水平泡；15—盛土样杯

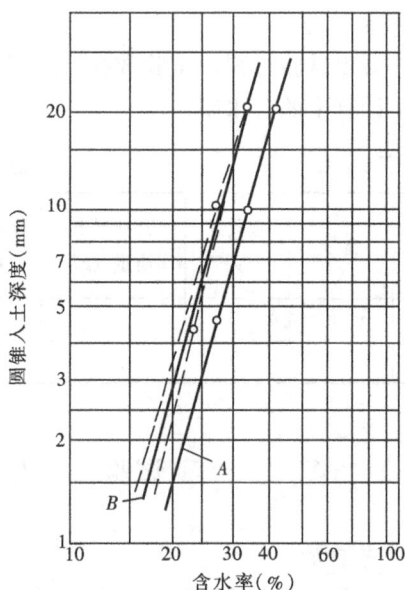

附图 2　圆锥下沉深度与含水率关系曲线

6. 成果整理

（1）写出试验过程与步骤，试验数据填入记录表 3。

（2）确定液限、塑限、塑性指数。

记录表 3　　　　　　　　　　　　液限、塑限联合试验记录

试样编号	圆锥下沉深度（mm）	含水率（%）	液限（%）	塑限（%）	塑性指数

试验三　标准固结试验

1. 试验目的

测试黏性土的压缩系数和压缩模量等压缩性指标。

2. 试验仪器设备

固结仪、测定密度和含水率所需用的设备、百分表（量程 10mm）、滤纸、钟表等。

3. 试验方法

（1）在固结容器内依次放入刚性护环、湿润的透水板及薄型滤纸，将带有试样的环刀装入护环内，再套上导环，接着在试样顶面依次放上湿润的薄型滤纸和透水板、加压上盖。适当移动固结容器，使之置于加压框架正中，加压上盖与加压框架中心对准，然后安装好百分表。

（2）施加 1kPa 的预压力使试样与固结仪上、下各部分互相接触后，将百分表调零。

（3）加载压力定为 50、100、200、400kPa 四级，每级加载后稳压 24h 或变形量小于 0.01mm/h 即可认为稳定（如受时间限制，可由指导教师统一规定稳压时间，如 15min），记下百分表读数后加载下一级荷载。

（4）饱和试样施加第一级压力后立即向水槽中注水浸没试样，非饱和试样进行压缩试验时须用湿棉纱围住加压板周围。

4. 注意事项

（1）环刀取土制备试样按试验一的要求，不允许用切土刀来回涂抹环刀两端土面。

（2）安装百分表时应保证活动表杆有足够的伸缩范围，调零时大指针调到零，小指针可调到整数位。

（3）试验过程中注意不能碰撞和振动固结仪及周围地面，加荷时应轻放，避免百分表指针跳动。

（4）试验过程中，应始终保持加荷杠杆水平。

（5）在固结试验前需先测得土粒比重 a_s，压缩前土样密度 ρ_0 和含水率 w_0，求出土样初始孔隙比 e_0（也可由指导教师提供）。

5. 数据处理

各级压力下试样固结稳定后的孔隙比为

$$e_i = e_0 - \frac{1 + e_0}{h_0} \Delta h_i$$

某一压力范围内的压缩系数为

$$a_v = \frac{e_i - e_{i+1}}{p_{i+1} - p_i}$$

某一压力范围内的压缩模量为

$$E_s = \frac{1 + e_i}{a_v}$$

上式中　e_i——各级压力下试样固结稳定后的孔隙比；

e_0——试样初始孔隙比；

h_0——试样初始高度，即环刀高度 20mm；

Δh_i——某级压力下试样固结稳定后的变形量，等于该级压力下百分表读数差减去仪器变形量（仪器变形量由实验室提供），mm；

a_v——某级压力下试样的压缩系数，MPa^{-1}；

p_i——某级压力值，MPa；

E_s——某一压力范围内的压缩模量，MPa。

6. 成果整理

(1) 写出试验过程，试验数据填入记录表 4。

(2) 绘制 e-p 曲线。

(3) 确定土的压缩系数和压缩模量。

记录表 4   固 结 试 验 记 录

加压顺序 (i)	压力 p_i (MPa)	稳定时间 (min)	百分表起始读数 (0.01mm)	百分表稳定读数 (0.01mm)	孔隙比	压缩系数 (MPa^{-1})	压缩模量 (MPa)
0	0.001						
1	0.05						
2	0.1						
3	0.2						
4	0.4						

试验四 直接剪切试验

1. 试验目的

测定土的抗剪强度，提供内摩擦角和黏聚力。

2. 试验仪器设备

应变控制式直接剪切仪、荷重砝码、测力计（量力环）、百分表（量程 10mm）、环刀、钢丝锯等。

3. 试验方法

快剪，采用原状土样，要求土样为渗透系数小于 10^{-6} cm/s 的细粒土。

(1) 用环刀制备土样 5 个（其中 1 个为备用），具体要求见试验一。

(2) 安装试样：对准剪切容器的上下盒，插入固定销，在下盒放入透水板和硬塑料薄膜，将带试样的环刀刃口向上对准剪切盒口，在试样上放硬塑料薄膜和透水板，将试样小心推入剪切盒中。

(3) 移动传动装置：顺时针转动手轮，使上盖前端钢珠与测力计刚好接触（即量力环中的水平百分表指针刚被触动），再依次放上传压板及加压框架，记录测力计中的百分表初始读数。

(4) 根据工程实际和土的软硬程度决定各级压力，软土试样的垂直压力应分级施加，施加压力后向盒内注水（非饱和试样应在加压板周围包以湿棉纱）。本试验 4 个土样的垂直压力可分别取 50、100、150、200kPa。

（5）施加垂直压力后，拔去剪切容器上的固定销，以剪切速度 0.8mm/min 进行剪切，试样每产生 0.2～0.4mm 测记百分表和测力计读数。测力计读数出现峰值后应继续剪切至水平位移 4mm 时停机；若剪切过程中测力计无明显峰值，应剪切至水平位移 6mm 时停机。

4. 注意事项

（1）在试验前应先练习转动手轮，使之转动均匀且前进速度为 0.8mm/min 左右（手轮转动一周前进 0.2mm）。

（2）在转动手轮开始剪切前，应检查固定销是否拔去。

5. 数据处理

（1）剪应力按下式计算

$$\tau = CR$$

剪切位移按下式计算

$$\Delta l = 20n - R$$

上式中 τ——试样所受剪应力，kPa；

C——测力计（量力环）校正系数，kPa/0.01mm；

R——测力计百分表读数，0.01mm；

Δl——剪切位移，0.01mm；

n——手轮转数。

（2）以剪应力为纵坐标、剪切位移为横坐标绘制每一级压力下光滑的剪应力—剪切位移曲线，取曲线上的剪应力峰值为抗剪强度，无明显峰值时取剪切位移 4mm 所对应的剪应力为抗剪强度。

（3）以抗剪强度为纵坐标、垂直压力为横坐标绘制抗剪强度—垂直压力直线，取该直线的倾角为内摩擦角，该直线在纵坐标上的截距为黏聚力。

6. 成果整理

（1）写出试验过程，试验数据填入记录表 5。

（2）在同一坐标纸上绘制不同垂直压力下剪应力—剪切位移曲线，确定抗剪强度。

（3）绘制抗剪强度—垂直压力关系直线，确定抗剪强度指标 c、ϕ 值。

记录表 5　　　　　　　　　　　**直接快剪试验记录**

垂直压力：kPa；手轮转速：r/min；测力计校正系数：kPa/0.01mm；剪切历时：min　s；抗剪强度：kPa			
手轮转数	测力计百分表读数（0.01mm）	剪切位移（0.01mm）	剪应力（kPa）

试验五　击　实　试　验

1. 试验目的

测定土的最大干密度及其对应的最优含水率。

2. 试验仪器设备

击实仪（重型或轻型）、天平（感量 0.01g，称量 200g）、台称（感量 5g，称量 10kg）、标准筛、测定含水率所需用的设备。

3. 试验方法

（1）土样制备：取 20kg 风干土样（重型击实为 50kg），碾碎过 5mm 筛（重型过 20mm 筛或 40mm 筛），将筛下土测定含水率。以该土的塑限作为预估最优含水率，制备 5 个不同含水率的一组试样（含水率大于、小于塑限各两个，另一个接近塑限，相邻两个含水率的差值宜为 2%），分别置于密封塑料袋中湿润一昼夜。

（2）击实仪应固定在刚性基础上。击实筒内壁抹一薄层润滑油，与击实仪底座连接好，安装好护筒。将土样分层倒入击实筒击实，每层土样高度大致相等。

下层击实后将表面刨毛，再放入上层土继续击实。轻型击实分 3 层，每层 25 击；重型击实时过 20mm 筛的土样分 5 层，每层 56 击，过 40mm 筛的土样分 3 层每层 94 击。击实完成时超出击实筒顶的试样高度应小于 6mm。

（3）卸下护筒，用直刮刀修平击实筒顶部试样，拆除底板，试样底部若超出筒外，也应修平。擦净筒外壁，称筒与试样的总质量，读数记录至 g，计算试样湿密度。

（4）用推土器将试样从击实筒中推出，取两份代表性试样测定含水率，并计算其干密度。

4. 数据处理

（1）干密度计算公式为

$$\rho_{\mathrm{d}} = \frac{\rho}{1+w}$$

式中　ρ_{d}——土样干密度，g/cm³；

　　　ρ——土样湿密度，g/cm³；

　　　w——土样含水率，%。

（2）确定最大干密度与最优含水率。以含水率为横坐标、干密度为纵坐标绘制干密度—含水率光滑曲线，取曲线峰值点对应的纵坐标为击实试样的最大干密度，对应的横坐标值为击实试样的最优含水率。

5. 注意事项

（1）为了使击实分层高度大致相等，可以按预估称量倒入土样，击实后测量该层高度，以此为标准调整此后每层倒入土样的量，最后一层倒入的土样可略多些，使最后的击实试样不低于击实筒，也不高出击实筒 6mm。

（2）当干密度—含水率曲线不能出现峰值时，应进行补点击实试验，土样不宜重复使用。

6. 成果整理

（1）写出试验过程与步骤，试验数据填入记录表6。

（2）确定土样的最大干密度和最优含水率。

记录表6   **击实试验记录**

筒容积= cm³ 击锤质量= kg 锤落距= cm 筛孔径= mm 每层击数=					
试验次数	1	2	3	4	5
筒加土质量（g）					
筒质量（g）					
湿土质量（g）					
湿密度（g/cm³）					
含水率（%）					
干密度（g/cm³）					
最优含水率= %			最大干密度= g/cm³		

实 训 指 导 书

实训教学是高职高专学生加强实践锻炼和上岗培训的一种必要手段。由于各地区差异较大，实训内容需要教师因地制宜，充分发挥当地实践教学基地的作用，同时可将教材中的相关内容放在现场讲解，以使学生熟悉实际工作，达到将来适应工作岗位的要求。本书安排四个实训。

实训一　工程地质勘察报告阅读及地基土野外鉴别

一、实训目的

通过工程地质勘察报告的阅读，对工程现场的地基情况有一个全面了解，并初步学会地基土的简单辨别方法和鉴定土样的名称。

二、实训内容和要求

将学生分为若干小组，由教师或工程技术人员带领学生到实践教学基地或施工工地，在一个具体的基坑开挖现场，在教师或工程技术人员指导下学习工程地质勘察报告，全面了解场地的工程地质和水文地质情况。针对已开挖的基坑中的各个不同土层，在教师和工程技术人员指导下学习地基土的野外简单鉴别方法并鉴定土样的名称。

三、成果整理

完成对现场地基土的野外鉴别后，汇集整理相关的鉴别资料，对比工程地质勘察报告，写出实训报告。

四、成果交流

各小组完成任务后，相互交流成果并进行讨论，由教师作讲评，以提高学生实际操作能力。

五、工程地质勘察报告的内容

工程地质勘察报告应包括以下内容：

（1）勘察目的、任务要求和依据的技术标准；

（2）拟建工程概况；

（3）勘察方法和勘察工作布置；

（4）场地地形、地貌、地层、地质构造、岩土性质及其均匀性；

（5）各项岩土性质指标，岩土的强度参数、变形参数、地基承载力的建议值；

（6）地下水埋藏情况、类型、水位及其变化；

（7）土和水对建筑材料的腐蚀性；

（8）可能影响工程稳定性的不良地质作用的描述和对工程危害程度的评价；

（9）场地稳定性和适宜性的评价。

工程地质勘察报告应附有勘察点平面布置图，工程地质柱状图，工程地质剖面图、原位测试成果图表以及室内试验成果图表。

六、土的野外简单鉴别法

野外鉴别地基土要求快速，主要凭经验和感觉。粗粒类的碎石土和砂土可采用目测法鉴别：将研散的风干土样摊成一薄层，估计土中粗、细粒组所占比例来确定土的分类，具体见附表 1。碎石土密实度野外鉴别方法见表 2 - 7。

附表 1　　　　　　　　　　碎石土与砂土的野外鉴别

鉴别方法 土类　　土名	观察颗粒粗细	干土状态	湿土状态	湿润时用手拍击
碎石土　卵石（碎石）	一半以上（指重量，下同）颗粒超过 20mm（干枣大小）	完全分散	无黏着感	表面无变化
碎石土　圆砾（角砾）	一半以上颗粒超过 2mm（小高粱米大小）	完全分散	无黏着感	表面无变化
砂土　砾砂	四分之一以上颗粒超过 2mm（小高粱米大小）	完全分散	无黏着感	表面无变化
砂土　粗砂	一半以上颗粒超过 0.5mm（细小米粒大小）	完全分散，个别胶结在一起	无黏着感	表面无变化
砂土　中砂	一半以上颗粒超过 0.25mm（白菜籽大小）	基本分散，局部胶结，一碰即散	无黏着感	表面偶有水印
砂土　细砂	大部分颗粒与粗玉米粉（＞0.075mm）近似	大部分散，少量胶结部分稍加碰撞即散	偶有轻微黏着感	接近饱和时表面有水印
砂土　粉砂	大部分颗粒与大小米粉近似	颗粒少部分分散、大部分胶结，稍加压力可分散	有轻微黏着感	接近饱和时表面翻浆

细粒类的粉土和黏性土可结合干强度试验、手捻试验、搓条试验、韧性试验和摇震反应试验作综合判断来确定土的分类，分类方法见附表 2。

（1）干强度试验。将一小块土捏成土团，风干后用手指捏碎、掰断及捻碎，根据用力大小区分为：很难或用力才能捏碎或掰断者为干强度高；稍用力即可捏碎或掰断者为干强度中等；易于捏碎或捻成粉末者为干强度低。

（2）手捻试验。将稍湿或硬塑的小土块放在手中捻捏，然后用拇指和食指将土捏成片状，根据手感和土片光滑度区分为：手滑腻，无砂，捻面光滑者为塑性高；稍有滑腻，有砂粒，捻面稍有光滑者为塑性中等；稍有黏性，砂感强，捻面粗糙者为塑性低。

（3）搓条试验。将含水率略大于塑限的湿土块放在手中揉捏均匀，再在手掌上搓成土条，根据土条不断裂而能达到的最小直径可区分为：能搓成直径小于 1mm 土条者为塑性高；能搓成直径为 1～3mm 土条者为塑性中等；能搓成直径大于 3mm 土条者为塑性低。

（4）韧性试验。将含水率略大于塑限的湿土块放在手中揉捏均匀，放在手掌上搓成直径为 3mm 的土条，并应根据该土条再揉成土团和搓成土条的可能性区分为：能揉成土团，再搓成土条，揉而不碎者为韧性高；可再揉成团，捏而不易碎者为韧性中等；勉强或不能再揉成团，稍捏或不捏即碎者为韧性低。

（5）摇震试验。将软塑或流动的小土块捏成土球，放在手掌上反复摇晃，并以另一手掌击此手掌，这样土球中的自由水将渗出，球面呈现光泽；用两个手指捏此土球，放松后水又被吸入，光泽消失。根据渗水和吸水反应的快慢区分为：立即渗水及吸水者称为反应快；渗水及吸水反应速度中等者称为反应中等；渗水及吸水反应慢者称为反应慢；不渗水、不吸水者称为无反应。

附表2　　　　　　　　　　　　细粒土的简易分类

干强度	手　捻　试　验	搓条试验		摇震反应	土的分类
		可搓成土条的最小直径（mm）	韧性		
低—中	粉粒为主，有砂感，稍有黏性，捻面较粗糙，无光泽	3～2	低—中	快—中	低液限粉土
中—高	含砂粒，有黏性，稍有滑腻感，捻面较光滑，稍有光泽	2～1	中	慢—无	低液限黏土
	粉粒较多，有黏性，稍有滑腻感，捻面较光滑，稍有光泽	2～1	中—高		高液限粉土
高—很高	无砂感，黏性大，滑腻感强，捻面光滑，有光泽	<1	高	无	高液限黏土

实训二　验　　槽

一、实训目的

通过参加验槽的实际工作，能够了解和掌握验槽的方法和手段，并进一步学习地基土野外简单辨别方法和鉴定土样的名称。

二、实训内容和要求

将学生分为若干小组，由教师或工程技术人员带领学生到实践教学基地或施工工地，在一个具体的验槽现场，指导学生查看工程地质勘察报告，熟悉验槽的每个环节，学会采用轻便触探或钎探来进行验槽，并且根据现场技术人员介绍，同时根据土的野外简单鉴别方法对土层进行评价。

验槽的方法以观察为主，辅以袖珍贯入仪或钎探、夯、拍等。验槽时应先核对基槽的位置、平面尺寸、槽底标高是否与设计图纸一致。

观察验槽首先应根据槽断面土层分布情况及走向，初步判明槽底是否已达到设计要求深度的土层；其次，检查槽底，检查时应观察刚开挖的未受扰动的土的结构、孔隙、湿度、含有物等，确定是否为原设计所提出的持力层土质，特别应重点注意柱基、墙角、承重墙下或其他受力较大的部位。除在重点部位取土鉴定外，还应在整个槽底进行全面观察，观察槽底土的颜色是否均匀一致，土的坚硬度是否一样，有没有局部含水率异常的现象等，对可疑之处，都应查明原因，以便为地基处理或设计变更提供可靠的依据。

夯、拍验槽是用木夯、蛙式打夯机或其他施工工具对干燥的基坑进行夯、拍（对潮湿和软土地基不宜夯、拍，以免破坏槽底土层），从夯、拍声音中判断土中是否存在洞或墓穴，对可疑之处可采用轻便触探、钎探等轻便勘探方法进一步调查。

三、成果整理

现场工作完成以后，应对现场收集的有关资料进行整理，写出验槽结论。着重对场地的工程地质条件进行评价，提出土层的地基承载力等。

四、成果交流

各小组完成任务后，相互交流成果，并进行讨论，由教师做讲评，以提高学生实际操作能力。

实训三 桩 基 础

一、实训目的

通过参加现场桩基础的实际工作，能够熟悉和了解某一种桩的施工，并学会对设计图纸中桩的承载力进行估算。

二、实训内容和要求

将学生分为若干小组，由教师或工程技术人员带领学生到实践教学基地或施工工地，在一个具体的桩基础施工现场，指导学生熟悉并参与施工过程的每一个细节，学会应用有关规范来指导施工。

学生在施工现场应熟悉图纸，了解建筑场地的工程地质资料和水文地质资料，结合有关规范了解持力层情况、桩基础类型、桩长、桩的配筋，了解施工工艺和方法，熟悉施工流程和所使用的施工机械及其工作性能，了解施工现场的组织机构和人员情况，施工质量控制措施及安全生产措施等，并且根据现场技术人员介绍以及有关工程地质资料进行桩的承载力估算，针对具体工程学习桩基工程的施工组织设计的编制。

在钻孔灌注桩施工中应重点关注：护筒埋设、泥浆比重测定、清孔、沉渣厚度测定、钢筋笼焊接吊装、混凝土坍落度测定、第一斗混凝土方量、水下灌注混凝土、混凝土充盈系数等。

在预制桩施工中应重点关注：静力压桩与锤击沉桩工艺的选择原则、桩身质量检查、垂直度控制方法、接桩焊接验收与焊后冷却、最后贯入度或压桩力控制等。

在沉管灌注桩施工中应重点关注：是否进入持力层而抬架、振动拔管速度的控制、混凝土充盈系数等。

施工组织设计包含工程概况、施工方案、施工组织安排、质量保证措施、安全生产和文明施工措施、应急措施及进度计划等几个方面。

三、成果整理

现场工作完成后，应对现场收集的有关资料进行整理，写出实训报告。

四、成果交流

各小组完成任务后，相互交流成果，并进行讨论，由教师作讲评，以提高学生实际工作能力。

实训四 地 基 处 理

一、实训目的

通过参加现场地基处理（以水泥土搅拌桩为例）的有关工作，能够熟悉和了解某一种地基处理方法的设计、施工及质量检验。

二、实训内容和要求

将学生分为若干小组，由教师或工程技术人员带领学生到实践教学基地或施工工地，在一个具体的水泥土搅拌桩施工现场，指导学生熟悉并参与施工过程的每一个环节，学会应用有关规范来指导施工。

学生在施工现场应熟悉图纸，了解施工场地的工程地质资料和水文地质资料，结合相关规范了解水泥土搅拌桩加固深度，平面布置情况，所用水泥强度等级及水泥浆的水灰比，施工机具及施工工艺流程，施工质量控制措施及施工质量检验方法，施工现场组织机构及人员配备情况。

针对具体工程，学习施工组织设计的编制，施工组织设计应包括工程概况，施工方案，施工组织安排，质量保证措施，安全生产和文明施工措施，应急措施，进度计划等几个方面。

三、成果整理

现场工作完成以后，应对现场收集的有关资料进行整理，写出实训报告。

四、成果交流

各小组完成任务后，相互交流成果，并进行讨论，由教师做讲评，以提高学生实际工作能力。

参 考 文 献

［1］徐梓炘.土力学与地基基础.3版.北京：中国电力出版社，2013.

［2］中国建筑科学研究院.GB 50007—2011 建筑地基基础设计规范.北京：中国建筑工业出版社，2012.

［3］中国建筑科学研究院.JGJ 94—2008 建筑桩基技术规范.北京：中国建筑工业出版社，2008.

［4］南京水利科学研究院.GB/T 50145—2007 土的工程分类标准.北京：中国计划出版社，2008.

［5］南京水利科学研究院.GB/T 50123—1999 土工试验方法标准.北京：中国计划出版社，1999.

［6］中国建筑科学研究院.GB 50009—2012 建筑结构荷载规范.北京：中国建筑工业出版社，2012.

［7］中国建筑科学研究院.GB 50010—2010 混凝土结构设计规范（2015 版）.北京：中国建筑工业出版
社，2015.

［8］中国建筑科学研究院.GB 50202—2018 建筑地基基础工程施工质量验收标准.北京：中国计划出版社，
2018.

［9］中国建筑科学研究院.GB 50011—2010 建筑抗震设计规范.北京：中国建筑工业出版社，2010.

［10］中国建筑科学研究院.JGJ 120—2012 建筑基坑支护技术规程.北京：中国建筑工业出版社，2012.

［11］重庆市设计院.GB 50330—2013 建筑边坡工程技术规范.北京：中国建筑工业出版社，2014.

［12］中国建筑科学研究院.JGJ 79—2012 建筑地基处理技术规范.北京：中国建筑工业出版社，2013.

［13］建设部综合勘察研究设计院.GB 50021—2001 岩土工程勘察规范（2009 版）.北京：中国建筑工业出
版社，2009.

［14］陕西省建筑科学研究设计院.GB 50025—2004 湿陷性黄土地区建筑规范.北京：中国建筑工业出版
社，2004.

［15］中国建筑科学研究院.GB 50112—2013 膨胀土地区建筑技术规范.北京：中国建筑工业出版
社，2013.

［16］上海建工集团股份有限公司.GB 51004—2015 建筑地基基础工程施工规范.北京：中国计划出版
社，2015.